馴化

改變世界的10個物種

Tamed

Ten Species That Changed Our World

羅伯茲——著　余思瑩——譯
ALICE ROBERTS

時報出版

CONTENTS 目錄

獻給喜愛野地的菲比和威爾夫

導讀

TAMED

馴化之謎

清華大學生命科學系助理教授／泛科學專欄作者 **黃貞祥**

地表上所有的文明，全都起源自農耕社會，儘管在現代工業化社會中，我們多半是在超市中看到農產品整整齊齊地擺在架上，農村生活僅是少數人熟悉的。如果沒有這些我們祖先從原野中帶回居所附近馴養的動植物，我們會過著什麼樣的生活呢？

當我們把文明的這一切當作理所當然時，演化生物學大師賈德·戴蒙（Jared Diamond）就基於長期在巴布亞新幾內亞研究鳥類生態的經驗，思考了文明起源的可能。他發現文明其實是特例，地球上很多部落都沒有演化出文明，文明起源之地屈指可數。究竟是什麼造成這樣的差異呢？他提出一個理論，認為差別就在於有當地沒有可供馴化的動植物，尤其是糧食作物和大型哺乳動物。他把創見寫成了《槍炮、病菌與鋼鐵：人類社會的命運》（*Guns Germs, and Steel: The Fates of Human Societies*），指出是生物地理的差異造成了人類文明起源的不平等。這本「科普書」一出版就震撼了學術界，對這個理論的討論迄今仍頗熱烈。

除此之外，歐亞大陸在我們熟知的地圖中是橫向的，也就是東西差別是在經度上，而緯度相去不遠，這讓歐亞大陸的東西方有相似的氣候而能夠有效交換馴化的動植物，導致歐亞大陸發展出比起其他大陸更發達的文明。美洲大陸的原住民分別馴化現在也很重要的玉米和馬鈴薯，可是這兩個文明可能互相甚少交流甚至不知道對方的存在。

東亞影響力最大的華夏文明，除了稻米之外，包括大小麥、牛、羊、狗、馬等重要馴化動植物，都不是在中原地區馴化的，而是透過古老的貿易網路傳入中土的。就連現在數量遠遠比人口多很多的家雞，即使最早的考古證據是出土於八千年前的黃河流域，可是牠們祖先卻可能是來自東南亞的紅原雞。在我們的認知之中，我們卻以為這些動植物老早就存在我們遠古的華夏祖先生活中。

談到我們熟知的馴化動植物，我們都不禁想知道牠／它們的祖先是哪種野生種？牠／它們在何處被馴化？何時被馴化？被哪些部落馴化？怎麼被馴化？馴化前後的差異是？這本《馴化：改變世界的10個物種》（*Tamed: Ten Species That Changed Our World*），用我們現在熟知的十種馴化動植物，讓我們見識到這些問題的答案之複雜性。

關於動植物馴化的研究，很多重要論文之間充斥著矛盾，甚至同一個團隊在十、二十年的研究中，也都會因為新證據的出爐，而修正自己曾提出的理論。我對動物的馴化特別感興趣，尤其是雞鴨的馴化。當我在課堂中和學生討論不同動物馴化的種種學術問題時，總會告訴大家，以前我們以為已經多少知道一些答案，可是當讀了一堆關於馴化的重要論文，卻會發現我們原來知道的更少，因為有更多謎團湧現。

儘管近年因為DNA定序技術的革新，科學家可以用更低廉的價格取得更大量的資料，讓我們可以把牠／它們的全基因體都定了序，也就是收集到這些物種幾乎所有遺傳資訊來重建牠／它們的馴化歷史，並且也可以用上更大量的樣本數量，而更多的跨國大型研究也成了常態。我們本以為如此能夠解決過去的諸多爭議。沒想到，就是因為資料更大量了，科學家才發現原來有更多複雜性是愈來愈無法忽視了。

賈德．戴蒙主張，可馴化的動植物物種是有限的：相較於物種數量更龐大的野生動植物，馴化動植物僅是極少數，也難怪東西方熟悉的馴化動植物總是寥寥無幾。各國料理風味差異甚大，可是作為主食的糧食也就是那幾種，例如西方人把發酵麵團烤成麵包、中國人把麵團蒸成饅頭，都是使用了小麥種籽磨成的麵粉。也就因為可馴化的動植物極少，文明才會成了特例。

因此一旦有了已馴化的動植物，想當然的就會廣為人類流傳，就像輪子不必發明兩次，只需要改良即可。所以即使是同一物種，馴化次數也不會太多次。在遺傳資料在過去DNA定序價格昂貴的年代，因為解析度有限，許多研究也傾向發現大多數動植物的馴化是單一起源的。

然而，現在全基因體研究的方興未艾，遺傳資料的解析度愈來愈高、樣本數量愈來愈多也就算了，越來越多古DNA的研究加入戰局。雖然古DNA因為破碎化和化學降解，並且極易被污染而研究不易，可是近十年來也有了很大的技術突破。相較尼安德塔人等動輒幾十萬年老的樣本相比，動植物的馴化大多只有幾千年、頂多幾萬年歷史，加上出土的考古樣本相對較多，研究的難度是較低一些的，因此近年有不少的馴化動植物的古DNA研究發表在頂尖科學期刊上。

這些新研究攪動了好多池春水，我們發現動植物的馴化有許多複雜的面向。這些複雜性包括，有不少研究證據顯示，有一些動植物的馴化不像過去認為的那樣是單一起源的，而有可能多次在野生種分佈的範圍內分別被不同部落帶回家。而古DNA的研究也顯示，古老的農牧民可能是喜新厭舊的，如果有更好的品種、品系，他們會放棄原本自己祖先馴化的動植物而改養、改種舶來品。

學術界也愈來愈認識到，動植物的馴化可不是一個「事件」，而是一個「過程」。馴化動植物也會和牠／它們的野生祖先種有所謂的「情慾流動」，無論是人類因為各種理由把野生種帶回家和家養的交配生育後代，或者逃逸的家養種在田野中野化甚至污染野生種的基因庫，也都有可能發生，而且人類也會讓來自不同地區的多種品種、品系的馴化動植物雜交，這火上澆油地讓馴化動植物的研究難度大增，相信很多爭議近期內是不會輕易善罷甘休的。

人類在馴化了動植物之後，除了發生了《馴化》中提到的關鍵突變而讓人青睞，我們祖先也因為經濟、美學和好奇的理由，對這些馴化動植物施予不同的選擇壓力（selection pressure），於是塑造出千奇百怪的品種、品系，牠／它們也是我們人類寶貴的資源。在學術研究上，發生在馴化動植物五花八門的突變能夠讓我們找到許多基因的各種功能。在經濟上，這些品種、品系也是我們人類的寶藏，不僅提供了多樣的食物口味和生活樂趣，也蘊藏著許多在未來可能有用的性狀，例如抵抗新興傳染病、環境污染和氣候變遷的可能。

然而，在一味講求效率的自由市場資本主義社會中，農牧民也像他們喜新厭舊的祖先一樣，快速淘汰各種本土品種、品系，改養或改種經濟效益最高的單一品種、品系。不僅是農牧民如此，各國政府也為了應付愈來愈講求務實的風氣，愈來愈不想要花費公帑來維持馴化動植物的保種，輕易放棄得之不易的遺傳資源。這樣對效率的極致追求，讓傳染病一旦爆發就很容易一發不可收拾，並且也讓食物供應鏈未來在環境污染和氣候變遷之危脅下更加脆弱，對人類未來的食物安全可能引發嚴重危機！

就因為對古今中外的人類社會實在太重要了，談馴化動植物就必定會探討到人類文明，然而我們人類就是萬物的理所當然主宰嗎？這些動植物就只是被動地任人擺佈嗎？《馴化》要談的第十個物種，其實就是我們人類，這已非作者獨到之見了，近年國外不少討論馴化的科普書和教科書也會為人類而獨立撰寫至少一章。

我們人類馴化了這些動植物後，牠／它們也反過來改變了我們。這些馴化動植物讓人類辛勞過上的農耕生活，我們的身體也為了適應這樣的生活而產生了不少改變。舉個常見的例子是歐洲人或游牧民族的遺傳改變，讓他們的成人能夠喝奶當喝水，而不會因為成年後不再表現乳糖酶而腹瀉。這種突變在一些民族的比例之高，讓人不禁懷疑他們的先民中，沒有帶此基因的個體莫非都餓死了。另外，農耕民族相較狩獵採集的部落，也帶有更多份數的澱粉酶基因，或許是因為無法有效消化澱粉的先民在農耕社會無法留下足夠多後代。

《馴化》是一本自我馴化的人類為他們馴化的物種包括自己所寫的一本傳記，值得關心人類文明的朋友好好一讀！

前言

TAMED

了解馴化，計畫未來

豎起耳朵仔細聽，我的小親親，這故事的開始、過程和結束，都發生在溫馴的動物，還很有野性的時候。那時候的狗兒很野，馬兒很野，牛也很野……牠們都自由地野在潮濕的野林中……

——吉卜林，《獨來獨往的貓》（Rudyard Kipling, 'The Cat That Walked By Himself'）

數十萬年來，我們的祖先生活在一個倚靠野生動植物而活的世界。他們是狩獵採集者，頂尖的生存專家，但無意改變環境。

直到新石器革命來臨，在不同的時間，以不同的方式為不同的地域帶來改變。全球的狩獵採集者，皆因這股關鍵的潮流，改變了他們跟其他物種的互動。他們馴化野生物種，成為牧民與農民。馴養動植物為現代世界鋪路，允許人口激增，讓原始的文明持續發展。

追溯這些熟悉物種的遠古歷史，我們將發現動植物對於人類生存與興盛而言，有多麼重要，過去與現在皆然。這些物種與我們共生，足跡遍布全世界，為人類生活帶來難以衡量的改變。我們探尋過去，追蹤它們的起源時，時常感到吃驚。同時發現，馴化這些動植物成為人類世界的一部分時，又是如何改變它們自身。

馴養物種的起源

當維多利亞時期的科學家達爾文（Charles Darwin）提筆寫下《物種起源》（*On the Origin of Species*），以做為當今生物學演化的基石之時，他已知道自己即將投下一顆震撼彈，影響的不只是生物學界。他了解必須準備一些確實的證據，才能解釋他驚人的見識，以說明透過天擇未經考慮的作用，是如何一代又一代施展其魔法，使物種隨著時間改變。他必須帶領讀者跟隨他，一起攀登一座山嶽，途中困難重重，但山頂的景色將驚為天人。

所以達爾文沒有直接解釋他的發現，而是貢獻整個章節（在我的版本中有整整二十七頁）來描述物種在人類影響下演化的例子。在植物或動物的單一族群中，有各種變異，藉由與這些變異互動，農民和飼育者可以一代一代的修改品種跟物種。人類上萬年來促進某些變異的生存與繁殖，限制其他變異的成功，我們的祖先加工馴養物種與世系的變化，塑造它們更符合人類的需求、渴望和品味。達爾文稱這種人類對馴養物種選擇的效果為「人擇」，他知道讀者對這個想法既熟悉也自在，他可以描述農民跟飼育者的選擇：挑選特定個體、摒棄其他個體來育種。幾個世代後會如何產生微小的改變，這些改變又如何隨著時間累積，讓一些不同的世系或亞型，能從單一的祖先母株中浮現出來。

事實上，這樣溫和介紹選擇的力量對生物造成的變化，不只是一種文字技巧。達爾文已經開始研究馴化，因為他相信這能更廣泛釐清演化的機制，理解動植物如何逐漸改變。他寫道：「……在我看來，仔細研究家畜與作物，有可能提供最好的機會，來理解這個含糊不清的問題。」他幾乎眼神閃亮地補充道：「而我也從未失望過。」

討論過人擇的效果後，接下來達爾文可以繼續介紹他的關鍵概念，也就是天擇作為地球生命演化背後的機制，這樣一個未經思考的過程，隨著時間傳播改變，產生出不只是新的異常，甚至是全新的物種。

讀這本書時，容易為「人工」這個詞彙所誤導。首先，「人工」這個詞彙有其他意義：跟「假造」同義，但那不是達爾文用這個字的意思。他的「人工」意指「利用手段」。但就算這樣，這個詞彙還有另一個眾所周知的暗示意義，會讓人過度放大物種馴化過程中，人類「刻意」的角色。現代動植物的育種，或許是深思熟慮後的因果。然而，早期歷史卻令人震驚地顯示，我們與主要同盟物種的互動關係，其實缺乏計畫。

所以我們可以努力想出一個新的詞彙來表示「人工」，但這樣會有另一個問題：既然我們已經接受天擇在演化中的角色，加上達爾文不必說服多數人接受這個生物學事實，我們還需要另一種描述，來形容人類影響馴養物種演化的方式嗎？

分述人擇跟天擇，幫助達爾文建立起他的論點，並向世人介紹一個具挑戰性的新概念：這樣的區分是多餘的。人類（而非自然環境或其他物種）試圖居中區分個體為比較可能或比較不可能成功繁殖的種類，其實並不重要，因為你不會對其他物種做這樣的區別。以蜜蜂對花朵的選擇因素為例，即導致花朵隨著時間演化，讓它們對授粉者更有吸引力，比方花朵的顏色、形狀跟氣味。那並非設計來取悅我們的感官，而是要引誘它們會飛行的盟友。蜜蜂有導致人工選擇嗎？這不正是蜜蜂居中進行的天擇嗎？也許，講到我們對馴養物種的影響，與其用「人擇」，還不如當成是「人類居中進行的天擇」比較好（雖然我們必須承認，這樣講比較冗贅）。

天擇藉由剔除特定變異創造奇蹟，其他變異則存活繁衍下去，將基因傳給下一代。人擇或「人類居中進行的天擇」，通常也是如此。農民跟飼育者去除特定動植物，因為它們不如其他那樣溫馴、具生產力、強壯、高大或甜美。達爾文在《物種起源》中，描述過這樣的負向選擇（negative selection）：

> 當一個植物的族群固定下來之後，種籽繁育者不是採選最好的植株，而是只巡視苗床，拔掉他們所謂的「壞蛋」，也就是偏離一般標準的植株。事實上動物也是這樣選擇的：幾乎沒有人會粗心大意到允許最差勁的動物繁殖。

藉由拔掉壞蛋，過濾掉我們不想繼續繁殖的動物，或甚至只是比較需要仔細照顧的特定動物，人類變成天擇強大的仲介。我們在生命的競賽中，圈入了多種動植物成我們的盟友。然而我們也會見到，這種馴化有時候看似來自意外，有時像是動植物的自我馴化。也許我們沒有自以為地那樣全能，甚至當我們刻意著手訓練一個物種，讓它們對我們更加有用，其實也只是在解放自然馴化的潛能。

現今我們很熟悉的動植物，其古早的歷史帶領我們去到陌生又奇特的地方。如今是追蹤這些故事的好時機。每個馴養物種究竟從何而來，是單一起源、單一個別的馴化中心，或來自更廣闊的地理區域，又或者是不同的野生物種或亞種馴化，所雜交形成的混種。成因一直受到熱烈爭辯。在十九世紀，達爾文認為個別的野生物種可以解釋馴養物種中見到的廣大差異。反之，二十世紀早期偉大的植物獵人暨生物學家瓦里沃夫（Nikolai Ivanovich Vavilov）則認為，他能點出起源的個別中心。考古學、歷史學與園藝學提供足夠的線索，但也為我們留下許多未解的習題。現在遺傳學這種新的歷史來源出現了，我們有機會測試各種互相競爭的假說，解決這些看似交纏的謎題，為我們的盟友動植物們，揭曉真正的歷史。

活生物攜帶的基因編碼中，不僅含有現代活生物的資訊，也能追溯其祖先。看活物種的DNA，我們就能探索其古早的歷史，回到數千年、甚至數百萬年前，蒐集蛛絲馬跡。如果加上從古老化石中提取的DNA基因線索，我們就得到更進一步的洞見。遺傳學最初的貢獻，著重在基因密碼的微小碎片，但就在近幾年間，遺傳學範圍越來越廣，能看整個基因組，對於一些我們親近物種的起源和歷史，也揭露了一整套令人驚訝的發現。

這些基因發現當中，有些挑戰我們對生物世界的分類，對於辨別物種很有用，也很有意義。分類概念將一群可明顯辨別為類似，與其他可明顯鑒別為不同的生物包含在一起。但事實上，生物族群隨著時間演化而改變，可能導致難為物種畫定界線。我們喜歡分門別類，但在本書我們會一次又一次學到，生物似乎喜歡限制自己的突破。世系要分化多久，才會變成兩個獨立物種？這仍是個讓分類學者倍感負擔的問題。至於馴養的動植物，有些被視為是其野生對應物種的亞種，種名也和它們尚未馴化的始祖，以及仍存活在野外的表親（如果還存在）一樣。有些生物學家提倡，即使馴養物種跟野外的親戚仍然十分類似，還是要用獨立的種名，這樣參照起來比較容易。命名的爭論顯示出界線有多麼模糊。

從牛、雞到馬鈴薯和稻米，在每個案例中，馴養物種演化的軌跡，都與一種現在已傳播到全世界的非洲人猿糾纏在一起，而深受影響。這些故事既非凡又多樣，但我只聚焦在十個物種，其中一個就是我們：智人（Homo Sapiens）。從野生人猿到文明的人類，我們經歷過驚人的轉變，顯示我們可能在某種程度上馴化我們自己。只有在我們馴化自己後，才有可能去馴化其他物種。我把人類的故事留在最後一章，那有許多驚喜跟非常新的發現（剛出爐的科學快報），不過你得等等，先花時間在另外九個物種。每一種對我們與我們的歷史都有巨大影響，現在對我們還是很重要。這些馴化過程散布在各個時間、空間，我們會因此了解，在世界上、在歷史中，人類社會如何與這些動植物互動。它們散布到全球的過程，伴隨著我們自己的變遷，有時甚至加速促進人類遷徙。我們發現狗跟狩獵者一起奔跑，小麥、牛和稻米隨著早期的農民旅行，馬載著騎士奔出大草原，跨入歷史，鞍囊裝滿蘋果，雞隨著帝國擴張，馬鈴薯和玉米乘著信風橫渡大西洋。

新石器時代最先約在一萬一千年前，始於東亞與中東，形成現代世界的基礎，這是整個人類歷史中最重要的發展。我們變成跟其他物種命運交纏，以共生的關係，使我們演化的路徑交纏在一起。農業創造出讓全球人口無限增長的能力，我們的人口還在增加，但我們也在推展地球支撐人類的能力極限。我們需要發展永續的方法，而且要快，才能養活地球上比現在還多十到二十億的人口。

有些解決方案也許毋須高科技，就連在十五年前，有機農業就已經證明比貶低者提議的更有前景。不過高科技也能形成部分解決方案，最新一代的基因改造，能精準調整基因來符合我們需求，跳過我們祖先所倚賴的選擇性育種，甚至只要我們想像得到，就能創造出無限的新可能性。我們必須決定，對於這種工具感覺如何，要擁抱還是棄絕。

其他的挑戰像是人口增長，但四成的土地已經開墾，我們需要從中找到能保存多種野生物種的最好方式。我們很聰明，這一直是人類的特點，但得比以往更聰明才能在人類如狼吞虎嚥的胃口增長之下，與我們生存所需的家養物種，以及生物多樣性與真正的荒野之間找到平衡。有時會覺得人類在地球上就像瘟疫，猶如新石器革命真正的後代，預言著大滅絕和生態浩劫的到來，那將是全然的災難。我們期望與人類的盟友，有更綠色的未來。科學研究可能不止闡明我們與其他物種互動的歷史，還提供人類強力的工具，讓我們知道未來可以選擇走哪個方向。

多了解馴養物種的歷史，將能幫助我們計畫未來。

不過，讓我們從過去出發吧，看會帶我們去到哪裡。我們要回到久遠以前的史前時代，這趟旅程要到一個現在已不認得的世界：一個沒有城市、沒有定居聚落、沒有農場的世界，一個仍在冰河時期天寒地凍的世界，我們就在那裡遇到第一個盟友。

第一章

TAMED

狗

男人醒來時問：「野狗在這裡做什麼？」女人回答：「牠的名字不再叫野狗，而是第一個朋友，因為牠會永遠永遠永遠當我們的朋友，你去打獵時帶上牠。」

——吉卜林，《獨來獨往的貓》

樹林裡的狼

太陽西落，氣溫降得更低，正是嚴寒的季節，白日短暫，幾乎沒有足夠的時間打獵、修理帳棚跟砍柴火。外面的溫度一直沒有升到冰點以上，時序進入冬季尾聲，一向都會比較難過。夏季曬乾的莓果逐漸吃完，早餐、中餐、晚餐都是肉，大部分是麋鹿肉，但偶爾為了有點變化，會有些馬肉或兔肉。

營地有五個帳棚：高圓錐形，就像結實的梯皮。每個帳棚都是以七、八根落葉松柱作為骨架，鋪上獸皮，全部縫在一起綁好來防風。在積雪下，一圈石頭壓住帳棚邊緣，將其固定在地上。梯皮四周積雪至少有半公尺深，也讓營地更加隱密安全。梯皮之間的雪經過踩踏，中間有個地爐的痕跡，現在幾乎都不用了。在寒冷刺骨的時節，還是窩在帳棚內生火比較好。因此，每個帳棚中央都有一爐火正熊熊燃燒，帳棚內外的溫度對比強烈，當家族晚上回到梯皮，毛皮大衣、褲子和靴子都會脫下堆在門邊。

在這圈梯皮的外圍，有個劈柴的地方，一、兩個男人會整天在這裡劈開倒下的落地松樹，足以讓帳棚裡的火持續燃燒。另一處有堆勉強能看出是一隻麋鹿的殘骸，這隻麋鹿被分割成好幾塊，除了幾根肋骨和沾了血跡的雪，什麼也沒留下。獵人早上殺了這隻麋鹿帶回營地，回到營地後馬上剖開麋鹿肚腹，將還有溫度的肝臟切片吃掉，喝掉麋鹿的血，剩下的部分由五個家庭平分，各自帶回帳棚，除了頭部——切下舌頭跟雙頰，帶著羚角的顱骨被拿回森林邊緣。一名年輕男子將顱骨綁在皮帶上，爬到一棵落葉松樹上好幾公尺，將顱骨放在樹枝跟樹幹之間。這是天葬，是獻給森林之神與麋鹿靈的祭品。

又吃完一頓以肉為主的一餐，這幾家人開始準備過夜。孩子們蓋著層層麋鹿毛皮睡下，每個帳棚內最後一位上床的成人往火裡添柴，這樣火能再燒一、兩個小時，接著帳棚裡的氣溫會逐漸下降，幾乎跟戶外四周的天寒地凍一樣冷。不過麋鹿毛皮能讓他們保持溫暖，正如牠們讓原本的主人，在北地寒冬這樣的冷冽中保持溫暖一樣。

當帳棚頂端竄出的裊裊青煙越來越細，交談漸漸靜了下來，營地邊緣沒什麼肉的骨骸，引出森林的食腐動物。狼從針葉林冒出，就像影子，偷偷摸摸且安靜無聲的靠近營地。牠們迅速解決麋鹿殘骸，然後徘徊在帳棚與中央地爐四周，尋找其他碎屑，最後隱沒在樹林中。

狩獵者很熟悉狼的接近，他們甚至認為和這些動物有靈性上的聯結。狼也在凍原邊緣，在稀疏的樹林中勉強求生。不過這個冬天，這些狼出現得比以往更頻繁，每晚都來營地。過去幾年，牠們只是偶爾在白天時靠近，從沒進入梯皮圍成的圓圈當中，但已經靠得夠近了。也許是受到飢餓驅使，也許經過這幾年，甚至幾代以來，狼變得更加大膽。大部分時候，人類容忍牠們，但會在狼太靠近時，對牠們丟擲石頭、骨頭或樹枝。

就在那個漫長嚴酷的冬天尾端（肯定比前一個冬天更長更嚴酷），一頭小狼直接走進營地中央。一個約七歲的女孩正坐在木頭上修補她的箭，這頭小狼走近她，女孩停下手中的工作。她放下箭，將手放在膝蓋上，往下看著地上被踏得嚴嚴實實的積雪。小狼又悄悄靠近幾步，女孩眼睛再度上下掃視一遍，然後這頭小狼直接走到她身旁。女孩感受到小狼溫暖的氣息吹在她的皮膚上，然後這隻小狼舔了她的手，一屁股坐下來。女孩抬起眼睛，直視著小狼的藍眼睛，這驚奇的一瞬間他們心有靈犀。接著狼跳起來，掉頭躍離，回到針葉林，回到陰影裡。

那個夏天，狼群似乎在追蹤人類，人類則在追蹤大群麋鹿，分階段在這片土地上遷徙。雪融了，露出廣大無垠的草地，麋鹿邊吃草邊前進。人們總是跟在牠們一步之後，鹿群開始移動時就拔營，鹿群停下來時就紮營。通常，狼群在夏季時會消失，因為打獵會比撿拾狩獵者剩餘的食物收穫更豐碩。但是這群狼，或至少其中一些狼，卻發現自己不知為何受到人類吸引，甚至加入他們的狩獵行動，從倒下的獵物中獲益。

這是緊張、脆弱的同盟，狼對人類十分小心，人類對狼也是。雖然沒有人經歷，但有傳聞這些掠食者會從營地擄走寶寶。也有傳說故事，獵人捕獲的鹿被狼搶走，獵人也嚇跑了。部落的老人抱持疑心但謹慎，無疑的，狼提高了狩獵的成功率。牠們能協助從鹿群或馬群中趕出落單者，有時甚至在狩獵者丟出矛之前就撲倒獵物。因此狩獵者很少空手回家，也比較少挨餓，尤其在嚴酷的冬季。越來越多狼大膽在白天闖入營地，而且牠們看起來沒有侵略性。又過了幾個冬季和夏季，父母甚至讓孩子跟友善的小狼玩，在帳棚之間的空地上嬉鬧打滾。有些狼開始在營地附近睡覺，甚至視自己為人類的隸屬，當人類拆解帳棚打包，往下一個營地邁進時，狼群也跟著他們走。

誰馴化誰？是狼選擇人類還是人類選擇狼？無論是怎麼開始的，這個同盟會改變人類的命運，也改變他們犬類同伴的型態和行為。經過幾代之後，最友善的狼開始會搖尾巴，牠們變成狗了。

*

以上是虛構情節，卻是根據現在十分確定的科學事實編出來的。我們現代各種各樣的狗，是狼的後代，不是狐狸也不是胡狼或郊狼，甚至不是野狗，而是狼。精確來說，是歐洲灰狼的後代。我們現代的狗跟這些灰狼，基因序列相似度超過百分之九十九點五。

為什麼狼會投靠人類？過去考古學家提出，可能是始於農業的出現，家畜對投機掠食者而言是很容易的目標，這誘惑難以克制。但最早的農業證據（標示著人類新時代「石器時代」的開始）可以追溯到一萬二千多年前的中東，考古遺址中發現比這更古老的狗的骨骼。在所有這些因為跟人類親近接觸、與我們結盟而改變的動植物中，狗看來是我們最古老的盟友：最先養狗的人不是農夫，而是冰河時期的狩獵採集者。但這個同盟關係，我們究竟能追溯到史前歷史多久之前？還有，究竟是在哪裡、怎麼發生，又為何發生？

深埋在冰寒的過去

傳統認為，狗馴化的過程發生在約一萬五千年前，最後一個冰河時期的尾聲。這段時期冰蓋正在往北消退，樹木和灌木、人類與其他動物，開始再度移民歐洲與亞洲緯度較高的地區。溫暖和生氣回到冰凍的北方，凍原轉為青翠，河流水量充沛，海平面上升，曾經覆蓋整片北美的冰蓋也開始消退，人類一群群從廣袤如大陸的白令陸橋遷徙到新世界。

從一萬四千年前起，已經有充分的關於家犬（Canis familiaris）的決定性證據：明顯的是狗而非狼的骨頭，出現在歐亞、北美各地的考古遺址，但這些還是有可能只是相對較晚的例子。二十一世紀起始，當遺傳學家開始與考古學家合作，探測關於馴養物種起源的問題，一個假設就此浮現：狗的馴化可能開始得更早，甚至比先前所想的要早數萬年。

遺傳學家藉著狗的粒線體DNA中相異的模式，重建這一小叢基因的「家族樹」，以研究狗的起源，顯示的結果能以不同的方法解釋：重建的家族樹與兩個完全不同的狗起源模式相符。一個意味著狗在約一萬五千年前，崛起於多個不同起源。另一個則符合大部分的狗，較早且單一起源的模式，可以追溯到四萬年前。兩種模式之間的時間相差很大，可能的年代不僅相隔千年，中間還隔了最後一次冰河期的高峰，大約是在兩萬年前。

粒線體DNA只是生物細胞內攜帶基因遺傳物質（genetic material）的部分，而且是很小的部分，細胞核內所含的DNA群，也就是染色體中，能找到更多資訊。粒線體基因組有三十七個基因，細胞核基因組中有兩萬多個（人和狗都是如此），當遺傳學家研究狗的細胞核DNA，較早的起源時間看起來就更有可能。第一版的家犬基因組（所有染色體包含的基因序列）出版於二〇〇五年《自然》（*Nature*）期刊的一篇論文中，家犬顯然跟歐洲灰狼最接近。作者群（令人難以置信，總共超過兩百位）不僅研究狗的完整基因序列組，也開始分辨不同品種的狗之間有何不同，在基因組超過兩百五十萬個位置上，看DNA序列上哪個單一字母不同。分析顯示，種群瓶頸（genetic bottleneck）與個別品種有關。換句話說，狗的DNA顯示，每個品種如何從少數個體發展起來，採取一小部分在整個物種中原本就存在的遺傳變異（genetic variation），每個品種代表那個變異的一小部分樣本。這些與不同品種的狗起源有關的瓶頸，其實很近代，可能發生在約三十到九十代之前。假設一代平均時間是三年，九十代也不過是兩百七十年前。除了這些比較近代的種群瓶頸，現代狗的DNA還有一個更古老的種群瓶頸痕跡，一般假設是導因於有些灰狼最初被馴化為狗造成。遺傳學家估計，這個瓶頸發生在約九千代之前，大約距離現在兩萬七千年前。

這個潛在較早的馴化年代，促使考古學家和古生物學家懷疑，他們是不是錯失什麼，一群研究員開始檢視這個可能性。他們研究比利時、烏克蘭和俄羅斯約一萬到三萬六千萬年前的遺址中，九個大型犬科動物的頭顱，可能是狗也可能是狼。他們沒有假設這些頭顱代表狼或家犬，而是仔細測量，並將這些古老頭顱的數據，和樣本數比較大、比較近代的犬科相比較，包括明顯是狗和明顯是狼的顱骨。這些古老的顱骨當中，五個顯示為狼的頭骨，其中一個無法決定，三個比較接近狗而非狼。和狼相比，這些犬科動物有較短也較寬的口鼻部，腦殼也稍微寬一些。這些古老的犬顱骨當中，有一個真的很古老，是來自比利時的戈耶洞穴（Goyet Cave），已經證實是冰河時期工藝品的寶窟，包括貝殼項鍊和一支骨製魚叉，還有猛瑪象、山貓、赤鹿、穴獅和洞熊的骨頭。人類和動物顯然使用這個洞穴數千年，甚至上萬年。不過，利用放射性碳定年法可以定出這個推定為狗的顱骨年代，約有三萬六千年，是世界上已知最古老的狗。

戈耶特別耐人尋味的地方，在於這隻早期狗的頭顱形狀與狼明顯不同。進行這項研究的古生物學家主張，這個明確的「狗特性」表示，馴化過程或與馴化相關的一些身體變化，可能非常快速。一旦頭顱形狀改變，從像狼變成像狗，幾千年來一直維持如此。

然而，這只是看起來像早期狗的單一案例，時間在最後一次冰河時期的高峰，令人懷疑戈耶只是某種畸形的可能性十分合理。就算可以肯定時間，這會不會只是一隻外貌奇怪的狼？不過很快就有另一隻十分早期的狗，加入戈耶的行列。二〇一一年，戈耶的分析報告後兩年，一群俄羅斯研究員提出了看來很像另一隻古老的狗之證據，這一次是來自西伯利亞的阿爾泰山脈（Altai Mountains）。

西伯利亞的顱骨在盜匪洞（Razboinichya Cave）被發現，一個隱藏在阿爾泰山脈西北角的石灰岩洞穴。挖掘工作始於一九七〇年代晚期，持續到一九九一年，挖出數千片埋在洞穴深處一層紅棕色沉積岩中的骨頭。有北山羊、鬣狗和野兔的骨頭，還有一個像狗的顱骨。山洞裡沒有發現石器工具，但從一些煤炭黑點所暗示，遠古人類也在冰河時期造訪過這個洞穴。

依據盜匪洞化石層一塊熊的骨頭，經過放射性碳定年法測量，確定為一萬五千年前，也就是最後一次冰河時期，其他骨頭就被假設為相似的年代。那塊狗顱骨本來可能就此打包裝箱，很快就被遺忘在一間大學滿是灰塵的儲架上，或在博物館儲藏室中衰敗——又一個冰河時期尾端，世界正在重新溫暖起來時的狗標本。

但俄羅斯的科學家認為，這塊顱骨值得更仔細檢視。第一，這真的是隻狗嗎？盜匪洞的顱骨很快被暱稱為「盜盜」（Razbo），經過測量，並拿來跟古歐洲狼、現代歐洲狼與北美狼，以及比較現代的狗，也就是約一千年前來自格陵蘭的狗之顱骨相比。格陵蘭狗是比較大但「尚未進化」的狗，牠們尚未經過基因工廠的極端篩選育種，這個過程產生出現代犬科各式各樣稀奇古怪的狗品種。盜盜是隻難以歸類的野獸，跟戈耶一樣，牠的口鼻部也相對較短而寬，一個像狗的特徵。但是牠有喙狀突，也就是在與顳肌這塊重要咀嚼肌肉相連的上顎骨中有塊突起，這和狼比較像。上裂肉齒（upper carnassial，一種撕裂肉的牙齒，對於穿透肌肉跟肌腱很有用）的長度屬於狼的範疇。但這顆牙齒跟盜盜嘴裡其他牙齒相比，相對較短：比兩顆連在一起的臼齒短，這個特徵比較像狗。下裂肉齒比現代狼的裂肉齒小，但另一方面，這很符合史前野狼的範疇。下顎裡的牙齒比狗應該有的樣子稀疏。儘管口鼻部較短，盜盜的牙齒看起來比較像狼，而非狗。不過盜盜的頭骨測量卻又是另一回事，與其他動物相比，顱骨的形狀和格陵蘭狗最像。

當然這一向有難度，早期狗只不過不是狼，儘管有些解剖特色與行為必定彼此相符，通常是因為這只依靠少數幾個基因，大部分特徵都是一個個逐漸浮現。轉變會透過幾代才發生：馬賽克中幾個小碎片先改變，漸漸的，直到整個畫面都變成新的。所以戈耶才值得一提，顱骨形狀有兩個顯著的改變，口鼻部較短和腦殼較寬，這看來很快就在早期狗當中出現。但對於盜盜顱骨形狀跟牙齒的不一致，我們毋須大驚小怪。

顱骨形狀像一千年前的格陵蘭狗，但裂肉齒比較像狼，俄羅斯科學家做出結論，認為盜盜算是最初的原始狗，是馴化這種特定試驗最早的範例之一。不過這隻一萬五千年前的原始狗，沒什麼好特別炫耀的，到處都有。而是這個顱骨的新定年，從盜盜骨頭樣本直接定年所引起的嘩然，且由三個不同的實驗室測定：圖斯康（Tuscon）、劍橋（Cambridge）與格羅寧根（Groningen）。這個顱骨原來有三萬三千年了，戈耶不再孤單。

結論是，兩塊顱骨和基因似乎都指向更早的馴化年代，差不多三萬年前。和農業開始（最早在歐亞大陸約一萬一千多年前）無關，甚至也不是冰河時期開始消退（約一萬五千年前）的環境與社會改變造成。看來人類最好的朋友有更早的起源：遠至舊石器時代、最後一次冰河時期的高峰之前，在人類居住鄉村、城鎮或城市之前，在我們還是游牧民族、狩獵者或採集者時，遠在我們的祖先永久定居在一片土地之前。

然而不幸的是，家犬的起源離定案還很遠。二〇一四年，另一組遺傳學家介入這場辯論。先前已有好幾個學者辯稱，狗的馴化源自歐洲、東亞或中東，所以遺傳學家想更仔細了解狗的地理起源，探討究竟是單一起源還是多個起源。他們排列歐洲、中東和東亞三地狼的基因組，還有澳洲野犬、貝生吉犬（basenji，西非獵犬的後裔）和亞洲胡狼各一隻。研究員發現大量證據，證實犬科不同族群之間有雜交育種，就某種程度而言，會使這個議題更加複雜。好幾個狗的品種含有最近與狼雜交的線索，比方在村莊中流浪的野狗，可能經常接觸野狼。然而，遺傳學家能篩檢DNA數據，看穿這些比較近代的雜交事件，從牠們最新後代的基因中，尋找早期狗的蛛絲馬跡。這項基因證據指向狗的馴化是單一起源，而且估計大約發生在一萬一千到一萬六千年前。這仍然表示，狗的馴化和農業出現沒有關係，過去有些學者就提出這種主張。然而從另一方面看來，這個比較晚的年代，遠在最後一次冰河時期的尖峰之後，則讓戈耶與盜盜困在另外一端，深埋在遠古的過去中。

但是話說回來，這些冰河時期的狗一直有爭議，有些學者對這些動物身為狗的憑據表示懷疑。牠們看起來跟其他考古證據步調不一致。必須承認的是，這些有爭議的狗與狼之間的體型差異，其實非常細微，分析跟解釋頭顱的方法也有疑慮。尤其戈耶犬的大小特別有問題，這麼大的顱骨，牠身體應該也很大，但馴養動物一般比牠們野生的同類要小。因此，有些研究員辯稱，那可能只是又一個現在已經滅絕的狼的種類，而非一隻狗。或者，如果戈耶和盜盜真的是早期的狗，牠們可能是個死胡同，只是馴化中的曇花一現，一個失敗的試驗。大量考古證據仍然指向現代狗的真正祖先，其實馴化得比較晚，在最後一次冰河時期的尖峰之後。較晚的馴化時間，也能部分解釋冰河時期巨型動物群的滅絕，像是「真猛瑪象」和披毛犀，也許是人類與牠們致命的犬類朋友合作，狩獵這些動物到滅絕。反對戈耶犬的狗特性，看來過於尖刻憤慨：這些早期的狗就是不合於當前的理論建構。就算牠們是狗，也不大能代表我們現代狗的祖先。犬類馴化的研究充滿爭議，容我這麼說，犬科古生物學根本是狗咬狗的世界。

然而骨頭和DNA都沒能給出清楚明確的答案，二〇一五年初，看來證據似乎越來越支持較晚馴化的年代，在最後一次冰河時期的顛峰之後。在戈耶和盜盜激起的興奮之後，那些早期「像狗」的顱骨，可能只是看起來很奇怪的狼，或是後代已經滅亡的早期狗。

不過從現代狗與狼的DNA推測，馴化時間在一萬一千到一萬六千年前，取決於關於突變率跟世代時間的幾個關鍵假設。如果實際的突變率比較慢，或是世代時間比較長，就會把馴化時間往前推，現代狗和狼之間看得出的基因差異，會需要較長時間累積。

二〇一五年六月，驚人的新基因證據發表。這一次遺傳學家不再從現代狗與狼的基因組中去過濾、尋找牠們的祖先，而是研究古老的DNA。這個跨大西洋的團隊，成員在哈佛與斯德哥爾摩，他們研究一塊二〇一〇年在俄羅斯泰梅爾半島（Taimyr Peninsula）發現的肋骨。這塊肋骨顯然是犬類的，時間是三萬五千年前。排序出一小部分的粒線體DNA，研究員就能辨認出這塊骨頭屬於哪個種類的動物：這是塊狼的骨頭。調查的下一個部分牽涉到將泰梅爾狼的基因組，與現代狼和現代狗的基因組相比較，而古代與現代基因組的不同程度，就是無法符合先前假設的突變率。將標準突變率應用在現代狼與泰梅爾狼的基因組，暗示這兩者的共同祖先生活在一萬到一萬四千年前，但比泰梅爾狼的實際年齡少了一半以上。因此突變率一定比先前所想的要低，只有原先假設速率的百分之四十，或甚至更慢。利用比較緩慢的新突變速率，狼和狗分化的估計時間，就會從一萬一千到一萬六千年前，往前挪到兩萬七千到四萬年前。

揭露的祕密還不止於此。遺傳學家繼續檢視現代狗品種DNA中特定的模式差異，也就是看每次牽涉到單一核苷酸「字母」的突變，這些基因變異稱為單核苷酸多態性（SNPs）。這些單一字母的突變，是基因組中很好的演化歷史指標，因為它們很常見，而且通常無關緊要，所以不會被天擇淘汰。比較現代狗品種與泰梅爾狼的大量SNPs（精確來說是十七萬個），遺傳學家發現，有些品種的狼性比其他品種來得多，這表示在家犬的起源之後，有些族群有和野狼混種。結果有比較多狼性的品種，包括西伯利亞哈士奇、格陵蘭雪橇犬、中國沙皮狗和芬蘭獵犬。遺傳學家也檢查現代狼的基因多樣性，發現北美灰狼與歐洲灰狼的分化，必定發生在泰梅爾狼脫離之後，但推測在冰河時期結束、海平面上升、淹沒白令陸橋之前。在冰凍時期、海平面低下之際，白令陸橋提供東北亞與北美之間的聯結。

所以最新的基因研究救了戈耶和盜盜嗎？看起來好像沒有理由懷疑，三萬三千到三萬六千年前有馴化狗的存在，以及牠們的子孫可能現今還和我們在一起。然而遺傳學對這些研究又有疑慮，戈耶的粒線體DNA很不尋常，與古代和現代的狗與狼都有分別。因此我們不得不好奇，戈耶究竟是什麼？是已經絕種的早期馴化品種？還是一種特別而現今已不存在的古代灰狼？二〇一五年，一篇對戈耶穴狼3D頭顱形狀的精細分析提出，終究說來，牠更像狼而非狗，所以爭論持續下去。不過另一方面，盜盜顯然很符合狗的粒線體DNA家族樹，所以看起來盜盜真的可以是隻早期的狗，牠現在還有很多近親，以家犬的形式存活。

過去幾年狗的起源爭論，熱絡到令人難以置信。新的科技和新的發現，看似有潛力劇烈改變理論，而故事也一再改變。但有這麼多進展，從考古發現更精確的定年，到更快排定DNA序列，我們最古老也最親近的夥伴，起源的真正故事看來終於從陰影中逐漸浮現出來，而且這故事必定很複雜，看我們所知的人類歷史有多麼迴旋曲折就知道。當我們研究史前史，包括我們人類或其他物種尚未寫出的歷史，一開始我們可能會很天真，某種程度期待有個單純的故事，能夠摘要過去千萬年來物種互動的複雜。難怪進行更多科學分析、有更多細節浮現出來後，局勢就一再改變。研究泰米爾狼與其古代和現代表親的DNA，顯示出追尋這些馴化的根，有多麼折磨人。

將狗的起源推回至冰河時期，下一個浮現的問題是：狗在哪裡馴化？馴化是在單一獨立的區域中開始，然後擴散出，還是多次多個地點，讓野狼變成狗？這可能無法決定：狗的馴化可能始於距離現在四萬年前，並且之後還有很長一段時間持續與狼混種，而現在可能還在發生。不過有了最新的基因科技，讓我們能從基因組解謎，不論是古代或現代的基因組，至少我們可以試試。

找到狗的故鄉

關於馴化年代的爭論還沒完沒了，但要定出狗最初在哪裡馴化，爭論也沒有比較少。一方面，基因結果毫不含糊：狗顯然是馴養的灰狼，但灰狼範圍很大，遍布今天大部分歐洲、亞洲和北美洲，在史前時代地理範圍甚至更廣。所以在灰狼的地理領域中，狗究竟從哪裡開始？我們可以刪除北美的可能性，因為人類很晚才到那裡，約在最後一次冰河高峰之後，所以從狼變成狗的轉化不會在那裡發生。對狼和狗基因組的分析，提供進一步的證據，顯示狗一定是從歐亞大陸的狼演化過來。犬科基因組的家族樹揭露一次早期的分枝事件，北美和歐亞狼就此分化，還有後來的一次分化：歐亞狼和狗。在整個歐亞大陸灰狼的範疇中，有很多可以選擇：歐洲、中東和東亞，都被認為是人類與犬類共同生活的原鄉。

遺傳學家對於這個問題已經重複爭論許多遍。早期分析粒線體DNA，指向一個可能單一在歐亞大陸的起源，看似受到中國狼和現代狗下顎某部位都有一個特定形狀所支持。基因組相關的分析，看似也支持單一起源，因為整個歐亞大陸的狼，看來都與我們現代的狗有關。對全世界狗類粒線體DNA更進一步研究，似乎已解答這問題，揭露了現代狗和古代狗與歐洲狼之間明顯有關。這看來似乎與考古學相符，東亞和中東都有發現古代狗的骨頭，但最早的年代只有一萬三千年前，而歐洲和西伯利亞卻有從一萬五千年前一直到超過三萬年前的史前狗。狗的原始祖先最有可能來自歐洲更新世（Pleistocene），也就是冰河時期的狼。

二〇一六年又冒出新證據。首先，有個研究分析藏狼與現代狗的下頷骨，過去認為這是兩者有關的指標，結果顯然支持一個亞洲起源。藏狼與現代狗連著顳肌的喙狀突，都是類似的形狀：這塊骨頭的大突起呈現特殊的鉤子形狀，並向後傾斜。但另個更廣泛的研究顯示，只有百分之八十的藏狼和百分之二十的狗，下頷骨顯示出這個特定特徵，這變異太大也太不一致，無法用來推論狗只有一個亞洲起源。而且，當狗是東亞起源這個論點落空時，二〇一六年有個新的基因研究出現，再度讓事情熱鬧起來。

這次遺傳學家對一隻來自新石器時代，愛爾蘭紐格萊奇墓（Newgrange）有五千年歷史的狗基因組，排出完整的序列。他們也排了其他五十九隻古代狗的粒線體ＤＮＡ，將所有基因資料與既有的現代狗基因資料比較，包括八十組完整的基因組，和另外六百零五套ＳＮＰｓ。首先，新石器時代的紐格萊奇狗，基因與現代野狗看起來類似，尚未經過現代狗的選擇性育種。而且，雖然牠的ＤＮＡ顯示消化澱粉比狼好，但比現代狗差。

然而，吸引研究者的是，變異的模式或該變異的驟變。薩爾路斯獵狼犬這個現代品種特別突出，是自成一格的小旁枝。這其實沒那麼令人驚訝，這個品種開始於一九三〇年代，由德國牧羊犬和狼雜交而來，是混種狗。但ＤＮＡ中有另一個深刻的分裂，讓東亞的狗和歐洲與中東的狗產生分化。新石器時代紐格萊奇獸的基因組，與歐亞大陸西邊的狗最為相符，但是粒線體DNA卻揭露另一件事：與現代歐洲的狗相比，大部分古代歐洲狗有不同的遺傳標誌（genetic signature）。遺傳學家認為，古代歐洲狗後來必定受到一大波來自東方的侵入種取代。

但研究結果發表後沒多久，另一個研究不僅採用一隻，而是兩隻新石器時代狗的完整基因組分析。這次研究的狗來自德國，一隻約七千年前（西元前五千年），也就是德國新石器時代之始，另一隻是德國新石器時代末，約四千七百年前（西元前兩千七百年）。新石器時代早期的狗基因組，與愛爾蘭紐格萊奇狗十分類似，但橫跨千年，與新石器時代晚期的狗和歐洲現代狗，也有明顯的基因關聯。這裡倒沒有大量族群取代的跡象，不過德國更晚期的這隻狗，血統中有個令人疑惑的額外信號，暗示與來自更遠東方的狗，有某種程度的混種發生。這可能是犬科呼應人類一次重大的遷徙，從大草原的國度西移到黑海以北，造成顏那亞文化（Yamnaya culture）散布歐洲。顏那亞人是騎馬的游牧民族，將死者與陶杯和動物獻祭一起埋葬在大土丘下。他們可能也帶著狗一起埋葬，但這些狗和歐洲狗混在一起，而非取代歐洲狗。紐格萊奇狗粒線體DNA世系（基因組成的一小部分）的消失，不必然代表族群被取代。這種消失是特定基因世系的修剪，一直都在發生。

回到紐格萊奇之前，先探討馴化起源本身，狗祖先那次古老的東西分化，代表什麼意義？有兩個可能，可能是狗有一次起源，然後分散出去，並且族群變大到足以分化，在遺傳上漂移開來，創造出深刻的分裂。或者，現代狗可能有兩次分別的起源，來自兩群基因上有分別的狼族群，一群在歐亞大陸西方，另一群在歐亞大陸東方。回答這個問題得看分裂時間，以及馴化的年代。兩隻新石器時代德國狗的基因組排序，決定了歷史上這些關鍵的事件，加上既有的資料，遺傳學家推測出狗與狼的分化年代，在三萬七千到四萬兩千年前。東西分化接著發生在一萬八千到兩萬四千年前，是在馴化之後。這意味著，最有可能是從單一起源，再接續分化。然而目前尚存的問題是，最初的馴化是在哪裡發生。解決這個問題的唯一方法是分析更早的狗的DNA，一直到冰河時期。古粒線體DNA和考古證據顯示，從歐洲起源最有可能。但來自現代與早期狗基因組的資料，顯示出東亞一個分化熱點，表示狗在那裡存在遠比在其他地方都久。

顯而易見，這不是狗起源的最後定論，但現在的進展已經很了不起了。遺傳學的進步讓我們看到粒線體DNA顯露的母系世系，而排出整組基因序列的最新科技，讓我們看到整個遺傳系譜。從前對我們隱而不顯的問題，現在都可以解答，接下來幾年將會看到我們對過去的視野更加寬廣。我們已經知道狗是馴化來的，最有可能是在歐洲某個地方，在我們祖先還是游牧的狩獵採集者時。不久，我們也許會更了解人、狗的關係最初在哪裡形成。

不過，狗的馴化究竟如何發生，以及有多少刻意的成分？我們太習慣認為動植物的馴化是在一萬一千年前左右，人類的祖先突然想到的念頭，也是所謂「新石器革命」的一部分，在我們的先祖放棄原始的狩獵採集生活，定居一地從事農業，掌控生活與環境，並且為人類文明定下基礎。這個簡單的觀點有許多錯誤，更別提馴化是漸進的過程，從人類的觀點看來，可能不像我們習慣假定的那樣刻意。

第一次接觸

我們只能想像冰河時期的狩獵採集者，是如何與灰狼聯合起來。可能在很多地方發生過（或幾乎發生過）很多次。有時候可能形成脆弱的聯盟，然後又馬上分裂。歷史不是沿著一條鐵路、朝向一個終點邁進，而是迂迴曲折、旁岔分支，且常常通向一條死路（而我們只能在回顧時辨認那些死路）。然而，我們受惠於科學進步的後見之明，知道最終將有成功、穩固的聯盟，讓人類與犬科確立持續不斷的合夥關係。

我們不清楚的是，究竟是誰選了誰。我們的本能可能會假定，人類的祖先肯定是他們自身命運的至尊主人，是他們選擇並奴役了狼，刻意將牠們經由好幾代的過程塑造成狗。事實上，有意識的企圖可能與一些狼轉變成馴養物種沒有什麼關係，一切可能只始於一次溫和的共生形式，奠基在雙方利益上的鬆散合夥關係，就像這章開頭引用的故事那樣。甚至也許是狼促進了這個過程。你無須想像牠們有什麼機智的犬科偉大計畫，藉由在人類周遭越來越頻繁地閒晃，就算只是在垃圾堆中尋找食物，狼也可能無意識地訓練人類去接受牠們：一開始作為鄰居，接著就成為夥伴。

這兩個物種聯盟成功，必定倚靠在雙方都有的一個傾向：相互的意願。人和狗都是社會動物，但一定不只如此。畢竟有很多社交動物，我們都沒有和牠們合作，貓鼬、猴子、老鼠，牠們最後都沒有像狗一樣被馴化。在我看來，很有可能還有別的因素，狼的行為必定有個特點，為牠們與人類結盟鋪路。為了找出可能的因素，我需要更接近狼。

在塞文河（Severn River）氾濫平原上方的山脊上，有一小群狼漫遊在古老的樹林中，這群狼只有五隻，都是兄弟，其中兩隻三歲，三隻四歲，牠們是歐洲灰狼，身體細長、精實，腿也很長。牠們的毛色比名稱所透露的還繽紛，兩脊赤褐色，背部後半段有黑色斑點，尾巴根部和尾端是黑色，下巴和兩頰是白色，尖尖的黑色耳朵端緣有濃密的黑毛。

這些狼定期巡邏牠們的領域，邁開大步，沿著林中小徑輕快地小跑，輕鬆躍過倒下的樹木。受驚時牠們會跑得更快，突然間奔跑起來，但接著牠們會停下來，找到一片空地躺下。下雨時，牠們會找個矮樹叢遮蔽。牠們吃肉，包括馬、牛、兔子甚至是雞，但從沒狩獵過比喜鵲更大的動物。牠們不需要狩獵，因為照顧牠們的人類會提供所需的肉。這是生活在「野地」的狼，是布里斯托動物園（Bristol Zoo）一片鄉間飛地，座落在南格勞斯特夏爾（South Gloucestershire）的荒野。

我造訪過這些狼，牠們安全地待在圍場外，和看守員之一格林希爾（Zoe Greenhill）在一起。她每天都與這些狼很親近，很了解牠們，正努力讓牠們習慣被轉送去一個較小的圍場，必要時才能讓獸醫檢查。不過這就是訓練的極限了，她無意馴化這些狼，而且雖然牠們逐漸習慣格林希爾的陪伴，但對人類還是十分警惕，而且很容易因為突然的舉動或巨大聲響受到驚嚇。牠們對圍場裡的新物品也會很焦慮，格林希爾告訴我，他們花了好一陣子才讓狼群習慣幾棵新種下的冷杉樹。我很好奇，這群狼（一小群年輕的狼）是不是特別緊張，但野地動物管理員沃克（Will Walker）告訴我，他碰過的狼全都差不多謹慎且易受驚。

「我和三群不同的豢養狼群相處過，從沒經歷過有狼會主動靠近你，並且在你身邊感到信賴。」他說：「我們在圍場裡與牠們相處，每次兩個人，以防萬一，但狼總是離得遠遠的，待在圍場的另一端。牠們對我們非常緊張，有時跑掉前會反芻食物。」

「這肯定有複雜難解的謎題，」我表示：「如果狼天性在人身邊會這麼小心，牠們究竟如何被人馴養？」

「這個嘛……牠們很緊張。如果你和牠們面對面，牠們會掉頭往反方向跑走。但你可以和牠們玩。如果你背向牠們，跑來跑去，躲在樹後面，或到圍場的另一端，牠們就會跟著跑起來，尾巴高高翹起，而且看起來非常有自信。但如果你轉過去面對牠們，牠們就會再度跑不見。牠們肯定是很好奇的動物，會來看我們在幹什麼，但一點也不大膽！」

當然，狼極有可能是到了近代才對人類小心翼翼，雖然在久遠之前，就算拿著長矛而非槍的人，對牠們也能構成嚴重威脅，謹慎肯定是很好的生存本能。但還有其他東西能讓狼克服緊張。

沃克告訴我，狼群如何追隨管理員的晨間檢查。管理員沿著圍欄走動時，狼也會在另一邊，跟在牠們幾步之後。一開始必定是好奇心吸引狼靠近人類。不過狩獵採集者有高度流動性，不斷在遷徙，那樣的好奇心只可能導致短暫、零散的偶遇，不存在發展持久聯盟的機會。

正是如此，環境改變可能扮演重要角色。三萬多年前在阿爾泰山，環境越來越導向將人類狩獵採集社群，變成定居在這片土地上。他們仍然是游牧民族，但遷徙到另一個地方前，可能連續好幾個月停留在同一個地方，一旦人類趨向定居，就會有時間與野狼發展關係。無疑的，獵人帶回來的肉和剩下的骨骸，會是強烈的吸引力。儘管狼天性謹慎，但好奇心與飢餓驅使牠們越來越靠近人類，緊張甚至可能對牠們有利。狼是看起來凶猛、巨大的動物，是令人畏懼的掠食者，但如果牠們看起來緊張而非很大膽，也許人類比較不會害怕，也會對牠們比較寬容。從小心的接觸到寬容到合夥，人類與歐洲灰狼兩個非常不同的群體，漸漸的越來越緊密。

直到一些狼開始和人類混在一起，牠們的未來就改變了，牠們自身也改變了。緊張但友善的狼會受到容忍，比較乖僻，也許具侵略性的狼會被趕走，或有更糟的下場。人類對靠近他們的狼行使演化壓力，人類選擇最友善、最不具侵略性的動物所帶來的衝擊，會遠超過影響牠們的特定行為。

友善的狐狸與神祕法則

一九五九年，俄羅斯科學家貝拉耶夫（Dmitry Belyaev）研究狼的特定行為，他想了解選擇性育種如何能長時間改變動物。他相信有些基本特性是狗馴化的關鍵，也就是天性溫馴的幼狼會受到正向篩選，有侵略傾向的幼狼則會被殘忍剷除。他以另一種與狼十分相近的物種：銀狐，著手進行這個後來著名的馴化實驗。他在每一代中選擇溫馴的狐狸飼養在一起，他和團隊發現，溫馴的特性很快就散布到整個族群。經過六代高度選擇性的育種後，族群中有百分之二極度溫馴。經過十代之後，比率提高到百分之十八。經過三十代後，一半的狐狸都很溫馴。到了二〇〇六年，這些進行實驗的狐狸幾乎都對人類很友善，就像馴養的狗一樣。

但改變的不只是狐狸的行為，牠們有些仍是銀灰色，其他則變成紅色，那是標準的銀狐毛色，不令人驚訝。然而有些卻變成白底黑斑，所謂的「喬治亞白狐種」（Georgian White silver fox），一個全新的品種從沒在野外見過。事實上，馴養的喬治亞白銀狐看起來特別像一種似狐狸的小型牧羊犬，有些狐狸長出白底帶有雜褐色斑點的顏色，有些耳朵下垂。牠們的骨骼架構也有改變，外觀看起來，腿和口鼻部比較短，頭顱則比較寬。生殖型態也改變了：野生狐狸一年只會交配一次，但馴化的雌狐每年發情兩次，溫馴的狐狸也比野外的同類更快達到性成熟。

除了實驗中特別選出來的特殊屬性：對人類友善、缺乏侵略性，馴化的狐狸同時也顯示其他熟悉類型的行為。牠們會高舉並搖尾巴，會哼哼唧唧吸引注意，會對飼主又嗅又舔，會注意人類動作手勢和凝視方向。藉由選擇溫馴這個特質，這位俄羅斯狐狸育種科學家養出一組看似搭順風車的其他特性，但無法否認和狗很像。

這個狐狸育種實驗顯示，幾千年前最友善、最不具侵略性的狼，有多快就能一代一代變得越來越溫馴。狩獵採集者不需要像俄羅斯科學家那樣選擇性育種，也無須遵循他們嚴格的規定，只讓每一代中前百分之十最友善的狐狸育種。狗的狼祖先有可能在某種程度上自我篩選，只有最友善的狼能忍受靠近人類生活。狼群是家族，彼此都有血緣關係，如果有隻狼傾向於容忍，甚至對人類友善，很有可能狼群中其他的狼都會有同樣的基因和行為傾向，所以有可能一整群狼，或就算只有整群狼中的大部分，都結成同盟。馴化的狼應該已經對人類形成特殊情感，開始追隨人類的社交線索（social cue），像是手勢和眼神的一瞥。狗會與人類有眼神接觸，而狼永遠不會，而且狗以一種不可思議的方式，演化成能了解人類的信號。

我有一隻半經訓練的邊境㹴，幾乎我要牠做什麼，牠就唱反調不做什麼。最近一隻史賓格犬能懂我的提示，讓我目瞪口呆。我和這隻叫做利尼的史賓格犬，在蘇格蘭的長湖（Loch Long）畔散步，我丟一顆老舊的球出去，球彈跳到長滿水藻的岩石間。利尼沒看到球掉到哪裡，看著我尋求協助，我大喊：「利尼，這裡！」並且指出球的方向，一邊想像我得爬過這些岩石，去撿回那顆球，但牠完美地跟隨我指出的方向，在一個縫隙中找到濕掉的球。牠爬回湖畔，把球放回我的腳邊時，我跟牠一樣高興。利尼不僅認出我指方向的手指是指示性的提示，而且知道那是什麼意思，以及如何追隨這個方向，去撿回那個又濕又臭的獎品。牠顯然培育自一個長久的狗世系，不僅學會聽從人類指示，還能遵循到令人驚訝的程度。史賓格犬是槍獵犬，培育來將獵物趕出藏身之處與撿回獵物。一顆濕掉的球可以代表一隻死掉的野鴨，利尼還是很高興的將它帶回來給我。我們現代的品種是比較新的發明，大部分是高度選擇性育種不過兩個世紀的結果。儘管獵犬這種理解人類手勢的神奇能力是經過鍛鍊，但這種行為的基礎可能很早之前就已浮現。最早馴養犬可能就懂人類的信號，就像貝拉耶夫的狐狸現在所做的事。

馴化的狗與馴化的狐狸，發展出一整套與牠們野生祖先十分不同的行為，且有解剖學和型態學特性。不過，這些特性中有些不完全是新的，我驚訝地從沃克那裡得知，狼偶爾也會搖尾巴，他甚至還聽過牠們吠叫。

「但我只聽過牠們作為警戒而吠叫，」他告訴我：「圍場周遭有一圈電欄，我們第一次放牠們進去時，牠們很好奇，去測試了一下，也就是去碰一下，接著牠們就吠叫了，聽起來就像裡面有一隻大狗。那是我第一次聽到狼吠叫。狼不只高興會搖尾巴，還有其他你在狗身上看到的特性，牠們統統都有。」

這樣看來很有道理，畢竟狗只是馴化的狼。許多我們認為的狗特性，並非憑空出現，而是本來就在牠們狼祖先的行為元素中。那些特性在狼的行為中，肯定沒有特別顯著，但還是存在。狼馴化時，既有的行為中某些元素被選擇加以發揚，變得更加普遍，而其他就被選擇抑制下去並淘汰。

隨著時間遞變，馴化狼和人類的關係也在改變，不只是兩個物種比鄰而居，互相容忍。這是一種共生，一段美麗友誼的開始。當狼能夠接近營地，人類就不再只是免費食物的來源。狼不再僅是受到容忍，牠們也受到鼓勵：在食物方面牠們顯然能有所回報。好處可能還包含陪伴，對成人和小孩都是。這在馴化理論中很少提到，也許因為看起來是小事，太微不足道，但我認為難以忽視其中的影響，而且一定有些幼狼會被收養。有鑑於我的小孩為了小狗能吵到什麼程度，不難想像有些冰河時期的父母，也會屈服於這樣的壓力。

不過陪伴和娛樂小孩，當然不會是馴養狼的唯一好處。雖然野狼偶爾才會用到示警性叫聲，但大聲吠叫對於人類和狼之間共生關係的發展可能十分重要。也許那些最早期的狗靠著和狩獵者一起奔跑，協助追蹤，甚至帶回獵物，讓自己對人類有用。一旦農業開始，狗可能藉著保護家畜免受像熊、鬣狗，還有狼這樣的掠食者傷害，執行很關鍵的角色。但遠在那之前，回到冰河時期，有能幫忙保護營地，並且能夠吠叫發出警報的馴化狼，肯定非常有用。

吠叫和搖尾巴都不是狗的新行為，我們不需要以新的基因突變來解釋狗的這些特性，因為它們本來就存在於狼身上。但就算我們這樣解釋能消除狗和狼之間的差異，但狗與狼的特性之間，或野生銀狐與那些實驗馴化品種的特性之間，還是有條很大的鴻溝，無法以生物學解釋。事實上，同樣的謎題在現在還是存在，從吉娃娃到鬆獅犬，大麥町到澳洲野犬，差異的範圍遠超過任何野生物種。

達爾文對馴養狗驚人的多樣性感到著迷，他提出這種多樣性，可能是來自多種不同的野生犬科物種。但是我們現在知道，狗來自單一野生物種：灰狼。在某種程度，這留給我們一個更大的問題，現代狗的種種差異究竟從何而來？在推測多樣性世代時，達爾文認為，大量變異可以藉由多種環境因子，以某種未知的原因影響生殖或胚胎發育來解釋。達爾文知道有些特性是繼承而來，但他不知道的是這些特性如何繼承。而他對於環境因子（你可以說是教養）扮演重要角色這個觀念，態度十分開放。

二十世紀早期，十九世紀的僧侶暨科學家孟德爾（Gregor Mendel）的研究被發現，他在理解「特性如何遺傳」這方面有偉大的進展，並成為新興科學遺傳學的基礎。結合自然學者的觀察和達爾文的天擇機制，遺傳學協助解釋了演化如何進行。

赫胥黎（Julian Huxley）是達爾文重要支持者亨利・赫胥黎（Thomas Henry Huxley）的孫子，他在一九二四年的著作《演化：現代綜合論》（*Evolution: The Modern Synthesis*），對這些生物學分支的融合有所描述。

赫胥黎描述達爾文主義如何在十九世紀末，開始變得墨守成規，變成過於理論，也過於適應學派。生物的每個單一性狀，都被形容為是經過天擇影響的一項適應。達爾文主義已經變成接近自然神學，只有天擇的力量，但非神威，被認為是設計者的角色。同一時間，新的生物學科已經出現，包括遺傳學，實驗遺傳學和胚胎學看似與古典達爾文主義相悖。

赫胥黎寫道：「緊守達爾文觀點的動物學家，受到新學科的信徒看輕，不論是細胞學或遺傳學〔發展性機制（developmental mechanics）〕，或比較型態學，老派理論家也是同樣態度。」但漸漸的，在一九二〇年代和一九四〇年代，想法開始匯集，以它們作為部分而形成的整體更有道理：

> 當生物學較年輕的支派彼此之間，還有與古老的學科之間達成一種綜合，相對的派系就和解了。這種和解匯聚在達爾文主義中心上……過去二十年的生物學，經過一段新學科輪流受到研究，並且在相對隔絕的環境下獲得結果的時期，開始變成更統一的科學……一個主要的結果就是達爾文主義因而重生。

現代演化綜論提出的想法，至今仍持續鞏固現代演化生物學。我們知道物種發生漸進的改變，主要歸因於隨機的基因變異，接著以非隨機的方式施以選擇（不論是自然或人工），擁護有益的變異，剔除沒有益處的變異。然而家養物種的多樣性，特別是狗，看起來就是太極端，無法只以基因改變長時間累積來解釋，無法只透過基因隨機的新變異與選擇性育種之間的互動來解釋。選擇能快速導致有利的基因（和特性）在族群中散布開來，但不能加速基本的突變率。

貝拉耶夫認為不只是DNA變異，而是另有原因該為越來越溫馴的狐狸身上發生的這些改變負責。不只是改變的速度，還有馴養的銀狐與狗之間驚人的相似性，同樣需要解釋。要相信狐狸身上所有的特性，從搖尾巴到下垂的耳朵，都起於新的基因變異，以及與狗的相似只是巧合，根本不可能。每個個別特性不可能分別一一出現，看起來反而比較像一、兩個基本的基因改變有廣泛的影響，也就是基因性能有高下之分，有些基因控制別的基因。

而且擁有一個特定基因，只是故事的開始，因為基因可以打開或關掉。貝拉耶夫假設控制行為變異的基因，也在發展中扮演管理角色，影響一連串其他基因，將它們打開或關上。繼承貝拉耶夫實驗的科學家則提出，探討的這些基因可能牽涉到調節身體壓力反映的荷爾蒙可體松，還有神經傳導素血清素。馴養的狐狸血液中可體松濃度非常低，腦中血清素濃度則比較高。低可體松濃度也在其他家養動物身上看到，而高血清素與抑制侵略性有關。但這裡真正重要的是，這兩種生物訊號對發展中的狐狸胚胎可能帶來的影響。

俄羅斯科學家提出，母體的可體松和血清素，會在胚胎發展與幼狼出生後的哺乳期間，影響其他基因中有多少能夠表現。藉由選擇特別溫馴的狐狸，俄羅斯科學家可能選擇有特定變異的個體，這些變異正好在與壓力容忍和減少侵略性有關的少數關鍵基因上。這代表下一代狐狸在子宮中，會暴露在特殊的壓力荷爾蒙模式下，再回過頭影響發展中的狐狸胚胎，開啟或關閉基因的方式——這種情況在野外不會發生。在天擇下已成為相當穩定狀態的胚胎發展程序，顯然在某種程度上鬆動起來，在越來越馴化的銀狐當中產生驚人的多樣性。研究員提出，僅僅幾個基因變異，就能有擴散性的影響，引入一系列毛色與奇特的特性，例如下垂的耳朵，甚至是捲毛尾巴。其他研究員已經提出，甲狀腺荷爾蒙和相關基因的改變，會在壓力回應、溫馴、體型和毛色上有類似的散布效果。所以專注在某個特性上的選擇性育種，很有可能與壓力容忍和溫馴相關的基因有關聯，會很快影響一整組其他的特色。

我們才剛開始辨認出一些基因，它們可能涉及創造一連串的影響，並理解在分子層次上這是怎麼發生的。遺傳學家已經開始爬梳狗的基因，尋找特定區域、特定片段、看起來好似經過選擇的DNA，這件事做起來有點棘手。馴養狗複雜的族群歷史包括遷徙、部分族群的滅絕、在一些地方的雜交，與在其他地方的基因隔離，都讓這成為一項困難的任務。然而還是有特別突出的基因組區域，而且所辨認出前百分之二十的區域中，就有八個包含具有重要神經功能的基因。其中一個已知對社會行為和生物的天然顏色具有影響，叫做刺鼠信號蛋白基因ASIP

（Agouti Signalling Protein gene），它所編寫密碼的蛋白質，能開關毛囊中被稱為黑素細胞的色素產生細胞，產生顏色較淡的黑色素，實質上控制顏色深淺的毛皮，如何在不同地方發展。另外，ASIP也影響脂肪代謝，在老鼠身上也顯示出會影響侵略性。這個基因完美說明了選擇性育種的動物，如何展示出特定的社會行為類型，會附帶導致顏色跟代謝改變。但是某些最終一起繼承下來的特色，可能受到其他基因的影響，極為關鍵地彼此位於一個染色體附近。特定性狀與特定基因之間強烈的正向選擇，通常會讓鄰近基因也一起搭便車。

不同特徵可能以某種方式相連在一起，並且一起繼承這樣的想法，其實存在已久，甚至比遺傳學還古老。這稱為基因多效性（pleiotropy，希臘文「多項特色」的意思），而且這個字彙在十九世紀早期就已出現。在《物種起源》，達爾文寫道：「……如果人類繼續選擇，並因此強化任何特色，幾乎可以確定他會無意識地修改結構的其他部分，因為有神祕的生長關聯性法則。」這些法則現在比較不神祕了，我們知道好幾個特色在遺傳學和發展中是相連在一起。至少在一些案例中，我們了解關聯性的精確基礎，例如刺鼠信號蛋白與它在身體上的散布性影響。結合顛覆性選擇這個概念，也就是人工育種必定會規律性將特定組合的基因放在一起，基因多效性需要很長時間來印證為什麼狗的種類比狼多這麼多，從表面看來基因卻十分相似。新的基因變異有散布效應，也就是基因多效性，足以影響一整個系列的特色。在一些案例，甚至可能不需要全新的變異就能促進變化，只要結合在野外——不會一直被組合在一起的特定組合基因，發展設定就會受到顛覆，在過程中呈現嶄新且有趣的變化。看起來很有可能，就算在早期的狗身上，還有遠在現代育種浮現之前，就有足夠的變化，就像在實驗馴養的銀狐身上所看見的。

狼最初馴化成狗，就算沒有野生銀狐變成馴養銀狐的轉變那樣快，可能也在五十年間，仍然算快的。基本分子機制相關新理論，幾乎在每個轉折都會顯示基因多效性。最初因為對溫馴與寬容的影響，而被挑出來的特定基因，它們變異的層疊與顛覆效果，有潛力對解剖、型態與其他方面的行為，創造出廣布且可能非常快速的改變，看似很難並且不可能的改變（從野生到馴化）忽然間變成比較容易，甚至是可能的發展。也許過去有很多狼變成狗，或幾乎是狗的案例，儘管我們只能找到基因線索，證明這些試驗只有一、兩個發展成存活至今的世系。

最後一次冰河高峰的酷寒，最冷在兩萬一千到一萬七千年前，整個歐亞大陸的動物都感受到壓力。冰蓋下降到蓋過歐洲，西伯利亞變得極為寒冷乾燥，許多動物世系滅絕，有時候整個物種都消亡。若說有多個犬類馴化試驗受到這次環境災難削減，也不令人驚訝。在冰河期逐漸邁向高峰的期間，狩獵採集者營地邊緣的免費食物，對於某些狼群可能十分重要。

大家都感受到這股嚴寒，人類也是。即使某些古老狗世系滅絕了，但專家辯稱，養狗可能是人類狩獵採集者在最後一次冰河時期高峰，一個關鍵的存活優勢。這是否能解釋，為何現代人類儘管受到重大打擊，仍然存活過最後一次冰河高峰，但尼安德塔人卻沒有？這是很好也很誘人的解釋，但總是讓我緊張，我懷疑這樣太簡單了。歷史是複雜的，我們可以提出假設，但必需小心，因為我們無法測試這些假設。雖然如此，但看來我們沒有理由懷疑，狗協助一些狩獵採集者部落成功地存活下來。

在大嚴寒之後，家犬的化石證據開始出現在歐亞大陸。到了八千年前，從西歐到東亞的遺址都可以發現牠們。正如我們所見，從遠古到現代狗的最新基因數據都指向單一起源，因此不大可能這些全新世（Holocene）的狗，是從當地狼群獨立馴化而來。反之，狗必定是跟著遷徙的人類到來，或是當地人類族群從別的地方取得。

史前狗仍然很像狼，至少從牠們的骨骸上看來如此，不過毛色、尾巴捲度和耳朵下垂的程度，可能已經有不少多樣性，這可以參考俄羅斯那些狐狸。在丹麥斯溫堡（Svaerdborg）八千年的遺址裡，考古學家發現證據，有三種體型大小不同的狗。所以儘管在那樣早以前，那些可以視為是原型品種的狗，就已經有分化了。也許我們的史前祖先，已經在嘗試培育有特定技能的狗：看守和牧羊的狗、善於追蹤氣味的狗，或是擅長拉雪橇的狗。

一個品種之差

從農業起源和擴張之後，狗散布越來越廣。正如人類飲食也在改變，狗的飲食也跟著改變。早期的狗是肉食，有研究報告，也許與牠們野外的狼表親吃的肉不同。分析捷克共和國三萬年歷史的普雷莫斯提（Předmostí）遺址顯示，被視為是史前狗的犬科動物吃馴鹿與麝牛，狼則吃馬和猛瑪象。農業開始後，人類可取得的食物改變了，在新定居下來的人類社群中，徘徊在村落垃圾堆周遭的狗，必定有很多食物可以撿拾。

大部分的現代狗都有好幾副澱粉酶基因，設定能消化澱粉的酵素。狗擁有的這個基因副本越多，胰腺就能產生越多澱粉酶。如果你是在村落垃圾堆中找食物，或是吃餐桌剩菜，就極為有用。隨著時間過去，狗的飲食變得比較不肉食，而是越來越雜食，更像牠們的人類盟友。不過，現代狗的澱粉酶基因副本數量差異很大，大部分澱粉酶基因數量的差異取決於品種，這可能有幾個原因。研究員已經確定，這個差異並非來自機率。他們懷疑可能和種系發展史，也就是品種的「家族史」有關，但看起來也不是如此。他們也考慮過和狼雜交，是否可能減少某些品種的澱粉酶基因副本數量，但看起來仍無法適當解釋這個模式。可行的解釋就是，澱粉酶基因副本數量反映遠古狗飲食的不同。

透過遠古狗骨頭樣本的碳與氮同位素研究，揭露了遠古的飲食，顯示出那些飲食有多麼多樣化。例如約九千年前的中國，狗吃下的東西中有百分之六十到九十是粟，而在三千年前的韓國海岸，狗會大啖海中哺乳類和魚。在不同地方，狗碰到不同的飲食挑戰。隨著時間過去，牠們的基因組成也因此改變。

會有這種基因組的改變（提高一個特定基因的數量），是因為減數分裂時發生錯誤，這種特殊的細胞分裂形式，能產生卵子或精子（含有單一一組染色體，與身體所有其他細胞都含有一對染色體相反）。在減數分裂當中，染色體會成雙成對，然後在每一對中彼此交換ＤＮＡ。在這種「跨界」過程中所發生的錯誤，會導致一個基因在一個染色體上加倍，一旦這種情形發生，就會增加下一代發生類似錯誤的機率，在卵子或精子形成時持續發生減數分裂。一個基因在一個染色體上有兩個副本，在另一個染色體上只有一個，導致錯配與基因加倍的可能性增加，這種錯誤最後會讓一個特定基因增生。如果那樣的改變有益，天擇就不會剔除，反而會擁護這些錯誤。

狗看似分裂成兩個群體：一群澱粉酶基因數量很低，另一群則有許多副本。擁有最低澱粉酶基因數量的現代狗，與狼一樣只有兩副，通常育種來自西伯利亞哈士奇、格陵蘭雪橇犬和澳洲野犬。有比較高副本數量的狗，幾乎都分布在全球的農業區，也就是人類從史前時代就開始耕作的地方。薩路基獵犬來自農業最初起飛的中東，就有驚人的二十九個副本。但是這個改變並非立刻發生，新石器時代的狗，沒有像牠們與農夫一起生活的後代那樣，後來演化出澱粉酶基因大擴張。

是在新石器時代，當人類開始耕作，狗才開始首度擴散到歐亞大陸，而且牠們畫出農業擴張的蹤跡。狗出現在在撒哈拉以南的非洲，是在當地新石器時代開始後約五千六百年前，再四千年之後才到南非。約莫五千年前狗出現於墨西哥考古遺址，正好也是首批農夫出現的時候，但一直到四千年後，才到南美的最南端。粒線體DNA的研究指出，所有那些早期美國狗的世系，在歐洲人移民美國後，都被完全取代了。但是基因組方面的最新研究，卻講了另一個故事：過去五百年內才跟隨歐洲移民者抵達的歐洲狗，與新世界的原生狗混合了。

我們熟知的現代品種，還要很久才會到來，牠們是「很」近代的發明，狗的基因反映這段歷史。有跡象顯示，狗的祖先有兩次顯著的種群瓶頸：一次在馴化的起源時，另一個在現代品種興起的時候，大約在過去兩百年內。飼養者開始密切專注在提升特定特徵，生產特別服從的狗，在狩獵與放牧上提供無價的協助。但是在選擇性育種下，特色可塑性本身變成一種吸引力，因此狗被育種為特定形狀、大小、顏色跟毛皮質地。現代狗品種變化的多樣性，超越整個犬科所有其他物種，包括狐狸、胡狼還有狼與狗。

現在狗有將近四百個品種，儘管各種各樣、種類繁多，牠們大部分在十九世紀左右才出現，為了創造並保存育犬協會承認的血緣所需的嚴格育種，正是這時候真正興起。看起來最古老的品種，在狗家族樹中有根深柢固的世系，實際上卻發現於狗相對近代才抵達的地區。狗在約三千五百年前抵達東南亞島嶼，約一千四百年前抵達南非，但這些地區正是許多「基因古老」品種的家鄉：貝生吉犬、新幾內亞唱犬和澳洲野犬。這個模式顯示出這些世系，比大部分品種都隔絕更久，根源古老不代表牠們的世系是最古老的分支，而代表牠們比較邊緣，讓牠們在基因遺傳上保存最為獨特。

研究員用好幾個狗品種的基因組分析，來構築一個十分詳細的家族樹。在那個家族樹裡有二十三個叢集，或稱演化支，每一個都包含一簇分支，代表一組血緣親近的品種。舉例來說，歐洲獚犬就形成一個演化支。巴吉度、獵狐犬和獵水獺犬，還有臘腸犬與米格魯一起，則形成另一個演化支。獵犬（spaniel）、尋回犬和雪達犬，也是一個關係親近的叢集。育種的嚴格控制讓這些演化支分化很大，但有幾個品種含有來自兩個以上演化支的ＤＮＡ，顯示有特定特徵的不同狗，最近曾藉由雜交來創造新品種。舉例來說，巴哥犬和其他亞洲小型賞玩品種有基因關聯，一如預期，牠也是包含歐洲小型賞玩犬那個密集叢集中的一部分，這表示巴哥犬出口自亞洲，然後刻意與歐洲狗雜交，以創造新的小型狗品種。雖然基因數據反映過去兩百年創造出的嚴格品種，卻也清楚顯示，這些品種不是取自一個同質性的族群——為明確特性而做的選擇，已將狗分成各種特定功能的種類，那些較古老的區別，就形成狗的家族樹中二十三個演化支的基礎。

許多人以為有古老根源的品種，結果反而是最近的再創造。愛爾蘭獵狼犬正如其名，用來狩獵牠們野外的表親，而且非常成功。到了一七八六年，愛爾蘭已經沒有狼了，所以也不需要獵狼犬。到了一八四〇年，愛爾蘭獵狼犬滅絕，但一名住在格洛斯特郡（Gloucestershire）的蘇格蘭人葛拉罕上尉（Captain George Augustus Graham），藉著他以為是某種獵狼犬的狗，與蘇格蘭獵鹿犬交配，重新讓「愛爾蘭獵狼犬」品種復活。現在的愛爾蘭獵狼犬族群，來自一小群數量非常少的祖先，所以和很多其他品種一樣，牠們都是近親交配。雖然這樣能維持品種特性，卻也增加有強烈遺傳成分的特定疾病風險。約有百分之四十的愛爾蘭獵狼犬患有某種形式的心臟疾病，百分之二十患有癲癇。並非只有牠們這個品種有問題，許多狗品種在二十世紀世界大戰期間數量急墜且接近滅絕，是藉由與其他種類的遠系品種狗交配，才重新創造出來。從那時起非常嚴格的育種，產生極度近親繁殖的族群，在品種中只有很少的基因多樣性，疾病風險也越來越高：從心臟病到癲癇，到眼盲和特定癌症。特定品種容易患有特定疾病：大麥町有很高的耳聾風險，拉布拉多犬通常有臀部問題，可卡獵犬容易出現白內障。

現在品種也許繁殖上相對孤立，但是牠們的基因告訴我們，在品種或原型品種之間，曾經有充足的基因流動（gene flow）。來自分隔國家的品種，共享相同的特性和基因，顯示牠們過去必定曾經雜交。墨西哥無毛犬和中國冠毛犬都有無毛與缺少牙齒的特性，而且兩個品種的這些特性，都精確地由單一基因同樣的突變造成。兩種不同的狗族群中，基因以同樣方式突變的機率小到微乎其微，不如說，這些共同的特徵和共同的遺傳標誌，意味有共同的祖先。臘腸犬、柯基犬和巴吉度獵犬腿都很短，牠們和另外十六個狗品種都有完全相同的遺傳標誌，與侏儒症有關：一個額外基因嵌入。這個嵌入很有可能只發生一次在早期的狗身上，遠早於任何現代短腿狗品種出現之前。

基因研究提供我們這個驚人的機會，去理解狗的演化歷史，從選擇溫馴而產生的基因多效性之豐富變化，一直到我們現代品種選擇特定特徵，以適合非常特定的任務，我們可以看到特定變異和相關特徵，如何在早期狗中凸顯出來，並且在後來，而且是很後來，經過選擇性育種的提升和散播，創造出我們現在知道的現代品種。近親繁殖產生疾病風險增加的問題，遺傳學家也在努力了解特定盛行疾病的基礎。也許可以透過更仔細的選擇性育種和審慎的遠親雜交，降低這樣的風險，從基因型來加強鞏固。

有些品種遠親雜交超出家犬的界線。這種極端的遠親雜交，是薩爾路斯獵狼犬的基礎。薩爾路斯獵狼犬創造於一九三五年，是由公的德國牧羊犬和母的歐洲狼育種出來。荷蘭育種家薩爾路斯（Leendert Saarloos）本來希望創造更凶猛、更可怕的工作犬，最後卻培育出更溫順、更謹慎的動物。薩爾路斯獵狼犬是很好的家庭寵物，也用作嚮導狗和救援狗。另一個品種捷克狼犬，也是由德國牧羊犬與狼雜交而創造出來，這一次是一九五五年在捷克斯洛伐克。捷克狼犬原本是培育出來用於軍事方面，也用於搜尋救援，後來成為越來越受歡迎的寵物，沃克就有一隻捷克狼犬，叫做「暴風」。「牠就像其他狗一樣溫馴，喜歡見到的每隻狗和每個人。」他告訴我，牠也是很出色的守衛犬：「牠會對任何東西吠叫，很急切要護衛我和我的屋子。」「你就像那些早期的狩獵採集者，有狼在保護牠們的營地！」我評論道。

不過，受到《權力遊戲》出現的那些巨大動物刺激，狼犬越來越受歡迎，同時也越來越擔憂牠們是否適合當居家寵物。近來雜交出來的動物，與那些早已建立的品種，如薩爾路斯獵狼犬和捷克狼犬，這些在基因上更像狗而非狼的品種，必須做出重要的區別。然而，有些飼養者讓狼與狗雜交，廣告他們提供的動物是最新的混種產品，令人擔憂牠們有潛在的野性和難以預測的行為。

狼犬混種在美國攻擊並咬死幾個孩子，有些州禁止，有些州規定只要混種發生至少五代之前，狼犬混種就合法。在英國，第一代和第二代狼犬混種被視為風險很高，是足以受危險野生動物法管制的動物，與獅子或老虎相同法律管轄。飼養者會誇大他們幼犬的狼性，這看起來很奇怪，但野性就是這些動物特色的一部分。既然有買家想要「高度狼性」和「野性外觀」，而且願意付五千英鎊以上的價格。狼犬混種就是門大生意，好比《權力遊戲》中的雪諾（Jon Snow）。經過幾代之後，很難知道一隻混種狗到底有多「狼性」。第一代動物的基因會是五十比五十，但之後精子與卵子產生時的DNA洗牌，第二代狼犬混種的基因組中，狼的基因可能會高達百分之七十五，或少至百分之二十五。還有些據稱是「狼犬混種」的狗，也有可能根本就不是，只是德國牧羊犬、哈士奇和阿拉斯加雪橇的遠親雜交，以創造看起來更像狼的動物，這些狗長得本來就很像狼。狼犬雜交的「狼性」，在混種幾代之後，不靠鑑定基因型很難確定。就算基因鑑定具有狼性，也很難知道這和動物的潛在行為會有何關聯。

狼犬混種還有另一方面令人擔憂，就是狗的基因混入野狼的基因組中。基因研究顯示，歐亞狼基因組中百分之二十五含有狗的祖先，這從保育觀點來看很有問題——家犬基因注入野生灰狼身上，會不會給狼（Canis lupus）造成問題？在狩獵跟棲息地破碎化的壓力下，狼的族群在歐洲正在減少，但是混種也能提供有益的基因和特徵。北美狼就是與狗在好幾世紀前，甚至可能是上千年前混種雜交，獲得黑色毛皮。大部分混種看起來是透過自由放養的公狗與母狼交配，但最近一分研究，在兩隻拉脫維亞狼犬混種身上找到狗的粒線體DNA。粒線體DNA僅遺傳自母系，所以這個DNA會跑到狼的基因組中，唯一的方法就是母狗與公狼交配。一旦狗的基因進入狼的族群中，就很難移除。有些混種看起來有點像狗，但很多看起來更像野狼。所以專家建議，減少混種衝擊的最好方法就是降低野放狗的數量。一旦牠們和野狼交配，就來不及了。

混種引發各式各樣的問題。關於物種純正，關於我們一度神聖不可侵犯的物種界線（species boundary），都與物種雜交有關。如果有夠多雜交產生出有生育力的後代，這代表我們的物種界線太狹隘了嗎？這是現在廣為辯論的問題。但事實上，視物種命名與定義為任務的分類學者，從來沒有像教科書讓我們以為的那樣死板。物種只是演化世系，也就是分岔（有時候是會合）的快照，它們藉由在生命樹上，能與最親近的表親診斷出差別而定義。但有時也是為了人類方便而定義，特別是提到馴養動物與牠們野外的祖先這兩個分別物種時。

混種潛力也導致野外物種含有馴養物種基因的「汙染」問題，創造出馴養物種後，我們現在渴望保存任何血緣相近的存活野生物種。但這會不會引發物種純潔的想法，而事實上那本來就不存在於真實世界？那是具挑戰性的問題。在我們人口數量不斷成長，成為我們盟友的物種也隨著我們激增的情況下，這問題只會越來越迫切。這真的複雜難解。成為我們盟友的狗，藉由變得能夠陪伴、有用，甚至依賴人類維生，確保牠們的未來，但因為與人類一起生活，代表了對任何野性的威脅。

對人類和狼而言，在地球上共存最安全的方法就是彼此避開。我們的祖先曾經容忍野狼，時間久到足以馴化牠們。現在野狼在人類周遭，可能比牠們從前更加害羞。狼因為馴化變成狗，在許多方面都改變了，而尚處於野外的狼也改變了。對野狼的迫害與狩獵，也許本身也行使一種選擇壓力：活得最好的狼可能是那些遠離人類的狼，比較畏懼而躲避人類的狼，可能是人類居中選擇的產物，正如狗一樣。

灰狼和狗的基因顯示，產生狗的狼世系已經滅絕。最後一次冰河高峰期，環境十分嚴苛，那確實有可能。但還有另一個方法來看這棵家族樹：狼的那一個世系根本沒有滅絕，事實上還是狼的家族樹中數量最多的分支，也就是狗。基因上來說，狗就是灰狼。大部分研究員就把牠們歸在灰狼之中，但非分離出來的物種，也就是以前認為的犬屬（Canis familiaris），而是往下一個類別：犬科（Canis lupus familiaris）。

所以那些你以為很熟悉的㹴犬、獵犬、尋回犬……心中其實都是狼，只是比較友善的狼，儘管與牠們野外的表親相比，比較會搖尾巴和舔你的手，整體而言也比較不危險。

第二章

TAMED

小麥

歷史……頌揚我們遇見死亡的戰場，卻不屑提及我們賴以興旺的耕地。知道國王的混蛋之名，卻無法告訴我們小麥的起源。人類就是這樣瘋狂。

——法布爾（Jean-Henri Casimir Fabre），十九世紀法國植物學家

地底的鬼魂

八千年前，一顆種籽落在西北歐海岸附近一片肥沃的土地上，它旅行很遠的距離，不是靠風吹，甚至不是攜帶在鳥喙上或鳥的腸胃裡，而是在一艘船上。它是船上買賣貨物的一部分，只是小到落在森林裡一片空地上也沒人發覺。

這顆種籽開始生長，發芽長出長長的葉子，但是周遭的雜草更為強壯，這個闖入者從來無

法長出自己的種籽，然後就枯萎了。儘管如此，它的鬼魂還是存留在這片土地上，就算腐生菌類和細菌盡了全力，分解它最後一絲的存在，這株外來植物仍有少數分子存活下來。一年一年過去，林床逐漸堆積，那層土壤被埋得更深，然後樹木消失，被莎草和蘆葦取代。它們生長、死亡、腐朽，海平面正在上升，蘆原（reedbed）被海蓬子和裸花蘼蓬取代。漲潮帶來細緻的沉積土，創造出一層泥巴蓋過泥炭。這層新的泥巴平原，一度只有在春季潮汐最高時才會被淹沒，然後是一天兩次，接著沒入水中，連裸花蘼蓬都無法生長。海平面上升，海浪捲進來，但是這顆外來植物的古老分子仍然遊蕩在泥炭沉積層深處，埋在海底黏土下方好幾公尺，在索倫特海峽（Solent）底部。

一隻龍蝦的考古發現

一九九九年，在雅茅斯（Yarmouth）以東，靠近懷特島（Isle of Wight）北岸的波德諾懸崖（Bouldnor Cliff），一隻生活在海床上的龍蝦有驚人發現。這隻龍蝦正從一個水下海中斷崖基部挖掘牠的洞穴，搬出沙子和石礫。

兩個潛水員看到這隻龍蝦，和牠挖出的壕溝，引向牠的洞穴。這條溝槽沿著一根古老倒塌的橡樹延伸，潛水員在溝槽內發現龍蝦從洞穴中推出來的石頭。這兩名潛水員是海洋考古學家，對保存良好的波德諾懸崖水下森林深感興趣，他們撿起龍蝦挖出來的石頭，看出那其實是人工製品：人工燧石。這不是考古學家在本區首度發現石器工具，但是其他石器都是從沉積層中侵蝕露出後，被海流搬動過。這隻龍蝦的燧石看起來只移動很短的距離，潛水員懷疑這些石器的原始脈絡，可能還在懸崖當中，就在龍蝦選作為家的地方。

海洋考古學家開始工作，每次潛水一個小時，調查並挖掘波德諾懸崖基底區域。儘管視線不佳，海流強勁，他們還是發現豐富驚人的考古材料，並且開始建構這個環境還是乾燥陸地時的寫照。他們發現一片古老森林的遺跡：松樹、橡樹、榆木和榛木。那裡也有赤楊，一種喜歡根部長在水裡的樹木，也許在一條古老河流的岸邊。而在曾經是那條河岸的沙質沉積層裡，考古學家發現人類活動的證據：大量燧石，有些燒過，與木炭和燒焦的榛子殼一起，還有英國最古老的一段繩子。放射性碳定年顯示，這個遺址從約西元前六千年就有人居住，潛水員在附近還找到一個窪坑，裡面有燃燒過的堆積層，和一堆木材。可能代表一個曾經用來支撐中石器時代房屋的高臺。有大量加工過的木材，上面古老工具的痕跡仍清晰可見。這些木材包括一大塊劈開的橡木，可能是一艘獨木舟的部分，還有木樁，仍然直直站在古老的沉積層上。當地保存非常完善，很顯然這個遺址在遠古時代被遺棄之後，泥炭必定快速堆積覆蓋，將器物封存於原地。所有一切就這樣靜靜躺在那裡，等待那隻幸運的龍蝦，八千年後跑來發現。

波德諾懸崖的水下挖掘工作，從二〇〇〇年進行到二〇一二年，分析所有材料將會花更多年。從考古和史前環境觀點，材料實在很多，讓一組多元化的研究員都能分一杯羹，埋首研究。潛水員除了從海下帶上來大量顯而易見的考古材料，包括鑿過的燧石、木炭碎片、燒焦的榛子殼，他們還帶了泥巴上來。這些沉積樣本，無疑含有更多關於波德諾懸崖史前環境的細微線索，也許是微小的齧齒目動物骨頭、小塊植物碎片，甚至是花粉，藉著過濾和顯微鏡，它們將能提供更多線索。不過在二〇一三年，另一組研究員聯絡懷特島考古學家研究這些泥巴，只是他們想找的東西，甚至在最強大的顯微鏡下都看不見。他們要找分子，長而成串的分子，帶有豐富的資訊。他們要找ＤＮＡ。

遺傳學家帶著開放的態度研究索倫特海峽的泥巴，他們著手時並未預想會找到什麼，只是嘗試去找東西。他們細看從包含榛子殼的沉積層取來的樣本，然後應用我們所知道的「霰彈槍定序法」，但一如其名並無所獲。聽起來與「假設驅動」的研究相反，而假設驅動的研究是科學家努力的黃金標準：「唯一」的科學方法。但科學方法不只一種，有時候最好方法就是提問：外面有什麼？然後你蒐集資料，努力講出道理。這樣寬鬆的態度還是可以有個假設，會導向該蒐集哪些資料，但是從來沒有像這樣的實驗，只能好好的「看」。許多基因體學研究是這樣的：蒐集大量資料，然後尋找模式。在這個案例中，假設非常廣泛：「樣本裡會找到當代生物的古老ＤＮＡ。」雖然這樣講很異端，但是我認為：當你的假設盡可能設得寬廣，從預設立場和期待中跳脫出來，才有最好的機會找到真正新穎又令人興奮的發現。

研究波德諾懸崖泥巴的遺傳學家，分析八千年前（西元前六千年）各式各樣生活在那裡的生物ＤＮＡ序列，他們發現橡木、白楊、蘋果和山毛櫸的基因痕跡，還有雜草跟香草。犬科動物也在，不是狗就是狼，還有牛屬動物：斷定是來自牛的遠古祖先「原牛」。鹿、松雞和齧齒類動物的分子鬼魂，也都藏在沉積層中。一片又一片，遺傳學家拼出中石器時代狩獵採集者紮營的索倫特森林，那片遠古生態系統的細節。

但是在海床取出的ＤＮＡ碎片中，有樣東西完全出乎意料：清楚且不會錯的小麥屬（Triticum）痕跡。小麥不應該在那裡出現，這可是農業時代前的英國。這個沉積樣本已經檢查過花粉，那通常是很好的指標，顯示當時有哪些植物生長，但是樣本裡沒有找到小麥花粉。是弄錯了嗎？這發現實在太不尋常，遺傳學家必須絕對肯定，他們看到的不是別的東西。然而小麥屬序列看起來真真切切，研究團隊仔細檢查，確認這個訊號不是來自其他原生於英國、像小麥的草本植物，有可能是濱麥（lyme-grass）、鵝觀草或小麥草。但是這個古老的ＤＮＡ跟它們都不一樣，反而最接近一種小麥：單一穗粒的一粒小麥（triticum monococcum）。這種小麥穗部的每個小穗僅單含一粒種籽，包裹在堅硬的外殼中。一粒小麥是最早馴化栽種的穀物之一，但一般認為要到六千年前（西元前四千年）才抵達英國，比波德諾懸崖這個不可能看錯的基因痕跡，晚了整整兩千年。

這個埋在索倫特海峽底部沉積層的一粒小麥，在那麼久以前就已經旅行得又遠又快。栽種一粒小麥的起源地，在兩千五百英里之外，地中海的東端。而第一個開始聚焦在一粒小麥和其他小麥類原始家鄉的人，是一位一八八七年出生在莫斯科的植物學家暨遺傳學家。

瓦里沃夫勇敢的追尋

一九一六年，二十九歲的瓦里沃夫離開聖彼得堡，踏上到波斯，也就是現代伊朗的一段考察之旅。他腦中有個特定目標：追蹤世界上最重要農作物的起源。

瓦里沃夫在英國求學，受教於聲名顯赫的生物學家貝特森（William Bateson）。透過貝特森，瓦里沃夫熟悉孟德爾對遺傳的概念。貝特森協助推廣奧思定會（Augustinians）修士格孟德爾的作品，包括孟德爾著名的豌豆實驗。孟德爾已經想出一定有某種「遺傳單位」，影響他的豌豆最後是綠色還是黃色，是平滑還是皺皮。他不知道這些單位是什麼（我們現在知道那是基因），但是他預測它們的存在。孟德爾一八六六年在德國出版他的「遺傳定律」，超過四十年後，貝特森將這開創性的著作翻譯成英文，並根據孟德爾的觀察和理論，為遺傳科學研究想出名稱：基因。

瓦里沃夫也熟悉達爾文的天擇演化理論。在英格蘭時，他花了大量時間鑽研達爾文個人圖書館的書籍跟筆記——保存在劍橋大學，達爾文的兒子法蘭西斯（Francis Darwin）在這裡擔任植物型態學教授。瓦里沃夫親眼見到達爾文多麼仔細又全面地研究前人的成果，包括深具影響力的德國植物學家德康多爾（Alphonse de Candolle）——他在一八五五年出版兩本厚重著作，探討馴化植物的起源。從達爾文隨手寫在這些書本邊緣和結尾的筆記中，瓦里沃夫顯然很享受追蹤他想法的發展。他崇敬達爾文寬廣的學識，想法的精鍊和清楚理解生物進程，他寫道：「在達爾文之前，變異這個想法和選擇的巨大角色，從來沒有這麼清楚、明確和具體的進展。」

瓦里沃夫相信，達爾文的想法是定位物種最初起源的關鍵，包括馴化的物種。達爾文對於物種地理起源的想法本質上十分簡單，在《物種起源》中有明確表達：任何物種的起源，最有可能在該物種仍存有最多種變異的地方。這仍然是現代研究的一個指導原則：現在存有最多基因與最多表型多樣化的地方，可能就是該物種存在最久的地方。這個指導原則很有用，但還是會碰到問題，因為隨著時間過去，動植物不會靜止在一個地方。不過瓦里沃夫相信，有多種關係親近的野生物種，也可以是重要的線索，所以他把網撒得更寬，既看他有興趣的馴化作物，也看野生的近親。

瓦里沃夫的工作是國家植物學家，他的具體職責牽涉到研究植物的馴化品種，以向俄羅斯農藝學和植物育種單位報告，不過他也同樣著迷於這項工作的歷史和考古層面。他相信定出栽種物種的起源地點，對於「解釋人類的歷史命運」很重要，他還理解到，闡明馴化小麥的起源，能更深刻理解人類歷史中一個關鍵時刻：當我們的祖先從單純採集野生食物到栽種它們，當他們從採集者變成農夫。瓦里沃夫知道，他要找的是歷史之前的歷史，物種最早的馴化，遠在發明書寫之前，他寫道：「人類文明與農業的歷史和起源，無疑比任何古老文獻向我們揭示的都早，不論是以物品、碑銘或雕像的形式。」

追尋馴化物種的起源，長久以來一直專屬於考古學家、歷史學家和語言學家，但是瓦里沃夫相信植物學和新的遺傳科學，也能做出重要的貢獻。事實上他相當藐視傳統證據的本質，他在一九二四年寫道：「文獻家、考古學家和歷史學家講小麥、燕麥和大麥。現在的植物學知識，要求把人類栽種的小麥分為十三個物種，燕麥分為六個物種，每一種都大不相同。」

他知道，他的研究不能只坐著思考，他必須出門，必須去理解各種山水，和長在那片山水中的植物，最重要的是，他需要樣本。他寫道：「每一包穀物、每一把種籽和每一束成熟穀穗，都有最大的科學價值。」

瓦里沃夫從波斯考察之旅，帶回大量不同種類的栽種小麥。他把小麥種類分成三類，每一類染色體數量都不一樣。軟小麥種類包括又稱麵包小麥的普通小麥（Triticum vulgare），有二十一對染色體。硬小麥，包括二粒小麥（Triticum dicoccoides），則有十四對。而一粒小麥只有七對染色體。俄羅斯只有六到七種軟小麥，在波斯、布哈拉（Bokhara，現在的烏茲別克）和阿富汗，瓦里沃夫則紀錄六十多種品種。他很清楚，西南亞必定是這種栽種小麥的家鄉。硬小麥的分布則有點不同，有最多種類的地方在地中海東部。一粒小麥又不一樣，各種野生種類的一粒小麥，在希臘、小亞細亞、敘利亞、巴勒斯坦和美索布達米雅（Mesopotamia）都有發現。他觀察到：「不同品種的一粒小麥，最有可能的中心是在小亞細亞〔安那托利亞（Anatolia）〕和鄰近區域。」

瓦里沃夫相信，每一種小麥馴化的地區影響了各種小麥的特性，對他身為農藝學家，也就是有興趣改善作物的人而言，這樣的影響十分重要。硬小麥如二粒小麥，起源於地中海沿岸，這裡春秋潮濕，夏季乾燥，它們需要濕氣發芽生長，不過成熟後很能抗旱。瓦里沃夫相信，二粒小麥是小麥最早馴化的形式，他把二粒小麥寫為「古時候農民的麵包小麥」。而對於一粒小麥稍晚的起源，他的解釋則非常有趣。

最早的農夫開始種小麥時，他們發現一些特定的其他植物，看起來偏好生長在播種的作物旁邊：他們發現了雜草。而那些雜草當中，有些最終也會變成馴化的植物，野生裸麥和燕麥，都是小麥田和大麥田中常見的雜草。瓦里沃夫提出，裸麥最初會作為作物栽種，是因為在冬季、在貧瘠的土壤上、在嚴苛的氣候中，農民允許雜草取代小麥生長。在這些情況下，裸麥比原本種下的作物強壯。瓦里沃夫在波斯旅行時，看到二粒小麥田叢生不同種類的燕麥。他認為，在更北邊緯度上企圖種植二粒小麥的農夫，會發現田中完全長滿燕麥，農民因此被迫改種植燕麥為作物。

瓦里沃夫提供許多範例，他相信那些植物在變成作物之前，一開始原本是伴生的雜草。亞麻一開始是生長在亞麻仁作物間的雜草，芝麻菜最初是亞麻田裡的雜草。瓦里沃夫表示，野胡蘿蔔一般作為雜草，出現在阿富汗的葡萄園，他寫道：「它們實際上邀請自己為當地農民種植。」相似的，栽種的野豌豆、豌豆和芫荽，可能也是源自於穀類作物的雜草。瓦里沃夫甚至提出，叢生於安那托利亞二粒小麥田中的一種雜草，將會變成一種重要的穀類：一粒小麥。

不過回到俄羅斯，瓦里沃夫的想法並不受到重視，達爾文的理論和孟德爾遺傳學在史達林的蘇聯並不風行。瓦里沃夫被視為威脅，一株危險的雜草。他的學生特李森科（Trofim Lysenko），被瓦里沃夫形容為「一個憤怒的物種」，捅了他一刀。在一趟去烏克蘭的考察中，瓦里沃夫遭到逮捕，監禁在薩拉托夫監獄（Saratov Prison），他沒能出獄，一九四三年餓死在監獄。

新月和鐮刀

隨著瓦里沃夫對作物起源的先驅性研究，植物學和考古學進一步的證據累積起來，確立中東一大片綿延的區域為農業搖籃。由幼發拉底河（Euphrates）和底格里斯河（Tigris）包圍的土地，一直延伸越過約旦河谷，這片肥沃月灣（Fertile Crescent）已經成為著名的歐亞新石器時期誕生地，是世界上農業最早開始的地方之一。這是最初馴化的小麥、大麥、豌豆、小扁豆、苦味野豌豆、鷹嘴豆和亞麻崛起的地方，這些植物全都變成著名的歐亞新石器時代奠基作物。近年的研究顯示，這張清單還應該加上蠶豆與無花果。

考古學揭露了非常早期農業社群的存在，約介於一萬一千六百年前到一萬零五百年前，就在現今的土耳其和敘利亞北部，不過有證據顯示，中東人早在馴化這些作物之前就懂得利用這些野生穀物。馴化作物的痕跡包括大麥、二粒小麥和一粒小麥，通常在比較淺而晚近的考古層中發現，直接覆蓋在更深、更古老，含有它們野生同類痕跡的考古層之上：考古背景中發現最早的小麥、大麥、裸麥和燕麥，是採集來的野生穀物。

在約旦河谷的基蓋勒（Gilgal），發現成千上萬的野生大麥和燕麥穀粒，年代介於一萬一千四百到一萬一千兩百年前。有早期馴化跡象的野生裸麥（穀粒比較飽滿，還有經過打穀的痕跡），證據在幼發拉底河的阿布胡蕾刺丘（Abu Hureyra）出土。採集而來的野生穀物，狩獵採集者都拿來做什麼？

在黎凡特（Levant）南部的遺址，石頭上存有鑿出的小洞，數十年來，一直令考古學家不解。有人提出，這些杯子的小洞可能代表古代石工技藝競爭的成果，或者可能象徵生殖器。（我完全接受有些文化工藝品，確實代表解剖學重要的元素——不是才奇怪呢。但是將任何古老的隆起或窟窿，都詮釋為有性暗示，很難不令人認為那表示比較像是考古學家的思維，而非這些古代工藝品創作者的想法。）無論如何，對於這種特定石窟，一個比較平凡的解釋看起來比較有可能：可能是用來準備食物的臼，精確地說，是用來將穀粒磨成粉。

許多這些我們所謂的「臼」，是在納圖夫（Natufian）遺址中發現的，屬於一萬兩千五百年前已經很有規模的文化，遠比該區新石器時代最早的曙光還早八百年。這個文化的名稱來自西岸（West Bank）瓦迪安納圖夫（Wadi an-Natuf）的一個洞穴，由蓋洛德（Dorothy Garrod）在一九二〇年代挖掘出來。納圖夫文化發生的時期，考古學所使用的詞彙稱為「後舊石器時代晚期」，意思是「舊石器時代邊緣」——這個詞彙充滿了改變的暗示和期待。社會和文化都在進化，從考古學看來十分清楚，但還不算新石器時代。

黎凡特南部的納圖夫文化約在一萬四千五百年前興起，而且帶來一個重要的改變——從不停移動的漫遊到定居。納圖夫人仍是狩獵採集者，但是他們已經「定居」下來，整年都住在固定的村落，而非暫時的營地。到了一萬兩千五百年前，這些村落的居民就在石頭上挖鑿這種像杯子一樣，看起來像臼的洞。當時這區唯一有大顆穀粒可以栽種的穀物是野生大麥，因此有一組考古人員最近決定實地測試這些石臼，究竟是否方便用來將大麥穀粒磨成粉？

考古學家盡力讓實驗接近真實狀況，也許只差沒穿上古代納圖夫人的打扮來進行實驗，整個過程都確保利用納圖夫風格的工具來進行。首先，他們用石鐮刀收割野生大麥。先前的實驗已經顯示，用燧石鐮刀複製品割草莖，會產生與出土的燧石工具上所見，完全一樣的磨光，因此將這種燧石工具理解為鐮刀。然後他們採集麥穗放到籃子裡，接著用一根彎曲的棍子打大麥，將長長的刺毛，也就是穀芒，從麥穗上打掉，接著麥穗放在一個錐形的石臼裡，用木杵重擊，以去除穀芒基底和穀殼，輕簸掉穀糠，將去殼麥粒再放回石臼，用木杵搗磨成粉。考古學家最後用這些麵粉做成一個麵團，放在木柴燒成的炭上，烤成一塊未經發酵的薄餅，類似希臘口袋麵包。然後他們吃掉這塊實驗薄餅，想必還配了啤酒。

考古學家用胡祖克穆薩（Huzuq Musa）遺址中一個真正的古石臼來做實驗，該遺址有三十一個狹窄的錐形石臼，附近還有四片寬敞的打穀場。根據他們的實驗，考古學家推論一萬兩千五百多年前，胡祖克穆薩的納圖夫人就能輕鬆處理足夠的大麥，作為他們上百居民的主食。而且有一點很重要，就是這種錐形石臼，去穀殼很方便。帶殼大麥可以做麥片、粥或糙麵，但是去殼大麥可以磨成更細的麵粉，而這樣做的原因只有一個：做麵包。想到遠古胡祖克穆薩的居民可能在至少一千年前，遠在任何人開始種植任何穀物作物之前，就已經在採集大麥、打穀並磨成麵粉，並且彼此分享麵包，就真的令人驚嘆。

早在農業開始的幾百年前，麵包就已經變成中東飲食的日常主食之一，這個想法讓新石器革命更容易理解。事實上，一旦人們開始採集加工野生穀物，我認為那些物種不只大麥，還有小麥和其他穀類的馴化，就幾乎難以避免。如果你變成如此仰賴一種特定食物，那麼也許倚靠野生穀物的收穫，就變得風險太高，自己種一些比較好，但這表示我們的祖先是刻意開始種植野生植物。農業的開始比較有可能是因為偶然的機緣湊巧，而非任何仔細制訂的計畫。

看來穀物從它們野生的祖先變成馴化物種，有些可能是意外出現，或至少是人類行動非計畫中的結果。野生與馴化穀物一個關鍵的不同，就在於穗的脊柱，也就是花軸，種籽黏著形成麥穗的地方。在野生的種類中，花軸脆而易碎：包含種籽的個別小穗成熟時會從麥穗上脫落，四散到風中。相反的，馴化穀類的麥穗成熟後仍然完好無缺，花軸很堅韌，完全不會碎裂。這個特性在野草身上會是很嚴重的缺陷，因為種籽無法自由地脫落到風中散布。在野外，這會是問題很大的突變，很快就會被天擇淘汰。但是在作物身上，堅韌的花軸就成了優點。

如果等到大部分麥穗都成熟了才收成，那麼任何花軸脆弱的麥穗，大部分的種籽都將脫落了。但是這種突變且有堅韌花軸的植株，麥粒仍然會黏得牢牢的，這些仍然黏著的種籽會被帶到打穀場——有些會被吃掉，有些則會再拿去種植。因此有堅韌花軸植株和種籽的比例會逐代增加，這是另一個特定特徵幾乎自我選擇的案例。農夫不需要積極去尋找種籽都還黏附其上的特定植株，只需要等到大部分小麥成熟，收割的小麥在相較之下，堅韌花軸種類的數量就會比較多。這種特定特徵的散布，很有可能是早期農業無心插柳的結果。

事實上對堅韌花軸的選擇，可能在農業開始前就已經開始了。想像一下身為狩獵採集者，帶回一整把野生穀物到居住地加工，沿路一定會掉許多種籽。但如果你摘來的麥穗有任何一株有堅韌花軸突變，那些麥穗將會完整無缺。當你回到家開始打穀時，難以避免會漏掉一些穀粒，然後發芽生長。第一片田是不是在任何進行種植之前，就圍繞著打穀場長出來？絕對有這樣的可能。不過最終，堅韌花軸的小麥還是需要被播種。這個特徵的發展，也許是在收割和加工時無意促成的，但一旦特定族系的小麥這樣演化下去，它們就陷入與人類的聯盟當中：沒有人類的協助，這些植物將無法存活，它們只能長在打穀場地邊緣，或在刻意種下的田地中。

堅韌花軸這個特色經過三千多年，隨著人類越來越依賴穀類並加以種植，在古代小麥中緩慢穩定地傳布開來。黎凡特有幾個遺址，挖出少量比例花軸不會碎裂的一粒小麥或二粒小麥，年代早至一萬一千年前。但是到了九千年前（西元前七千年），許多遺址的小麥百分之百花軸都不會碎裂。這個特徵顯然已經成為常態，以遺傳學的語言來說，它在古代栽種作物的族群中已經變成固定了。

小麥從野生變成馴化，是長時間的過程，狩獵採集者變成農夫時，所使用的工具也伴隨著類似的緩慢變化。考古遺址中漸漸出現越來越多鐮刀，不像我們比較熟悉的彎曲金屬刀刃，最初的鐮刀是用燧石或黑矽石做成——這畢竟仍是石器時代。這些鐮刀是長長的刀刃，裝在木製的把手中（考古學家知道，是因為有幾把刀發現時就是這樣，完好無缺）。它們邊緣上有典型的鐮刀光澤，顯示一直用來割富含矽土的草莖而被磨亮。鐮刀不是憑空出現，可能本來就是用來割蘆葦和莎草的工具，然後用來收割大把的野生穀類。從大約一萬兩千年前開始，考古紀錄中鐮刀變得稍微比較常見，大部分是在肥沃月灣西端的黎凡特。考古學家解釋，鐮刀使用增加，代表對穀類產生新的依賴。畢竟很難想像，黎凡特的人會開始著魔般割更多的蘆葦。

大約九千年前，鐮刀變得更加普遍，散布於肥沃月灣，但鐮刀並非到處都有，以致於有些考古學家提出，鐮刀的使用可能比較是文化上的偏好，而非收割穀類的先決條件。這其實沒有令人驚訝，正如佩特拉峽谷（Valley of Petra）的貝鐸貝都因人（Bedul Bedouin）現在仍在做的，手拔小麥和大麥，可能與用石頭工具，甚至用金屬工具收割一樣有效率。也許在九千到六千年前的近東地區，鐮刀使用越來越多，這和文化認同比較有關，而非為了收割本身的效率，像是一種農耕的「臂章」。儘管如此，鐮刀數量越來越多，看起來不只是象徵性，還反映對穀類的倚賴真正變重。在幾個考古遺址中，最初穀類只代表一小部分的採集植物，但到了西元前七千年，大部分遺址中保存植物的地方，都顯示穀物占了大多數。而割下來收集到這些地方的小麥，不僅麥粒都還黏在穗上，穀粒也比它們在野外的前輩還大。又一次，一種在野外會是缺點的特徵，也就是種籽太大，難以藉風散布，對農夫而言變成紅利。

野外有些小麥穀粒體積變大，在堅韌花軸這個特色出現前就有，然後穀粒在接下來三千到四千年之間，變得越來越大。有些體積增大絕對是因為基因改變，但有一定比例的變化可能是環境因素：因為作物在人類準備過的土壤中更容易生長，比較不需要與野草競爭，也受到均勻灌溉。

一顆馴化的現代小麥穀粒，含有三個重要部位：植物胚胎又稱胚芽（畢竟這是顆種籽）；還有種籽外皮（果皮和堅皮），大約占穀粒重量的百分之十二，一般稱為麥麩；但顯然穀粒中體積最龐大的部分是胚乳，占穀粒重量的百分之八十六。就像蛋中的蛋黃一樣，胚乳的功用在提供養分讓小麥胚芽生長，它含有大量澱粉，還有油與蛋白質。穀粒變大，正是胚乳的部分超出比例地增大，在每顆麥粒當中包入更多養分。不過胚芽大小的確也增加了，當然完全比不上胚乳，但還是明顯變大。在發芽和早期生長方面，大穀粒穀類還有一個十分重要的特色：它們的幼苗比小穀粒的野外同類更為健壯。

假設穀粒體積增大是早期農夫透過有意識、刻意的選擇，挑選大穀粒植物而形成，看起來十分合理，但這個特色可能是不經意地挑來的。早期農夫可能專注在增加田地的大小和生產力，而非個別穀粒的大小。較大穀粒的麥叢有比較健壯的麥苗，可能只是天生具有優勢，競爭贏過較小穀粒的品種。麥苗之間的競爭，在野外透過風力散布的品種之間可能比較不會發生。在密集種植、耕耘過的田野中，就可能變得很激烈。慢慢的夏天一個個過去，田中就長滿了較大穀粒的品種，農夫也很開心。

堅韌不會碎裂的花軸，和較大穀粒這兩項重要的特色，在每個物種之間並非同時發展出來。它們顯然不像狗的溫馴和毛色，是合併發展的特色，而是以不同的速率演化，理由也不相同。而且這比較不像馴化的第一步，就像那些在冰河時期開始跟著狩獵採集者的狼，看起來這個過程可能不像通常假定的那樣，其實人類沒有事先多想就開始了。但就算沒有特定企圖，人類的行動讓這些穀類產生顯著的改變，幾乎是意外讓它們變得更有生產力。當馴化特色在這些植物中散布並固定下來之後，它們甚至變得對人類更有價值。小麥在遠古的飲食中變得越來越重要，它作為主食的未來也就此確立。

小麥漫長又複雜的馴化歷史，交纏宛如一部羅曼史小說的劇情。兩個潛在的夥伴（在這個案例中，一個人屬物種和一個小麥屬物種）相遇，他們被拋擲在一起，然後原本可以輕易地分道揚鑣，但是他們的接觸在雙方身上都喚醒一些什麼，兩者開始一同起舞，越靠越近。人類文化改變去擁抱小麥。小麥改變，以求對人類更有吸引力。

然而人與小麥的結盟還要更複雜一點，原因之一就是小麥不只一種。現代植物學家依舊承認瓦里沃夫辨認的三類小麥，以染色體對數不同來分別，而且現代遺傳學還揭示它們之間複雜的關係。

不論是野生或馴化種類的一粒小麥，都屬於有單組、成對染色體的類別：只有七對染色體。以遺傳學家的話來說，這是一種二倍體生物（和你我一樣）。而在久遠以前的某個時間點，其中一個世系發生一次古早的染色體加倍，這種事情時不時會發生，基本上是細胞分裂時發生錯誤，細胞染色體加倍，卻沒有將染色體一分為二，成為一個有雙倍染色體的單一細胞留存下去。像這樣一次古早的染色體加倍，創造出四倍體小麥，總共有十四對染色體（或者如果你喜歡，也能說有兩組七對染色體）。這發生在大約五十萬到十五萬年前，遠在新石器革命之前，在二粒小麥和硬粒小麥遠古的野外祖先身上。

然後發生一次雜交，馴化的二粒小麥（四倍體）與野生的山羊草（二倍體）雜交，產生一種有二十一對染色體的小麥——三組成對的染色體：六倍體植物。這次雜交估計發生在約一萬年前，產生普通小麥，又稱麵包小麥。

一次染色體加倍看起來夠貪心了，大部分生物只要有兩套染色體就能活得很好，四套看起來沒有必要，六套看起來格外多餘。但許多植物展現出為多倍體，而且看起來對它們也沒有什麼傷害。事實上，這還能創造顯著的優勢。多餘基因的存在，代表如果有一個基因遭突變損害，還有另一個基因可以取代它執行功能。突變的基因最後甚至可能在基因組內，展開全新的有趣工作。將不同來源的基因物質組合在一起，正如二粒小麥與山羊草雜交發生的事，也會導致「雜種優勢」，因為新的基因組合就算沒有新的突變，也會開始合作。此外，多倍體常和植物細胞體積增大相關，也會導致更大的種籽和更多的產量。當然並非全然都很美好，身為多倍體也可能會有問題，有這麼多對染色體要理清，繁殖會變得比較複雜棘手。胚胎發展也容易搞混，藏有致命的風險。不過至少在普通小麥身上，整體看來演化成六倍體似乎確實是件好事。

尤其普通小麥的生產力，因為特定的基因突變而增長，導致很特殊的麥穗形狀。這種小麥的野生祖先擁有扁平的麥穗，小穗交錯排列在花軸的兩旁。一個有益的突變，在普通小麥身上產生大不相同的結果：小穗密集排列的方形麥穗——看起來和其他野草都不一樣的典型麥穗形狀。看起來二粒小麥與山羊草的混種，也就是我們所知道的麵包小麥，可能馬上成為生產力豐饒的作物，早期農夫因而加以栽種。

因此小麥跟人類聯盟，形成一段將會持續千年的關係，而且隨著時間過去只會更加堅固。但是這一切究竟始於何處？這一大片肥沃月灣中，究竟哪裡是一粒小麥、二粒小麥、普通小麥的起源地？

兩百多年來，中東一直是考古學家的朝聖地，而這些新石器奠基作物的地理起源，一直是眾人追尋的聖杯之一。但就算考古植物學有新的學科，對每項物種都有準確的研究途徑（瓦里沃夫肯定認同），小麥的起源地卻仍然難以捉摸，甚至模糊不清，直到最近才解開謎題。

這裡那裡或到處

肥沃月灣是一片廣袤的區域，包含現代的以色列、約旦、黎巴嫩、敘利亞、土耳其、伊朗和伊拉克的部分。正如我們所見，穀類種籽（最初是野生的形式，後來被栽種品種（cultivar）取代）在本區各處的考古遺址都有發現，這地方也是野生小麥、大麥和裸麥各種物種散布過程相互重疊的地方，這片區域非常大。瓦里沃夫聚焦在每個物種，仔細紀錄並採集各種栽種和野生物種的樣本，並且運用他的資料指出每一物種的家鄉。有一段時間，遺傳學和考古學看起來似乎很一致。

倫敦考古學院（Institute of Archaeology in London）的領導者、偉大的澳洲考古學家柴爾德（Gordon Childe），視農業發明為人類歷史上重大躍進。一九二三年，他提出「新石器革命」（Neolithic Revolution）這個詞彙。從採集狩獵轉換到農業，就像改朝換代，舊時的秩序被推翻，新浪潮席捲美索布達米雅和黎凡特：新想法從創意中心往外擴散，新物種從馴化中心往外散布。考古學家的「新石器套裝」（Neolithic Package），包括所有的奠基作物，清楚標出瓦里沃夫的每一個「起源中心」。肥沃月灣的北邊是改變世界的區域，當時有一群農夫勇於馴化自然，之後又帶領增長快速的新興人口與新想法向外擴散。

遺傳學家不再像瓦里沃夫所做的，只看幾個染色體，從中解碼DNA。到了一九九〇年代，科技已經進步到遺傳學家可以看出不同植物的好幾段部位，並且比較它們的序列。這是比只看基因組中一段小區域更強大的技術，因此他們研究野生和栽種的一粒小麥品種，發現馴化的品種形成一段有單一起源的整齊家族樹。一粒小麥看似從一個獨立的族群演化出來。馴化一粒小麥的DNA，與生長在土耳其東南部卡拉賈山（Karacadag Mountains）山腳下的野生品種最相近。在這樣的分析下看起來非常類似，有兩組染色體的小麥（包括二粒小麥），也有單一起源的標記，再次證明卡拉賈山的可能性最大。大麥看起來也像來自單一起源，這次是在約旦河谷。遺傳學新的分子科學加入馴化作物起源的辯論中，而且平息了爭論。這些探討分子而非貝丘（midden）的研究產生出來的結果，在某種程度上提供了確定性，而且這些研究備受推崇，足以刊登在最受廣泛閱讀的科學期刊。

因此看來，瓦里沃夫和柴爾德是對的：穀類作物很快就被馴化，然後在農業奠基前散布出去。新石器革命的舊想法證實，每一種馴化的物種都有核心區域，而且是單一起源。

這故事很棒，如果是真的就好了，但是到了二十一世紀初，裂縫開始浮現。考古學家和考古植物學家都主張，馴化應該是比較長期而複雜的過程。例如，幼發拉底河河谷的考古植物學證據顯示，花了一千年馴化一粒小麥才發展出堅韌的花軸（小麥麥穗的骨幹），可以避免小穗在打穀前就從麥穗上脫落。只有從一開始就嚴格分開早期馴化種類和野生同類，消除任何混種的可能性，這樣才能與基因資料相符，但那看起來極度不可能。

考古學家尋找農業根源，多次提出肥沃月灣內的特定區域最有可能是新石器革命的誕生地。肯楊（Kathleen Kenyon）一九五〇年研究耶律哥（Jericho）時，挖掘到那裡的新石器地層，引導出農業開始於黎凡特南部的論點。其他考古學家則偏好肥沃月灣的北部或東部邊緣，也就是托魯斯（Taurus Mountains）和札格洛斯（Zagros Mountains）山丘綿延的側翼。然後是「黃金三角」（Golden Triangle），介於底格里斯河、幼發拉底河和托魯斯山脈之間，多種「奠基作物」野生的形式在這裡互相交疊，看起來也像核心區域。但是當考古學證據不斷累積，看起來越來越指向一片作物馴化的網絡，綿延成一整片更大的區域。此外，農業的早期歷史，似乎遍布著失敗的開端與沒有成果的結束，毫無明顯進展。在中東，新石器時代是以一片片分散區域的方式展開，橫跨一片廣大的區域，與好幾千年的時間。

然而，考古學和遺傳學的證據對馴化過程有相抵觸的看法。

依照電腦模擬，遺傳學的研究結果可能不值得信賴，這個技術無法可靠地分辨作物是來自單一起源、多重起源，或曾經歷多次雜交。不過，許多馴化物種起源自一大片廣闊區域的概念，仍然很有影響力，尤其當遺傳學家放寬排序的方法，他們就開始發現更多複雜性。

單一起源、核心區域典範，可能是這種方法的人工藝品，而非真正可靠的發現。植物藏有多餘的ＤＮＡ組，將它們的葉綠體（植物細胞行光合作用的迷你工廠）和染色體的ＤＮＡ

區隔開來。將大麥葉綠體DNA的特定片段拿來排序，顯示這個穀類來自至少兩個分別的家鄉。大麥基因組中，含有不會碎裂麥穗所牽涉的特定片段，也帶有相同的訊息。更多研究引導出這樣的結論：大麥的馴化不只在約旦河谷，也在札格洛斯山脈的山腳下。遺傳學家看越多細節，就有越多發現。關於大麥基因組最新的分析，揭示了好幾個世系的馴化大麥，與鄰近世系的野生大麥有基因上的關聯。看來野生祖先不只一個，而是有好多個。關於這些新的見解，有篇評論提出很棒的「抒情詩」來源：「波伊茨（Ana Poets，音同詩人）和同僚最近展示大麥基因多樣性的模式，與單一中心起源的觀點完全相悖。」

原來波伊茨是遺傳學家（誰知道呢？也許她也是詩人，畢竟很難找到科學家沒有藝術性的一面），也是大麥的野生和馴化世系共享的基因突變論文作者。她和同僚認為，馴化大麥不是單一起源，而是有像馬賽克式的祖先：來自大範圍的野生世系，每一種都在現代基因組中留下四散各處的標記。與野生世系明顯的關聯，可能來自比較近代的雜交，但是研究團隊排除這個可能，大麥作物的基因馬賽克有更古老的根源。

當遺傳學家更仔細看二粒小麥，發現其祖先也比原先預想的更複雜。肥沃月灣的好幾個遺址，都有找到馴化二粒小麥的殘餘，年代超過一萬年前。但最早的基因分析顯示，整個栽種物種與生長在土耳其東南部，一個分隔的野生二粒小麥族群最接近。似乎暗示著，農業在肥沃月灣一個微小的核心區域興起，大約在一萬一千年前。接著故事改變了。後來的研究顯示，二粒小麥與許多不同的野生世系有密切連繫，橫跨整個中東一大片區域。

一粒小麥也浮現出類似的故事，最初以基因探究其根源的研究，提出單一一片密集的馴化區域。但是到了二〇〇七年，開始產生這種馴化作物的誕生其實更複雜的線索：基因多樣性沒有消滅，也就是沒有馴化「瓶頸」。反之，這種作物的基因變異，取自於非常廣泛的野生祖先樣本，橫跨肥沃月灣的北部區域。

在大麥、二粒小麥之後，一粒小麥也有以同樣方式演化的故事。看起來馴化有多個平行中心，可能是穀類作物的規則而非例外。現有的證據不支持在土耳其東南部有一小塊馴化的「核心區域」。遺傳學現在已經和考古學結合：肥沃月灣有好幾個相連的馴化「中心」，作物分散的起源對於馴化世系的成功極為重要。確保對在地棲息地的適應，從野外形式傳到馴化形式身上。這樣很有道理，野生物種應該已經適應當地條件。農夫帶回在卡拉賈山陰涼、潮濕的山腳下馴化的穀物種籽，企圖在黎凡特南部炎熱、乾旱的土地上種植，都不大可能獲得成功。

不過有些適應的特性，可能在原本的地域外也很有用。在歐洲和亞洲，許多馴化栽種的世系身上都找得到一段特定的基因組，就是來自敘利亞沙漠的野生大麥。這串ＤＮＡ在馴化栽種大麥的世系中擴散並保留下來，很有可能是因為賦予重要的型態學優勢，例如抗旱。早期馴化種類的族群中享有同樣的基因，明顯是某種雜交的證據，而且這些關聯反映了在這個區域間旅行的，不只是靠風傳播與靠鳥傳播的種籽。近東的人類社群都互有連繫，不僅傳播想法，也交換貨物。有證據顯示，當時廣受喜愛的火山玻璃黑曜石，從一個社群傳到另一個社群，我們可以稱這就是貿易行為。所以種籽和種植的知識，應該有在不同的群體間交流。但就算有種籽的貿易，新石器時代初期橫跨近東地區生長的原始馴化物種，很顯然也是當地野生植物，不是從其他地方帶來的物種。

若是深入了解演化和特定特徵的基因，就會發現有些牽涉到的結果對我們可能極為重要，而非只是遠古歷史。舉例來說，如果能弄清楚敘利亞野生大麥DNA確切的效果為何，那麼這項知識未來就能用來改良作物。我們不應該單純視馴化為很久很久以前發生的事，與現在的我們沒有關係。毫無疑問，一萬到八千年前的作物有一段生物變化的劇烈時期，包括較大顆穀粒和堅韌花軸的演化。但是馴化物種從來沒有停止演化，而且我們還在影響演化，也許比從前任何時候都更加刻意。瓦里沃夫知道研究栽種作物久遠的過去，會產生對現代農藝學有益的工具。近一百年後依然如此，而且遺傳學和考古植物學的匯合，正在突出所有可能受到有益處的助長，甚至修改過的基因（與基因組的其他區域）。現今改善穀類的努力只是一路下來最後的一步，從採集野生穀粒、打穀並磨成粉開始，甚至在人類開始種植並照顧作物之前。其實從烤麵包就開始了。

這一切看起來都很好，遺傳學、考古學和考古植物學都和諧一致。人類在一萬兩千五百年前就已開始利用野生穀類，而且可能還會磨很細的麵粉做薄餅。種植穀物從約一萬一千年前興起，物種馴化則是在多個相連的中心。到了八千年前，大部分近東地區種植的小麥和大麥，麥穗都不會粉碎，穀粒也比較大。

我們有很多可以學習的，目前的知識當然不會是小麥馴化的最後定論，當發現新的證據並加以分析之後，馴化的故事可能會有點改變，不過目前蒐集到堆積如山的大量證據，看起來不大可能會被完全推翻。

我們現在已經了解小麥故事在何時、何地和如何發展，但我們還沒解開其中的緣故。而這可能是整個故事中最有趣的問題，因為小麥的本質是一種草，而且不是可吃的草。但一旦你探索從「草」的種籽磨成細麵粉、做麵包的歷程，你就了解遠古的納圖夫人對大麥可能的處理方式。野草小小的種籽看起來一點也沒有食物的吸引力，鐵定有很多其他種籽、堅果和水果，看起來更誘人：咬下去美味，處理也不那麼費事。究竟一萬兩千五百年前發生什麼事，讓人類會看上不起眼的草，將它當作食物來源？是什麼原因讓我們的祖先如此倚賴這種看起來不像食物的物種？又為什麼在那個當下發生？

屬於溫度與神殿

考古遺址中第一個野生小麥的證據，可回溯至一萬九千多年前，和八千多年後、最早的馴化小麥之間，存有巨大的型態差異。

在敘利亞的阿布胡苔刺丘，馴化穀類在一萬一千到一萬零五百年前，逐漸取代野生穀粒。種植的物種包括一粒小麥、二粒小麥和裸麥，這些物種之間幾乎不可能分辨誰最先被馴化。放射性碳定年法極為精準，但提供的總是一個範圍，而非確切年分。儘管如此但還是有人提出，只擁有七對染色體、比較單純的一粒小麥，可能是最早馴化的小麥物種，而非瓦里沃夫提出：

最初是雜草，後來才變成馴化作物。

但為什麼這些草類從西元前九世紀以來開始馴化，而非早一點，也不是晚一點？馴化的時間點暗示外在力量可能很重要。

最後一次冰河時期高峰之後，約兩萬年前這個世界開始溫暖起來。這對適應寒冷的動植物而言不是好事，它們的棲息地在縮小，但是對於喜愛溫暖的溫帶物種（包括人類），一切突然開始好轉。到了一萬三千年前，北半球的冰蓋已經消退，留下破碎的古冰層成為冰河，在高山上流動，也覆蓋在格陵蘭和北極。氣候變得宜人，植物享受的不只是溫暖和雨水增加，大氣也有重大改變。當冰河時期來到尾聲，介於一萬五千到一萬兩千年前，大氣中的二氧化碳從一百八十提升到兩百七十百萬分率（ppm）。實驗顯示，這會導致多種植物的生產力增加到百分之五十，就連韌性高的草類也有百分之十五的增長。冰河時期尾聲，二氧化碳的增加沒有觸發農業發展，另有許多其他影響因素。但是，那可能是農業興起的必要條件之一，或許也能用來解釋為何人類的農業文化發展，沒有早點在冰河時期發生。

當世界溫暖起來，植物生命繁盛，草就獲得可靠的營養來源。當大氣中二氧化碳濃度升高，每株植物結的穀粒就會增加，野生穀物的草叢大小和密度也會增加，就像一片等著被收割的天然田野。人類選擇野草作為食物來源，看起來就不那麼令人驚訝，因為這是穩定可靠又充足的資源。

接著地球出現一次反常，可算是相當大的反常，形式上像是持續一千年左右的冬天。全球氣候條件急轉直下，被稱為「新仙女木期」（Younger Dryas）。這個聽起來有點難懂的名字，指的是一種花：有八片花瓣的仙女木花。這種美麗長青，開著如白玫瑰般簡單花朵的矮灌木叢性好寒冷。如果有一層層可追溯至好幾千年前的湖底沉積層，其中幾層含有許多仙女木葉，你就知道那層形成時，附近的陸地是高山苔原。斯堪地那維亞（Scandinavian）湖床下就有較深的沉積層含有仙女木花瓣，時間是比較早也比較短的一次冰期，大約在一萬四千年之前。這是「舊仙女木期」（Older Dryas）。之後還有一個比較晚、比較厚的沉積層，介於一萬兩千九百至一萬一千七百年前的新仙女木期。

在中東，這陣全球性的寒流有明顯的降雨減少，冬天也夠冷，足以結霜，食物來源必定受到嚴重影響。也許就是伴隨著絕望的氛圍，在這段相對乾旱寒冷的氣候中，人們試著控制食物供給，不再僅靠採集作物，而是種植他們開始仰賴的作物。

新仙女木期變冷，可能迫使人類栽種作物，而前一個千禧年的溫暖和豐盛，也許也促進了改變，那個改變讓寒流造成的剝奪更加劇烈。當全球在最後一次冰河期高峰後開始變暖，人口也開始大增。這是在農業興起之前。擴張的人口在某種程度上也促進從採集轉變為農業，而不是反過來，因為改成農業造成人口擴張。在新仙女木期即將來臨前，也許人口大增已經讓資源有了壓力。

後冰河時期的嬰兒潮，不是近東地區智人人口的唯一改變，社會本身也在變化。最顯著的證據能在土耳其南部，上美索布達米雅一個令人屏息的考古遺址看到。二〇〇八年我造訪過這個遺址：哥貝克力石陣（Göbekli Tepe）。我當時形容那裡為「我所見過最壯觀的考古遺址」，現在仍然如此。當時為我導覽的是主持挖掘的德國考古學家施密特（Klaus Schmidt），但二〇一四年他已經過世，享壽六十。

一九九四年施密特調查地形，尋找潛在的舊石器時代遺址時，發現了哥貝克力石陣。施密特告訴我：「第一次見到這個遺址時就懷疑，沒有哪種大自然的力量能在這個地點造成這樣的土丘。」他懷疑是對的。這個土丘是個遺丘，由石器時代的遺跡堆積而成，位於一片石灰岩高原上，再往上拔起約十五公尺高。施密特開始調查時，挖掘出無法移動的大塊長方形石塊，當他往下挖得更深就發現，這些石塊是一個巨大T型站立石柱的頂端，石柱呈圓形排列。我造訪時，施密特已經挖出四個這樣的圓圈，但他相信還有更多圓圈，埋在小圓丘的碎石下方。

施密特帶領我到山丘上，我們往下看其中一個圓圈，矗立在我們下方的壕溝中，見到這些石柱圓圈讓我非常震驚。這些立起的石頭確實很大，而且還有裝飾，一些石頭的側邊刻鑿出淺淺的浮雕：狐狸、熊、豹、鳥、蠍子和蜘蛛。不過也有3D雕塑，以一塊石頭雕成，放在石立基座上。一座是狼，蜷伏在一根石柱上，另一個則是一頭凶猛、露著尖牙的動物頭。有些石頭上還刻有更多抽象的形狀，有重複的幾何圖案。施密特思考這些雕刻的意義：這些動物形狀會不會是代表不同的部落？還是失落的神話元素？又或者是這些巨石圓圈的守護者？他視這些圖像為象形文字出現前的溝通方法，顯然對於製造出它們的人有特殊意義，就算這些意義現在已經失傳。

雖然哥貝克力石陣很獨特，其他遺址也找得到類似的建築和形象。相似的T型石柱在納瓦爾柯里（Nevali Cori）的古代聚落，以及附近其他三個遺址，也都有發現。類似的肖像包括蛇、蠍子和鳥的描繪，在傑夫艾哈邁爾（Jerf el Ahmar）和卡拉梅爾丘（Tell Qaramel）的箭桿矯直器上，還有從恰約尼（Cayonu）、納瓦爾柯里與卡拉梅爾丘出土的石弓上都可看見。美索布達米雅這個區域的人，顯然因為有共同的複雜儀式和神話而彼此有所關聯。

有幾個石頭刻了巨大如手臂一般的肢體，尾端是手指交合的雙手，就在石柱的前面。除了手臂和手，石柱上沒有其他人類特徵。「這些石頭做成的生物是誰？」施密特問我：「它們是歷史上最先描述出來的神。」他說道，而他可能是對的。

在哥貝克力石陣山丘上，根據地理調查提供考古學家壕溝以外的線索，可能有二十個這種巨石建造、巨大的石塊圓圈，但是並沒有居住的跡象，例如爐床。這看似是人們聚集的地方，用來建造紀念碑、飲宴和敬拜，但不是那些人住的地方。

哥貝克力石陣令人目瞪口呆、吸引注意的地方就是年代。它建造於一萬兩千年前，由採集狩獵者而非農民建造，而且一定對新石器時代初期人類社會發展引發軒然大波。傳統的故事大致如下：

一個人口擴張的族群需要更多食物。

人們採用農業來滿足這項需求。

農業促進食物過剩的累積。
過剩的食物只由少數有權力的人掌控：複雜、分階層的社會誕生。
新的權力結構由一項新發明鞏固：有組織的宗教。

對於這個順序，哥貝克力石陣顯然是個大問題。至少在上美索布達米雅這個角落，一個複雜的社會興起於採集狩獵的背景。施密特相信，哥貝克力石陣提供前所未有的證據，證明勞動的分化。「顯然我們必須改變想法，」他告訴我：「狩獵採集者並非以我們所理解的方式工作。」但是在哥貝克力石陣，事情顯然不同。「他們開始有工程師，研究如何運輸並豎起石頭。有石工專家，工作是用石頭生產雕像和柱子。」對於施密特而言，哥貝克力石陣就是一個明確的證據，證明該社會有強大且具有願景的領袖，能夠集合一股勞動力量，而且能夠養活藝術家。而那些具有裝飾的巨大石柱圓圈，除了作為組織性宗教的呈現，很難有其他解釋。那確實是一種發展成熟的信仰膜拜，有強大的象徵符號，對於建造這些神殿的人而言，富含神話與意義。在哥貝克力石陣之前，根本無法想像組織性宗教會比農業先出現。在這個山丘頂端，先入為主的概念和偏見都滑落摔碎在地。

就連施密特都覺得哥貝克力石陣難以歸類。這是新石器時代之前，但顯然又和舊石器時代最後一個階段有點不同，甚至與後舊石器時代也有所區別。施密特很想稱之為「中石器時代」，然而這又不像北歐的中石器時代，這個名稱在那裡用來稱呼稍微有點定居，但又還是移居的狩獵採集者。這能分類為早期新石器時代嗎？傳統新石器時代的概念：「定居社會、陶器、農業」，在近東已經出現差異，改用「陶器前新石器時代」標籤。這種稱呼顯示有定居社會和馴化的動植物，但卻還沒有陶器的遺址。我們要怎麼稱呼哥貝克力石陣，「農業前、陶器前的新石器時代」？就算如此，為什麼一定是新石器時代？面對這樣令人驚奇的過渡，我們一般的分類或任何概念都不適宜套用。歷史（甚至史前史）拒絕像我們所希望的那樣，被整齊地畫分成一小格一小格。

哥貝克力石陣宏偉的創造，必定牽涉到群體的努力，遠超出幾個當地部落。也許那樣的合作和當時考古紀錄可見的特色彼此有關聯：大規模筵席的證據。西元前十世紀左右的哈倫賽米（Hallan Çemi）聚落遺址，看起來很像是建來舉辦宴會的地方，四周蓋著住所，中間的庭院散布著火和動物骨頭的殘骸。哥貝克力石陣本身就充滿大量搗毀的動物骨頭，從瞪羚到原牛和野驢，看起來就像人們一次又一次聚集在這裡饗宴。植物殘骸很少，彼此也距離遙遠，但是野生一粒小麥、小麥和大麥的痕跡都有找到，也許饗宴中有肉也有燕麥粥或麵包。甚至有人提出，本區穀物最終會馴化，可能就是來自一個注重釀造啤酒而非製造麵包的文化，而當時在這些古老的宴會中可能飲用大量酒精，作為社交往來的潤滑劑。很久以後，建造埃及金字塔的工人就是獲得酒精作為報酬。在哥貝克力石陣的勞力付出，會不會也有類似的報償？

銅器時代和鐵器時代，宴會是作為社交的形式，以及菁英展現並強化他們高層地位的方式。但是宴會也許還有更古老的根源，一直追溯到新石器時代剛開始時。冰河時期結束後好轉的氣候，可能以多餘食物的形式提供個人累積財富的機會，還藉由提供奢華的盛宴，讓個人累積影響力。階級社會興起的背景已經形成，因此施密特和他的同事主張，饗宴（不論有沒有啤酒）可能是農業發展的關鍵因素。

所有因素如此糾結複雜地纏繞在一起，根本無法指出其中一個是約一萬年前橫跨肥沃月灣，甚至在肥沃月灣之外，人們開始種麥田的單一原因。看來甚至要到冰河時期的最尾端，大氣中二氧化碳濃度升高，植物產量更加豐饒，農業才能成為可能。擴張的人口也許讓資源有了壓力，特別是在新仙女木期間的氣候急凍。但是人口擴張，人類社會內部顯然也有所改變，肥沃月灣的新石器時代初期，看起來與複雜的社會、權力強大的人與強烈的崇拜有密切相連。也許，還有對饗宴的偏好。

從黎凡特到索倫特

在農業及我們所知道的文明之前，人類社會已存在的複雜度，幫助我們了解當時人們的想法和物質如何散布出去。

考古學提供我們絕佳的洞悉，去理解遠古社會的聯絡程度。哥貝克力石陣和其他考古遺址共有的肖像，東邊遠至安那托利亞東南部的恰約尼，和敘利亞西北的卡拉梅爾丘，顯示出文化聯結在近東這片土地延伸得有多遠：恰約尼和卡拉梅爾丘相距約兩百英里。在地中海東端這一大片土地上，有多個馴化物種的中心，徹底推翻了「一小片核心區域」這樣的想法，但也證實有一套文化聯結和交換系統，允許想法和種籽廣泛傳播。新石器時代並非興起於土耳其東南的一個角落，而是從多個相互聯結的區域中誕生，橫跨整片中東，甚至超出中東之外。馴化一粒小麥在賽普勒斯也有找到，年代是八千五百年前，與美索布達米雅北部舊核心區域的考古遺址一樣久遠。

五百年後，我們有了索倫特海底下中石器時代遺址的一粒小麥DNA。數千年前那粒小麥究竟怎麼從地中海東岸，一路旅行到西北歐洲邊緣？我們很熟悉兩千年前橫跨整個羅馬帝國的貿易網絡，考古學揭露了大範圍的貿易，更早之前就已存在。在鐵器時代，甚至可以回溯到銅器時代和之前的新石器時代。但是中石器時代或後舊石器時代，那些孤立而勉強求生的小群狩獵採集者，就有遠距離貿易嗎？

雖然如此，但是看看近代歷史案例就知道。美洲西北海岸的原住民，維持著橫跨大範圍的貿易連繫，延伸好幾百英里交換貨品、禮物和婚姻對象，這些連繫是權力和威望的基本。在歐洲人移民之前，澳大利亞原住民部落的交換網絡從這端海岸延伸到另一端海岸，橫越整個大陸。考古學家發現越來越多證據證明，中石器時代的原料和成品會被攜帶長遠的距離，橫跨歐洲。在布列塔尼，來自海岸的燧石往內陸旅行五十多公里。挪威輝綠岩製作的斧頭出現在瑞典，來自立陶宛的燧石刀刃出現在近六百公里外的芬蘭，波羅的海東岸的琥珀抵達芬蘭，丹麥中石器時代晚期韋茲拜克（Vedbæk）墳場的墳墓，含有駝鹿和原牛牙齒做成的墜飾。這兩種動物在當地都已滅絕。當然，在那樣長遠的距離，物品可能經過多次轉手，而貨品移動範圍廣大意味著人類在海上與在陸地都在移動。考古學家相信，中石器時代的人類旅行距離最長高達一百公里，可能利用獨木舟和舷外托架。異國物質的取得，看似和西北歐洲社會改變的發展有關，狩獵採集社會的平等主義，變得對地位越來越有興趣。社會變得有階層之分。世界上最古老的階級系統開始萌芽，當然還不到《唐頓莊園》（*Downton Abbey*）的程度，但是考古學開始揭露高階和低階個人的區別：富有和貧窮。波羅的海四周有些繁複的中石器時代墓地含有異國物品，應該就是社會階層的象徵。

社會階層化可能在中東造成農業的誕生，也讓西方和北方的社會過渡更容易形成。如果你只注重基本生存，就可以與世隔絕。如果你對取得異國貨物和地位有興趣，就需要與比較廣闊的世界聯結。而中石器時代歐洲各地的人，看來比我們先前假設的聯結度更高。

中石器時代的交換網絡，不論是物質、想法或人，都代表西方的狩獵採集者已經和東方最早的農夫有了連繫。到了六千五百年前，農業社群已經定居在多瑙河谷（Danube Valley），此時北方仍過著中石器時代的狩獵採集，會向南方的新石器時代鄰居借用陶器、T字形鹿角斧頭、骨戒和梳子，他們可能用毛皮和琥珀交易。儘管如此，八千年前在歐洲西北邊緣一個中石器時代的部落，發現一粒小麥的蹤跡仍然顯得很早，因為此時冰河時期在北方才剛開始略微舒緩。

冰河時期末期逐漸溫暖的氣候對中東環境有衝擊，但對西北歐洲有更深刻的影響。冰蓋南下到這裡，數千年來將歐洲大陸北部冰封起來。在冰蓋以南，是一大片沒有樹木的苔原。在當地已經適應溫暖氣候的物種族群，包括人類、熊和橡樹，在冰蓋和苔原支配之處絕跡。

此時南方的表親，譬如法國南部、伊比利半島和義大利，人類還能居住在避難所。當氣候回溫，冰蓋消退，大部分北部歐洲被一片來自融冰河流的砂質沉積層，還有冰河留下更細緻的冰磧覆蓋。莎草、禾草、矮樺和柳樹占據這片新土地，將其轉化為草原苔原。在新仙女木期的寒冷過去之後，到了一萬一千六百年前，樺樹、榛木和松樹再度往西北方擴散。

到了八千年前，北部歐洲（包括當時是半島的英國）地貌已經變成蔥鬱的樹林，有萊姆、榆樹、山毛櫸和橡木。森林充滿生氣，有原牛和駝鹿、野豬、獐鹿，和赤鹿、松貂、水獺、松鼠和狼，還有大量野禽。沿岸海域充滿軟體動物、魚、海豹、鼠海豚和鯨魚，中石器時代的人類充分利用這些資源，他們是狩獵漁民採集者。以弓箭為武器，帶著狗為伴，他們在陸地上狩獵動物。裝備有獨木舟、漁網、魚鉤、釣魚線及魚筌，他們從河流和海洋中拉魚出水。

人類在新仙女木期的末期再次移民到西北歐洲，在西元前九千六百年抵達英國。最初的移民者甚至不必弄濕腳，冰河時期的海平面比現在低了約一百二十公尺。當冰融化、海平面上升，很快就成為島嶼的英國還與歐洲大陸相連時，第一批動植物就已經再次抵達英國。

依據考古學的描述，狩獵採集者是移動性高的一小群人，經常移動，很少留下痕跡。中石器時代的遺跡不會太大，並且只被短暫居住，但是在約克夏（Yorkshire）的斯塔卡（Star Carr），最近挖掘出一個中石器時代大得驚人的聚落。在這個九千年的遺址，有個沿著湖畔延伸三十公尺的木材平臺，整個區域將近兩公頃，也就是兩萬平方公尺。在這樣大的定居群體中，社會很有可能已經有某種程度的階級之分。

就算中石器時代有小群的狩獵採集者出沒於西北歐洲，但人類社會也變得更複雜，比先前想像更大、定居程度更高、更複雜與連繫度更好的群體存在，因此波德諾懸崖的發現就比較沒那麼令人震驚。

座落在英格蘭兩端的斯塔卡和波德諾懸崖，都暗示了我們可能低估英格蘭中石器時代早期的複雜度。正如在中東，社會複雜度顯然早於農業興起，而非源自於採用農業。中石器時代的生活方式也很多樣化，有些群體看似已經定居下來，其他則在發展海上航行，這些可由地中海周遭黑曜石的交易，還有深海漁業的證據得知。

然而波德諾懸崖那個八千年的一粒小麥ＤＮＡ，看起來仍然毫無預兆。傳統的調查方法，也就是考古學和植物學，都顯示馴化的一粒小麥在整個美索布達米雅都有出現，還在九千到一萬年前擴散到賽普勒斯。新石器的影響由東至西傳布整個歐洲，到了六千多年前已經一路抵達愛爾蘭。到了七千五百年前，多瑙河盆地也有栽種一粒小麥，並在約五千多年前傳到瑞士和德國。但是新石器時代的傳播，看起來在地中海沿岸更快。最近的挖掘顯示，到了七千六百年前，往西一直遠至法國南岸，都有新石器農夫的存在。這些早期法國農民有陶器、家養羊、栽種二粒小麥，還有一粒小麥。西歐早期遺址有特定形式的陶器，看起來與新石器文化有關，並且沿著海岸散布。法國有一粒小麥的決定性證據，只比在波德諾懸崖的痕跡早四百年。沒有人說波德諾懸崖的一粒小麥是早期農夫擁有的，但是他們跟世界各地應該有所連繫。來自鄰近大陸的農產品，在農業還沒傳入之前就已進入英國。

那顆海底一粒小麥的故事，讓我們對新的可能性充滿樂觀，而且提醒我們，對過去的重建不要武斷。想在任何地方找到任何事物的最早樣本，就算不是不可能，但也很困難。將遺傳學運用在考古，讓我們能夠找出最細微的線索。小麥，或說是麵包的滋味（一種新生活的滋味），比任何人以為的更早抵達英格蘭南部。

想像自己是中石器時代的狩獵採集者，在波德諾紮營。一天，有自遠方部落的旅人造訪你（你們時不時就會見面），他們到達時你熱情款待，他們坐下和你一起吃烤馴鹿肉大餐。他們帶來的食物與你家附近採集到的大不相同：硬硬小小的種籽。客人示範給你看，這些種籽可以磨成粉和水做成麵團，用手拉平再鋪在火爐上平坦的石頭上烤熟。那晚你吃了新奇美味的食物：麵餅。旅人告訴你，這就是海的彼端人民平時吃的東西。這些小種籽來自桑莫蘭（Sumerlands）廣闊的草地。

我們可能永遠不會知道，那粒小麥怎麼來到波德諾，以及究竟是煮成粥或烤成餅吃掉的。但那的確讓你思考，那些中石器時代的狩獵採集者，到底知不知道另一種生活方式，正沿著歐洲海岸線一步步無情地接近。以及，他們有沒有想過，那塊餅所用的穀物是刻意栽種而非採集的。然而從那時起再過數百年，英國的森林會變成農田。

第三章

TAMED

牛

斑紋明顯的斑紋牛，
白色斑點的斑點牛。
散布四處原野的牛，
老白臉，
灰金牛，
來自國王宮廷的
白公牛，
還有你這吊在鉤子上的小黑牛，
你也來，恢復完整，回家去。

——十二世紀威爾斯古詩

長角野獸之謎

我在任何可以寫作的地方寫作。我去哪都帶著筆記型電腦，在火車、飛機，和計程車上寫作。外出開會或拍影片時，我會在飯店房間寫作。出門進城時，我會坐在咖啡館寫作。但我感覺寫得最流暢的地方是在我家。我坐在小屋的凸窗前忘情地打字，時不時抬起頭瞄一眼我的花園，裡頭現在布滿早秋的顏色，有各式各樣馴化的物種。我種它們只因為看起來漂亮。紫錐花和金光菊正在開花，就像點綴在一片綠中的黃色與紫紅色寶石。我的玫瑰盛開了，它越過玫瑰拱架緊抓那一絲溫暖。

花園之外那片田野綿延向外，遠方圍著一圈歐洲山毛櫸，現在呈現一片暗紫色。在那片綠色的田野上，有黑色的影子在晨霧中緩慢移動，那是牛。牠們鬆散地聚成一群，整天就是吃草，咬起割過後又重新長出的茂盛青草咀嚼。那些都是年輕的公牛，有時會受驚而從田野的一端快速跑到另一端，但大部分時候都很平靜安詳。我抬起頭努力理清思緒，整合這個故事的線索。我發現牠們的存在令人平靜。

儘管這些牛是年輕閹牛，有些長著巨大的角，我走過牠們的田野時也不會過於不安。牠們很少對周遭的人類感興趣，除非是開著卡車的農夫。每年再晚一點，當秋天踮腳邁入冬天，他就會開著豐田皮卡（Hilux）進入田野，丟下大捆乾草。牛隻會跑過去跟著卡車，急切地渴望乾草的鮮甜滋味。牠們願意時可以快速移動，但大部分時候牠們都靜靜站著，或是緩慢移動，一步一步啃食腳下的青草。我不會穿越牛群，那樣太蠢了，但我很樂意踏入牠們的草原中。只有一兩次碰上一隻公牛，讓我感覺受到威脅而緩慢退回到柵門邊。

這些生物跟我相比十分巨大，體積和體重都是我的十倍以上，甚至可重達六百公斤，成年公牛體重還可以是這個重量的兩倍。但是牛的遠古祖先「原牛」甚至更大，估計最大可重達一千五百公斤。你得敬佩任何一位準備挑戰原牛的狩獵採集者之勇氣：他不只要狩獵這些巨大動物，還會馴化牠們。倫敦博物館（Museum of London）展示的一個原牛頭骨，那對巨大的角延伸有一公尺寬，讓那一刻純然瘋狂的勇氣更令人吃驚。

我們冰河時期的祖先，和這些巨大的野獸共用一片土地。獵捕牠們是一件事，但如此巨大嚇人的動物究竟怎麼被馴化？

福姆比腳印

我開著老福斯小貨卡，一臺裝備四輪傳動的二十五型同步變速車，南下到福姆比（Formby）海灘。這臺值得信賴的露營貨卡是向我的朋友暨導師，考古學家亞斯頓（Mick Aston）買的。內部很漂亮，我在內部夾板漆上葛飾北齋（Katsushika Hokusai）風格的海浪。外面也很好看，是明亮的金屬綠色。但重要的是很耐用，機油箱有保護殼，四輪傳動讓你在海灘陷入大洞中也出得來，它的表親甚至橫越過撒哈拉（Sahara）。

因此，帶著國家名勝古蹟信託（National Trust）的祝福，我義無反顧地開著貨卡駛過沙丘，下到海灘。我跟隨開著荒原路華（Land Rover）的管理員開上一座沙丘時，小貨卡咕噥抱怨一下，我可以感覺到動力轉移，但輪子卻沒有轉。我們在那裡拍攝英國廣播公司第二臺「海岸」（Coast）最初的節目系列，製作企畫沒預料到會有風雨破壞我們拍攝，小貨卡成了避風港，裡面乾燥溫暖，我甚至能用小瓦斯爐煮熱茶給工作人員飲用。

當天色終於亮起來，我們從貨卡探出頭檢視海灘，計畫如何拍攝全景，在小螢幕播放。那片沙灘如此廣袤，幾乎看不到盡頭。

福姆比海灘緊接在紹斯波特海灘（Southport Beach）以南，一九二六年三月十六日，前戰鬥機飛行員史格拉夫爵士（Sir Henry Segrave），在紹斯波特海灘駕駛亮紅色、四公升、暱稱「淑女鳥」（Ladybird）的陽光老虎（Sunbeam Tiger），破了地面速度的世界紀錄。他的最高速度一百五十二英里，但一個月後紀錄就被打破，後來史格拉夫在一九二七年奪回紀錄，一九二九年再次刷新紀錄——這次是在佛羅里達的戴通納海灘（Daytona Beach）。一九二六年比賽日的照片捕捉了當下的興奮，海灘上擠滿人群，有些觀眾爬上沙丘，只為了能看清楚駕駛淑女鳥的史格拉夫。

不過，輾過沙灘的不只有賽車，每年春天潮汐夾帶有力的海浪直衝上沙灘，將沙子刮回海中，暴露出下方更深的沉積層。我對天然地理學只是有興趣，但當動物和人類的足跡開始出現在泥沙、淤泥與岩石這樣的媒介上，我的興趣馬上升到最高點，而這正是我來此拍這些深埋在細沙下方的泥沙沉積層。九十年前的陸地速度紀錄太新，還無法紀錄下來，那只是一眨眼前的事情，就像昨天一樣。我要看的足跡屬於數千年前的過去，我知道它們在這裡，在這片海灘上。

一九八九年三月，退休教師羅伯茲（Gordon Roberts）在海邊沙灘上溜狗，發現剛暴露出的深層淤泥層上有奇怪的印記，大小、形狀、間隔看起來都是腳印。他再仔細看，確實是腳印。羅伯茲發現越來越多腳印，但這沒什麼好驚訝的，當地人都知道海邊常常會出現這些痕跡。但是其中似乎有些異樣，好像沒人認真注意過它們。

羅伯茲請考古學家來看這些腳印，他們用多種技術，包括以放射性碳定年檢視淤泥有機物碎片，決定這些腳印是何時形成。它們的年代介於七千到五千年前，那是我們史前史一段耐人尋味的時期，橫跨英國中石器時代到新石器時代那段關鍵的過渡期。

這些腳印一旦暴露在漲潮的海浪下，很快就會被沖刷掉，最多只能保存幾週。羅伯茲了解這些腳印的古老和重要性，決定要保存這種罕見又寶貴的資料。於是他開始了一段浩大的個人工程：紀錄這些腳印，畫畫、拍下它們。碰到保存特別好的腳印時，就以石膏仿製它們的輪廓，他的車庫開始堆滿一盒又一盒的腳印石膏模。二〇〇五年我第一次在福姆比海灘見到羅伯茲時，他已經紀錄下超過一百八十四個人類腳印——男女都有，成人兒童皆包含。他給我看其中一些照片和他所做的石膏模，有些包含腳趾和落腳深淺的驚人細節，這些精細塑造的腳印究竟是如何創造出來，並且能保存這麼多年？

利物浦灣（Liverpool Bay）周遭的環境，在腳印形成的時候應該與現在大不相同。當時海平面比較低，漲潮時海浪不會打上海灘，而且海岸外有個長長的沙洲存在。沙洲後方是一個潮汐潟湖，和一片微微傾斜的泥灘，漲潮時泥灘大部分會被水淹沒，但水是緩慢上漲，而非波動劇烈打上來的海浪。花粉分析推測，潮泥灘後方是一大片鹽沼，長有莎草、雜草和蘆葦，邊緣漸漸進入沼澤樹林，有松木、赤楊、榛木和樺樹。我們的祖先應該也會享受到海邊走走，就像我們一樣。但這對中石器時期的採集狩獵者而言，也是一片豐富且值得利用的環境。這片區域在這段時期的考古學顯示，海邊和河谷有密集的活動，隨著進入內陸減少。這景象令人熟悉，許多中石器時代人類的活動痕跡，都在海邊、湖邊和河邊發現。看來這些交界的環境所能提供給狩獵採集者的，比英國內部越來越密的樹林來得多。在福姆比，那片濃密的樹林應該從鹽沼、潮泥灘和潮汐潟湖組成的海岸，往內約一英里半左右開始生長。

看著羅伯茲的石膏模，我可以看出這片泥灘當時有多鬆軟，才能保存下這些腳跟、足弓和腳趾的細節，成人的腳印有赤足人腳趾分開的特徵。不過腳印要有機會保留下來，泥巴不能一直濕潤才能留下印記，必須在大熱天中烤乾烤硬，等待潮水再次襲來，緩慢上漲的海水會帶來一層細沙淤泥，沉積蓋過這些腳印。一次又一次，直到腳印深深埋在淤泥層下，封印保存起來。好幾千年過去，沙丘後退，蓋住含有腳印的淤泥層。現在沙丘退得更後面了，讓深埋在下方的淤泥層暴露在愛爾蘭海（Irish Sea）原始的能量下，刮走淤泥層，直到腳印露出。

腳印在考古紀錄上很少見，對於人類行為提供獨特的洞察角度。由解剖和運動專家的協助，羅伯茲詳細描繪這些遠古海灘訪客：女人沿著海岸線緩慢行走，也許在捕捉刀蟶和蝦子。

男人在奔跑，也許在打獵。小孩繞著圈圈，在泥巴上跑步，和現代孩子在海邊玩泥巴一樣。

不過除了人類的腳印，還有動物腳印，紀錄下潮泥灘上那些豐富的鳥類生活，像蠣鷸和鶴這些鳥的腳印，特別好認。還有哺乳動物：野豬、狼（或大狗）、赤鹿、獐鹿和馬，以及絕對不會認錯的原牛偶蹄印：野牛。

在那個寒風刺骨的拍攝天，我和羅伯茲一起走在福姆比海灘，距離現在已經十多年了。我們一直盯著地上，尋找新露出的腳印。沒多久就找到原牛的蹄印。你很難錯過，它們真的很大也很深，你能感受到原牛巨大的重量，隨著腳踏入濕軟的泥巴中。我們兩人都趴下來仔細看這個腳印。牛的腳印我看得很習慣，我家田野上那些公牛聚集在牠們的水槽邊，天氣潮濕時，水槽周遭就變成一大片稀泥，有些日子天氣狀況很完美，能將這些足跡保存短暫時日。一陣大雨沖刷泥土之後，熾熱的太陽再把泥土烤硬，保留所有的腳印，但是這個原牛腳印是那些公牛蹄印的兩倍大。

福姆比這些牛腳印中最古老的，確實來自中石器時代。這些不是馴養的牛被趕到海岸邊吃草，就像中古世紀牛群被趕到諾福克沼澤一樣。這些蹄印年代太早，不可能是馴化的牛，顯然是我們現代牛的野生祖先留下的。

那天海灘十分陰冷，但也很漂亮。我們持續拍攝，直到陰影越拖越長，沙丘短暫浸潤在金色的光線下。當太陽即將沉入海平面的前一刻，我們結束拍攝，將裝備打包放回綠色貨卡，我謝過羅伯茲，然後開車穿越那些沙丘。

羅伯茲持續蒐集福姆比海灘的腳印，將這些瞬間即逝的足跡紀錄下來。他在二〇一六年八月過世，留下一個很棒的資料庫，讓未來的學者鑽研。

狩獵原牛

人類腳印和鹿與原牛蹄印，一同在福姆比海灘上出現，因此一些研究員推測，人類沿著海岸生長的蘆原和潮泥灘狩獵這些動物。在空曠的野外，鹿群和原牛群當然會吸引中石器時代的獵人，看起來是完全合理的假設，但是很不幸的，人類和動物的腳印不可能分辨出是不是在特定的日子，或差不多同一時間形成。畢竟，遠在那群公牛離開好幾個小時之後，我也能從家裡走到原野，在泥巴上留下我的腳印。

然而真正令人驚訝的是，「在哪裡」發現這些腳印。在海岸找到現代赤鹿的腳印並不算不尋常，但是長久以來我們一直認定原牛是森林動物，福姆比的野牛竟然在沼澤樹林邊緣吃草，還大膽走到海岸濕地的蘆原上。原來牠們並非我們過去以為的，是害羞的森林動物。

儘管福姆比沒有中石器時代獵人跟蹤原牛的足跡，但英國和西北歐其他地方的遺址卻證據充足，其中多以屠宰的原牛骨頭形式出現，好幾個中石器時代的遺址都是如此，包括約克夏的斯塔卡。更早以前，舊石器時代的遺址紀錄了對野牛的同樣偏好。而幾個少數的遺址中，有狩獵和屠宰的證據。

二〇〇四年五月，荷蘭一位業餘考古學家無意間碰到一副散落的骨骸，與兩片燧石刀刃碎片，全數坐落在靠近菲士蘭（Friesland）衝折河（Tjonger）和波克維格路（Balkweg Road）。這些加工品顯然是因為新近的壕溝挖掘工程才被帶到地面，骨頭已經暴露好一段時間，被陽光曬得十分潔白。

衝折河的風土早被馴化，蜿蜒的野生河道被整治成運河。而這些加工品來自一層深埋的沉積砂岩，在遠古以前曾經是這條河流曲道內側的河岸。壕溝的挖掘完全破壞骨頭和燧石原本的遺址，以考古學的語彙來說，它們缺乏脈絡但依舊能提供有用的線索。

這些骨頭來自原牛的脊椎、肋骨和腳，以原牛而言，它們有點小，透過放射性碳定年測定約在七千五百年前，也就是中石器時代後期。對家牛（Bos taurus）而言又太早了，第一隻家牛至少在一千年後才來到荷蘭。這些脊椎骨的脊柱，像魚鰭一樣從椎體伸出，長如原牛的脊柱，比家牛的長多了，腳的骨頭也很像原牛，又細又長。最終的解讀是，這些骨頭屬於一頭小隻的母原牛。

所以，一隻遠古死牛沒什麼好特別的，除了八塊骨頭上面有切鑿的痕跡，這是屠宰的證據，一些脊椎骨上還有燒灼的痕跡。

人類顯然與這具骨骸互動過。和骨頭一起發現的兩塊燧石碎片，組合起來可以拼成一片刀刃，極有可能是用來屠宰和剝原牛皮的工具之一。和其中一些骨頭一樣，燧石刀刃也被燒過。中石器時代的獵人生了一團火，也許在現場立刻烹煮吃掉一些肉，最後再帶走剩下的屍骨。

波克維格路只是少數幾個遺址之一，推理人類「應該有」和原牛互動，這單隻的動物應該是在狩獵時被殺。荷蘭另有幾個相似的遺址，德國有兩個，丹麥有一個，他們都顯示同樣的事：一次成功狩獵的最終章。人類居住的地方也挖出許多原牛的骨頭和碎片，那是帶回家當晚餐的食物殘餘。但在這些遺址的動物骨頭總數中，原牛只占很小的百分比。數字可能會誤導人。原牛是非常大的動物，一頭原牛能吃的肉遠大於一隻水獺、獾、野豬，甚至是一頭鹿的相同部位。獵人可能帶過一整隻野豬回營地給家人吃，卻不大可能嘗試帶一整頭原牛回家。原牛屍骨一定會在原地大卸八塊，將肢體切成能帶回營地的適當大小。狩獵遺址顯示牛腳通常會被留在原地。

波克維格路的原牛看起來出奇的小，站起來估計到當時人類的肩隆，或說肩膀，只有一百三十四公分高，對中石器時代的獵人而言，潛在上比較不是那麼可怕的目標。這也有一個可能性，就是後來許多原牛被誤認為是馴化的牛，或是原牛混種。如果骨骼學家只看體型大小，很有可能會犯這樣的錯。

雖然如此，我們從年代知道，這隻七千五百歲的波克維格牛必定是隻原牛，是一種已滅絕的牛亞種（Bos primigenius）的成員之一，牠們廣大的獸群範圍橫跨歐亞大陸，從大西洋海岸到太平洋海岸，南部到印度和非洲，北部到極圈苔原。受到人類和其他掠食者的狩獵，原牛最終走向滅絕，但是羅馬時期仍有原牛活著，在凱撒大帝（Julius Caesar）史詩著作《高盧戰記》（*Gallic Wars*）第六卷描述這些原牛，是棲息在德國南部海西森林（Hercynian forest）的野獸：

這些野獸體積只比大象小一點，外表、顏色和形狀都像牛。牠們力氣極大、速度很快，見到人或野獸都不會放過。日耳曼人挖洞製作陷阱獵殺牠們，年輕男子以這種勞動鍛鍊強悍。狩獵中，獵殺最多頭、拿得出角做為證據的人，將受到極高的讚揚。然而，即使還很年幼，這些野獸也無法習慣人類加以馴服。

這是一段很棒的描寫，既講了大森林中野蠻的日耳曼人，也描述這些可怕的原牛——這些無法被馴服的有角怪獸。

想當然耳，這種宏偉的動物仍會有不得不被馴服的時候，即使我們談到的這個物種滅絕了，部分世系還是存活下來。存活至今的原牛後代，成了人類的盟友。就算波克維格原牛在西北歐洲的邊緣，在遠古的衝折河岸面臨獵殺的命運，牠在東方的表親有些卻已經被馴化，而且不只是為了牠們的肉與皮革（同樣的資源對中石器時代的獵人而言是極大的獎賞），還為了牠們的奶。人類和牛的關係持續改變著。

羚羊奶和偉大的牙垢

喝牛奶對我們而言早已習以為常，很難去推理這個習慣起初是從何而來。但如果你能撇開對牛奶和乳製品的熟悉，單純從喝另一種哺乳動物的乳汁去思考，這種習慣確實很奇怪。

具有製造乳汁的乳腺，是定義哺乳動物的特徵。乳汁由雌性生產來餵養後代，這是很高超的生存策略，代表母親不需要拋下幼兒去找食物餵養他們。她可以留在幼兒身邊，直接從身體餵養幼兒。當幼兒長大一點，比較有能力且獨立了，就能離開母親自行到外頭覓食。

我想對於在早餐穀片或茶中倒入人奶這樣的想法，很少人會感到自在，但喝另一種哺乳動物的乳汁卻能接受，而且我們已經這樣做了好幾千年。究竟是誰想到從另一種哺乳動物的乳腺，擠出乳汁飲用的想法呢？

我懷疑最初的農民，他們狩獵採集的祖先已經嚐過獸乳了。還沒有人找到證據，顯示人類在新石器時代之前飲用過獸乳，但那可能是因為沒有人去找過，又或者那樣的事件十分罕見。我曾花時間和好幾個不同的現代狩獵採集群體生活，見證他們如何吃光一具動物屍骨。在成功的狩獵後，菜單上不是只有肉，內臟、腦袋和胃部內容物都既美味又營養。在西伯利亞，我看著馴鹿獵人用刀切進他們剛屠宰的馴鹿肚子，割下仍然溫暖的鹿肝生吃，並且拿杯子放入體腔內，盛出血來飲用。

人類學家席柏包爾（George Silberbauer）花了超過十年時間，與波札那喀拉哈里沙漠的布希曼人（Bushmen）一起生活，他鉅細靡遺地形容這些狩獵採集者如何利用一隻被獵殺的羚羊屍首，包括乳腺：「較大而泌乳中的羚羊乳腺，在明火上直接燒烤，被視為美食。如果乳腺中有乳汁，會在開始剝皮前就擠出來喝掉。」

流傳在北美中部大平原的一則傳說，暗示羚羊乳腺和乳汁也被當地狩獵採集者視為珍貴的佳餚。在獵殺一頭母羚羊後，兩名基奧瓦（Kiowa）酋長為誰該得到乳袋爭吵。其中一名酋長把兩個乳腺都拿走了，另一名酋長感到莫大的恥辱，打包所有東西，帶著所有親族離開去北方的新領地。這個內訌故事顯然以「羚羊乳心引族人心寒離去」的寓言廣為人知。以拒絕分享珍貴的羚羊乳腺，引喻酋長對權力和威望的得失，留下來的這位酋長的自私看似微不足道，卻足以引起族群的分裂。

這些歷史上與近代的狩獵採集者引用獵物獸乳的例子，提出遠古狩獵採集者也會這樣做，似乎十分合理。他們當然會以類似的手法利用動物屍首，將寶貴的資源做最大化利用。如果認為動物被馴化之前沒人飲用過獸乳，這似乎很愚蠢。乳汁不會是狩獵採集者飲食中很重要的部分，但也不大可能完全棄之不食。考古科學的新進展，提供我們有機會去探索祖先的飲食，而探究乳汁的線索有可能就潛伏在我們祖先的牙齒。

鈣對牙齒和骨骼健康十分重要，乳汁正是這項元素的絕佳來源之一。正如許多元素，鈣在自然界中以幾種稍微不同的形式，或不同的同位素存在，這些同位素的比率可以從人類和動物組織的樣本中測量。碳和氮同位素的比率，已經證明是很有用的飲食指標，碳同位素可以指出一個生物生前吃了哪些植物，而氮同位素則能反映飲食是偏向以植物為主或以肉食為主，以及是否含有海洋來源的食物。因此有一陣子，考古科學家認為鈣同位素比率也許能提供遠古飲食中關於牛奶和乳製品的線索。他們測試考古動物骨頭和人類骨頭，發現人類和其他動物的鈣同位素比率有差別。但令人失望的是，人類骨頭中的鈣同位素比率，並沒有隨著時間改變。中石器時代（生活中沒有馴化的牛）和新石器時代（生活中有馴化的牛）的人類，骨頭中鈣同位素的比率都一樣。因此很可惜，看起來這項分析在此無法提供我們任何解答。

不過牙齒還是提供我們另一項選擇。整體而言，遠古的祖先比現在的我們，有更健康的牙齒。他們飲食比較少糖，不像我們為蛀牙所苦。考古的牙齒中偶爾會見到蛀蝕的洞，但無法與當代西方社會流行病般的比例相比。另一方面，我們的祖先在刷牙這方面，卻差勁到惡名昭彰。這種對牙齒衛生的疏忽，導致牙垢堆積，隨著時間增長，牙垢會鈣化變硬。考古牙齒上常見到硬化牙結石增生，不只如此，牙結石還會導致牙齦發炎，通常會致使下方的骨頭開始退縮，直到牙齒掉下為止。當然到了這個程度，考古科學就不可能研究這顆牙齒了。留在墳墓裡的牙齒，必須還在原本的顎上，而且厚厚覆蓋著一層結石，才能於現代提供一些關於古代飲食的線索。

牙結石形成時，會把捕捉來的食物的微小粒子關在裡面。在最小的層次上，這包括澱粉粒（一堆緊密的醣分貯存），還有植物植矽體（phytolith），那是富含矽的微小結構，能幫助支撐活的植物。在實驗室中，可以加以分析和辨別這些細小微粒，牙結石研究揭示了關於古代飲食各種令人驚訝的細節——幸好他們的牙齒很髒。六萬四千年前，在現在伊拉克境內的尼安德塔人（Neanderthal）所吃的穀物熟食，可能是大麥。復活節島（Easter Island）人吃甘薯。史前蘇丹人吃一種現在被視為雜草，學名叫做香附（purple nutsedge）的植物。

乳汁如何存在於人類飲食中呢？牛奶沒有微體化石（microfossil），但是有極具特徵的分子，其中的乳清蛋白是必要的線索，它的正式名稱叫「β—乳球蛋白」（β-Lactoglobulin），簡稱ＢＬＧ。對考古學家而言很重要的是，ＢＬＧ存在於動物乳汁中，人類乳汁卻沒有，而且它對細菌破壞相對具有抵抗性，存活的時間很長。這種蛋白有另一項有用的特性，就是每個物種的ＢＬＧ不同，可以從中辨別是來自牛、水牛、綿羊、山羊還是馬。

二〇一四年，一個國際研究團隊發表他們在考古樣本中尋找ＢＬＧ的成果。他們在銅器時代的牙齒結石上發現大量ＢＬＧ，來自牛、綿羊和山羊，年代可追溯到西元前三千年，從歐洲到俄羅斯，都有足夠的證據證實當地有食用乳製品的習慣。然而西非銅器時代的牙齒卻在ＢＬＧ的存留上不著痕跡。這分ＢＬＧ研究也為格陵蘭的北歐中古遺址，為何遭到拋棄的疑團顯露曙光。其他研究（關於氮同位素，並無減少的分析）則提出，超過五百年（氣候惡化的一段時間），格陵蘭維京人轉而少吃家畜食物，多吃海洋來源的食物，包括海豹，最後他們在十五世紀拋棄這片定居地。考古遺址中魚骨通常保存不佳，稍後的維京人，很有可能吃魚也吃海豹。他們不像科學家暨作家戴蒙（Jared Diamond）在他《大崩壞》（*Collapse*）一書中所提出的那樣，在飲食上病態地缺乏彈性，相反的，格陵蘭維京人一直在努力適應。不論他們拋棄格陵蘭的原因為何，絕對不是因為改吃海洋中的食物。

維京人牙齒結石的分析，揭示了另一項飲食改變。在西元一千年，早期格陵蘭維京人吃大量的乳製品，但是四個世紀後，ＢＬＧ消失了，所以他們不吃家養動物，甚至也沒有管道取得乳製品。也許產乳家畜群的崩壞，讓這個維京移民地加速走到末日，但也有可能拋棄格陵蘭是因為經濟因素。格陵蘭維京人交易海象和一角鯨牙，但非洲象牙的供給開始進入市場，他們的貨物不再珍貴。當象牙市場的基底崩解，你無法再吃得起乳酪，那就是離開這個地方的時候了。

這一切都很吸引人，重新解開利用β—乳球蛋白來重建遠古飲食的潛力，但最新的研究只回顧到銅器時代。我想很快就會有人在更古老的牙齒上尋找乳清蛋白。我很樂觀的認為，就算馴化和乳農業於新石器時代誕生，但在我們採集狩獵祖先那些沒刷過的牙齒，也會顯露淺淺的跡象。

陶器碎片和牛群

我們的祖先不大注重刷牙，似乎也不怎麼喜歡洗東西。至今，人類喝乳汁最早的確切證據，來自近東遠古陶器碎片內側殘留的脂肪殘餘，年代在西元前六千到七千年。由布里斯托大學（University of Bristol）埃弗西德（Richard Evershed）帶領的團隊，檢視兩千兩百二十五片來自東南歐、安那托利亞和黎凡特的陶器碎片，發現靠近馬摩拉海（Sea of Marmara）有一個早期利用乳汁的地方。這對乳汁和陶器的研究，將我們拉離肥沃月灣，到安那托利亞西北角更青翠蒼鬱的土地上。這非常有道理。這一區的新石器時代遺址所含的馴化牛骨比例高，而且這裡和大部分中東地區相比，降雨量多，草地豐美。這些骨頭訴說它們自己的故事——考古組合中有大量年輕的動物，早期農夫養牛看似既為了肉，也為了乳。

這項遠古陶器碎片的研究結果，儘管看似十分明顯，但直到埃弗西德和同事發現那些乳

脂肪遺跡之前，喝牛乳一直被認為是比較晚期才加到新石器時代的生活模式中，在陶器發明好

幾千年後才出現。新的證據將飲用牛乳的年代往前推，回到與西亞陶製容器最早出現的時間相

同，在西元前六千多年前。這不只是巧合吧？也許陶器的發明，正是因為需要有東西來貯存和

處理牛乳。

儘管如此，牛奶和陶器最早的證據，仍然比最早於西元前八千多年出現的家養動物，包括牛、綿羊和山羊，晚了兩千多年才有。雖然檢視的工具很先進，還是不可能知道是否更早就有使用牛奶，因為那是在陶器出現前的世界，沒有陶器碎片讓乳脂黏在上面。

陶器碎片上的乳脂有一個令人沮喪的地方，它與牙結石裡的乳清蛋白不同，這回我們無法得知乳汁可能來自哪種動物，可以是綿羊、山羊或牛。不過透過仔細研究新石器時代遺址的動物骨頭，也許會有答案。在巴爾幹中部十一個考古遺址中進行的調查，確實做到了。那些遺址的牛骨分析，揭示了成年動物的比例隨著時間有增加。平均而言，成年動物在新石器時代整體牛骨中只占百分之二十五。年輕的牛數量高，代表飼養動物重點在肉。而從西元前兩千五百年起的銅器時代遺址則顯示，百分之五十的牛骨來自成年的牛。這暗示著「第二種產品」，像是牛奶（也許還有拖曳的力量），變得越來越重要。羊骨上看到的模式也很類似，如果這個模式也在其他地方反映出來，就可能暗示馴化第一隻牛和第一隻羊是為了肉，擠這些動物的乳汁是後來才有。不過在巴爾幹研究的羊，揭示一些不同的東西。新石器時代開始看到比例比較高的成年動物，在巴爾幹約開始於西元前六千年，暗示這個區域的牧人利用馴化山羊，一直都為了

羊乳也為了肉，他們一開始養山羊，就會擠羊乳了。

然而有些近期發表的研究提醒我們，將巴爾幹研究一般化，必須小心謹慎。其他遺址有很好的證據顯示，牛奶遠在新石器時代早期就被使用。又一次，線索來自陶器碎片，只是這一次是乳酪。邁向製作乳酪的第一步，牽涉到讓一種特定的牛奶蛋白質分子「酪蛋白」開始彼此黏在一起，創造出一個蛋白質網，捕捉裡面的脂肪球。這堆凝結起來的蛋白質和脂肪就是凝乳，留下來的稀液體含有一些可溶性蛋白，也就是乳清。將牛乳變成凝乳和乳清，主要有兩種方式：你可以酸化牛奶，或是在裡面加入一種酵素，通常是凝乳酶。加熱牛奶可以幫助加速這個過程。

這一切必定是新石器時代的農夫，也許在嘗試新食譜，或從事新的貯存方式時意外發現。只要想像你是一名新石器時代的農夫，白天出外放牧動物，你想要帶些牛奶，用陶器當容器很棒，但帶著走有點重。你決定改用山羊胃做成的袋子。這想法並不奇怪，這種袋子通常用來裝水。總之，你用袋子裝滿牛奶出發了。當天稍晚，你想喝口牛奶，但有件奇怪的事情發生了：牛奶變得清澈如水，當中有團塊——凝乳酶，也就是黏在山羊胃裡的酵素轉化了牛奶。你沒把牛奶丟掉，而是帶回家給家人看，他們都對這個全新的乳製品印象深刻。但還有更棒的事，如果你能將凝乳從乳清中分離出來，就有了乳酪的初製品。你可以用乾酪包布，或是金屬篩子。新石器時代的人應該會用乾酪包布，或是柳條篩子。不過不令人意外，任何考古遺址都沒有發現這兩項物品。布不是能經得起時間考驗的物品，而在新石器時代，金屬篩子還要很久以後才會出現。但是有足夠的穿孔陶器範例，大部分都解釋是裝乳酪用的。有些人提出這些陶器的其他用途，從燈籠到過濾蜂蜜，到釀造啤酒都有。埃弗西德的團隊將注意力轉移到五十個穿孔陶器的碎片上，取自波蘭的新石器時代遺址，時間最早可追溯至西元前五千二百年。

他們在百分之四十的陶器篩子碎片上偵測到脂質，而所有碎片中只有一個能辨認這脂質是乳脂肪，這證實乳酪過濾容器的理論，也是第一個史前乳酪的確實證據。藉著加工牛奶，這些遠古人類也幫實驗室科學家一個忙：新鮮乳汁的殘餘在陶器上不會留存很久，但是乳汁加工後脂肪就會改變，留存時間拉長。而在波蘭這些考古遺址中，百分之八十的動物骨頭都是牛骨。雖然乳脂肪可以來自牛、山羊或綿羊，但看起來波蘭新石器時代的農夫確實在擠牛奶，而且用這些牛奶做乳酪，馴化的原牛將留駐此地生活。

骨頭和基因

馴化牛本身最早的考古證據是以骨頭的形式，從幼發拉底河畔一個叫賈戴爾穆哈拉（Dja’de-el-Mughara），還沒有陶器的新石器時代遺址挖出的。那個遺址很特出，是個古老的農村，後來在銅器時代被作為墓地。而深埋在新石器時代地層，有幾個人類墓穴，但也有骨頭雕刻的飾品，一個巨大圓圈形狀的建築上面有壁畫，還有早期農夫保留的屠宰動物骨頭。在幼發拉底河周遭，綿延不絕的大草原應該提供早期家養牧群完美的春季和冬季放牧場。在炙熱的夏季，村民可能趕動物到河邊，甚至到河中島上，就像他們現在還會做的一樣。從管理野生牛群困難的任務（想想那些牛角），到捕捉幾隻原牛加以繁殖，農民已經開始馴化的過程。與原牛相比，馴化牛隻的骨頭比較小，公母之間比較沒有差異。角的形狀則有差別，反映在從頭顱上突起的骨質牛角核心。早期牛骨骼的證據，時間可追溯介於一萬零八百到一萬零三百年前，和黎凡特最早出現的穀物馴化確實差不多時間。不過綿羊和山羊被認為馴化稍早一些，也許就在幾個世紀之前。看起來這些動物的馴化，發生在穀物真正開始馴化之前。畜牧（照顧動物群）幾乎是介於游牧、狩獵採集生活，與定居、農業生活之間的中途之家，但是從狩獵採集到畜牧的轉變可能很快。土耳其一個遺址「阿西奇霍伊客」（Asikli Hoyuk），展示了這種轉變，只不過在幾世紀之間，人類飲食就從包含大量野生動物，轉變為動物食物中有百分之九十是綿羊。不論是什麼促使阿西奇霍伊客的陶器前新石器時代人類去管理那些羊群，他們最終找到貯存肉的方法，創造出可移動的食物貯藏室，讓他們的食物來源更可靠。

早期的遺傳研究提出，綿羊和山羊在分別的地方經過多次馴化，但是大致都在西南亞內。事實上比較可能的是，每個物種有單一一個馴化中心，但是之後與野生表親有大量雜交。家養山羊來自野生山羊（*Capra aegagrus*），綿羊則是野生綿羊或亞洲摩弗侖羊的後代受到馴化。另一方面，歐洲摩弗侖羊顯然是家養種類野化，而非任何羊的祖先。

牛看起來也是類似的故事。很長一段時間，人們相信家牛的兩個主要亞種「歐洲牛」（taurine，學名：Bos taurus taurus）和「瘤牛」（indicine，學名：Bos taurus indicus），分別來自兩個起源。達爾文肯定這樣說，而且就寫在《物種起源》：「我認為……那（瘤牛）……來自於和我們歐洲牛不同的原生族群。」的確，瘤牛看起來確實和歐洲牛不一樣。瘤牛肩膀上有一大塊隆起，還有一片長長的垂皮從前腿之間垂下，牠們也比歐洲牛適應乾熱的氣候。粒線體DNA和Y染色體的研究，同樣支持兩個亞種有分別起源的想法，但單一起源更加合理。看起來馴化牛最有可能在一萬到一萬一千年前興起於近東，然後擴散出去，一路碰到野生的親戚，約在九千年前抵達南亞，和當地原牛有重大層次的雜交，可能為家牛引入瘤牛的基因和特徵。

牛的離散很快就展開，農民和他們的牛也往西旅行。到了一萬年前，有人已經勇敢到將牛放到船上，帶牠們到賽普勒斯。到了八萬五千年前，家牛已經抵達義大利。到了七千年前，牠們已經和早期農民一起擴散到歐洲的西部、中部和北部，還有非洲。到了五千年前，牛已經抵達東北亞。綿羊和山羊從中東擴散出去時，牠們被帶到未知領土作為種羊，因為沒有野生親戚可以雜交。但馴化牛不一樣。野公牛分布範圍橫跨歐亞，而牛似乎到處與牠們雜交。第一個線索來自粒線體DNA，斯洛伐克新石器時代的牛、西班牙銅器時代的牛，還有一些現代的牛，粒線體DNA異常的變異，全都能追溯到歐洲原牛。更新的基因組分析揭示整個歐洲地區，家牛和當地野牛都有廣泛的雜交，特別是英國和愛爾蘭的牛品種，基因組中有很多原牛DNA。但從人類的觀點，我們肯定只能推測任何雜交的發生究竟有多刻意。

我曾花時間和西伯利亞的原住民馴鹿牧民一起生活，那裡家養的馴鹿群大到不可能圈圍看守。野生馴鹿群更大，而且和家養的馴鹿群一樣，經常在移動。和我聊過的馴鹿牧人，並不擔心野生動物加入他們的鹿群，反而比較擔心牠們的馴鹿跑到未馴化的鹿群中，只要知道有野生鹿群在附近，他們都會很緊張。他們的經驗讓我對早期牧民和他們的獸群，有了不同的思考。

新石器時代的農民究竟多麼小心在照顧牠們的牛？他們會把牛圍起來，還是放任牠們自由漫步？他們會捕捉並讓仔細篩選過的野生原牛，加入他們的牧群中嗎？或者基因滲入正好紀錄家養和野生動物間，無法避免的接觸？倘若如此（我不十分肯定），也僅僅表示母原牛比野生公牛更有可能加入家牛群。

從生物學觀點來看，家牛持續與野生族雜交，並不令人意外，現代牛的兩個亞種經常雜交產生混種。在非洲，牛的DNA揭露公瘤牛與母歐洲牛群雜交，生育出桑格牛（Sanga cattle）。在中國，歐洲牛散布進入北方，瘤牛則進入南方。這樣的南北分界直到今日仍然十分明顯，中間地帶則是歐洲牛和瘤牛的雜交種。牛也能和其他物種產生混種，有個中國牛品種就被發現含有犛牛的DNA，相反的，家養犛牛也含有牛的DNA。在印尼，瘤牛經常和當地野牛品種爪哇野牛雜交。

牛縮小之謎

當牛、綿羊、山羊和豬開始與人類聯盟後，牠們就變了。與在馴化中變大的小麥穀粒相反，牛和其他動物在變小。但奇妙的是，牛與綿羊、山羊和豬不同，通過新石器時代、銅器時代，進入鐵器時代，一直持續在縮小，而且縮小幅度真的很大。考古學家藉由檢視遠古歐洲牛的骨頭，來量化牛的體積僅在新石器時代就縮小多少。在歐洲，農業始於約七千五百年前（西元前五千五百年）。約三千年後的新石器時代，牛平均比農業初期時小了三分之一。

我們很容易聯想到下列的結論，認為早期農夫也許在刻意選擇比較小、比較容易管理的動物來育種。在剛開始馴化時也許如此，但農夫不大可能幾千年好幾世代下來，都一直選擇越來越小的動物來育種。牛持續縮小的原因究竟是什麼呢？

仔細分析來自整個中歐地區七十個遺址的骨頭，考古學家以不同的測試方法，獲得不同的結果。一個可能的解釋是，家牛長期飲食不足，但是沒有任何跡象顯示牛隻營養不良。平均體型的縮減，也可能是公牛母牛之間體型差異程度縮小的副作用。然而儘管新石器時代開始時，牛的性別體型差異有減少，這股潮流卻沒有像牛本身越來越小的潮流一樣持續下去。牛在三千多年前馴化之初時抵達歐洲，接下來的一千年，歐洲牛的骨頭顯示出，公牛母牛之間仍有一致程度的差異，但牠們都在持續縮小。

氣候變遷也會影響動物大小，這會是答案嗎？也許不是，因為你預期野牛會和家牛受到同樣的影響，卻是沒有。另一個可能是牛平均體積的明顯改變，只是反映母牛與公牛比例的改變。牛群中成年母牛比例較大，與越來越專注在牛奶生產上相符。在奶牛群當中，年輕公牛通常會被剔除。這看來似乎是很好的假設，遺憾的是，這與證據不符。新石器時代牛的骨頭，沒有顯示出母牛比例的增長。科學家否決了假設上有完美的推理。在所有否決之後，只剩下一個假設，看似與來自成堆骨頭的證據完美相符。

新石器時代中歐的遠古牛骨，不只揭露了體積的縮減，還有未成年牛隻數量的增加——此次把焦點聚集在牛肉生產。年輕的牛長得很快，直到三、四歲成熟的階段，生長速率立刻緩慢下來。若是你養一隻成熟的牛，卻無法再獲得更多肉，以致於在那之前或就在牠們剛成熟時，你會汰除掉更多動物，而你定居地周遭的垃圾堆中，未成年骨頭的比例就會增加。這個假設本身仍然無法解釋牛的體積變小，因為這是在成年牛隻中紀錄到的現象，未成年牛被排除在樣本之外。但是未成年骨頭的高比例，仍舊告訴我們一些事：在這樣的牛群中，許多生小牛的母牛，本身就尚未成熟。這些能夠繁殖但還可以生長的母牛，所生出的小牛比起牠們成年姊妹所生的小牛，體重會偏輕。較小、較輕的小牛，長大後通常也會是比較輕、比較小的成牛。這無法說明歐洲新石器時代沒有為牛群擠奶，而是代表著似乎是以肉優先。也代表歐洲牛在新石器時代結束時，比新石器時代開始時，體積小了百分之三十三。之後的銅器時代，存有未成年牛的遺址比例降低，而約莫與此同時，牛隻體積是增加的。但這只是小小的反轉。整體而言，牛的體積持續縮小，直到中古世紀後的好些陣子，牠們的身材才會重新長高，而即使到了那個時候，牠們也還是沒能像野生的原牛祖先那樣宏偉。

除了奶和肉，牛也為我們遠古的祖先提供服務。凱撒大帝紀錄野生原牛對德國鐵器時代的人文帶來重大影響，而家牛將持續在宗教儀式和儀式性的戰鬥上扮演重要角色。古代克里特島對牛的膜拜，看似形成牛頭人身怪物神話的靈感來源。牛儘管被刻畫成配得上英雄和鬥牛士的可怕對手，但他們的體型和力量，在比較平凡的方面也很有用處。牠們是最初的牽引機，用來拉犁和貨車，在世界許多沒那麼工業化的地區，仍然以這種方式使用牠們。有時候，牠們比機器更適合做這分工作。在中國南方的龍勝梯田，就不可能開牽引機上去，但是牛能輕易上到梯田，在狹窄的梯田中拉犁。

養育牛和使用牛來拖拉物品，也許能解釋歐洲牛在體積不斷縮小的潮流中，另一個奇怪的暫時反轉。在羅馬時代，歐洲牛變大了一些，義大利、瑞士、伊比利和英國的遺址出土的骨頭分析都顯示如此。農夫也許刻意育種和買賣比較大的牛，但是體積增大也可能反映當地野生原牛基因的注入。又或許當時的人特別要找比較大的牛，作為帝國擴張麥田必要的牛隻獸力。儘管如此，牛的體積還是相對較小，比今天小很多，直到中古世紀以後。

在牛蹄上

馴化牛最初跟著最早的農民流散到整個歐洲、亞洲和非洲，隨著人類帶著他們的牛隻移動，牛類族群持續混雜。文明興盛，帝國擴張，牛的品種蓬勃發展，從牠們原本的家鄉被運送到新的牧地。

北義大利牛的粒線體ＤＮＡ，暗示與安那托利亞有令人眼花撩亂的關聯，似乎比牛最初抵達義大利晚許多。希羅多德（Herodotus）寫過一場長達十八年的飢荒期間，利底亞（Lydia，現代的安那托利亞）人民經歷的痛苦。最終他告訴我們，大批利底亞人離開地中海東部海岸，旅行到義大利。根據希羅多德的說法，定居在義大利的人自稱為第勒尼安人（Tyrrhenian），並且創立伊特拉斯坎文明（Etruscan civilization）。這故事很浪漫，卻沒什麼歷史或考古證據可作為佐證。但也許北義大利的牛，淡淡地保有關於遠古一次從地中海東岸遷徙而來的基因記憶。遠古伊特拉斯坎人骨的粒線體DNA分析，也透露出北義大利和土耳其之間的關聯，不過那不是清楚的遷徙印記，可能只反映這些地區之間，貿易和移動連繫十分良好。但也許希羅多德是對的。

貿易路線也反映在現代牛的基因組成。馬達加斯加的牛有瘤牛DNA，無疑顯示著與印度之間有強大的貿易往來。不過，牛有些重大的移動的基因顯示，則是跟隨人類移居世界。瘤牛基因最近一次注入到非洲的歐洲牛中，可能反映第七與第八世紀阿拉伯人的擴張。

在中古世紀之後，我們開始看到牛體積的增長，這可能是因為選擇性育種，或也許是歐洲相對政治穩定和繁榮的間接結果。畢竟，和平時期代表終於可以好好用乾草叉，不是拿來當武器，而是用作本來的用途：叉起乾草。

要到十六世紀，牛才會打破舊世界的疆域。牛對美洲的征服，始於十五世紀末。一四九三年，第一隻牛在卡迪斯（Cadiz）上船，作為哥倫布（Christopher Columbus）第二次美洲探險的一部分，取道加那利群島（Canary Islands），要去聖多明哥（Santo Domingo）。馬、騾、綿羊、山羊、豬和狗都踏上這段旅途，而且很快地加入更多夥伴，因為之後的每批艦隊都載更多動物，加入這群正在擴張的牧群。

所以美洲在哥倫布之前沒有牛，至少傳統觀點如此。然而，有非常真實的可能性是，牛也許早在五百年前就抵達北美，隨著維京人在「文蘭」（Vinland）定居，也許就在紐芬蘭

（Newfoundland）。古斯堪地那維亞人的冒險傳奇，特別描述文蘭附近的島嶼，冬季溫和，能讓牛隻整年放牧在戶外吃草。不過還是沒有證據，證明這些維京人的移民地有留下任何後代，不論是人或牛。這些移民地被拋棄好幾世紀之後，歐洲人才「重新發現」美洲。儘管至少有過一個維京時期的定居地存在於蘭塞奧茲牧草地（L'anse aux Meadows），但有些人質疑紐芬蘭和文蘭與這些冒險傳奇的關聯。另一方面西班牙和葡萄牙人這些白紙黑字紀錄下來的遠征，看起來就沒有理由懷疑。西班牙人運輸牛到加勒比海，葡萄牙人帶著牛到巴西，這些動物就是拉丁美洲克里奧牛（Criollo或Creole）的祖先。

十八世紀期間，英國先驅帶頭進行系統性的選擇性育種，專門品種開始出現。貝克韋爾（Robert Bakewell）培育大型棕白相間，長有長角，主要為役用牛，也是很好的奶牛。而柯林兄弟（Colling Brothers）則生產紅色或紅棕色的英國短角牛，產肉產乳都很好。

牛隻育種者操控特定品種的雜交，創造出想要的特色。十九世紀有一段牛隻「親英」的時期，這段期間英國短角牛被育種為歐洲家畜。荷蘭、丹麥和德國生產力高的品種，也被出口到歐洲其他國家和俄國，以改善家牛。來自蘇格蘭的哈迪艾夏爾牛（Hardy Ayrshire）則育種成為斯堪地那維亞的牛隻族群。十九世紀大量瘤牛被引進巴西，以改善當地原有的牛群，現在巴西生產的牛奶大部分來自瘤牛與歐洲牛的混種：吉羅蘭多牛（Girolando cattle）。事實上，原先牛的基礎族群，似乎已經有部分瘤牛混血，反映了南亞、阿拉伯、北非和歐洲原本就有的複雜關聯。而牛在牠們新世界的棲息地一直發展很好，事實上是非常好。巴西成為牛的家鄉還不到五百年，牛一直都比人多。有兩億人口在巴西生活，牛卻有兩億一千三百萬頭。

十九世紀下半葉，牛的育種因為引進人工授精而更加科技化。有些牛被仔細培育來生產最大量牛奶，例如霍爾斯坦牛（Holstein-Friesian），現在是世界上數量最多的牛隻品種。其他則「特別加肉」（就字面上而言），透過選擇性育種，提升肌肉發達的特徵。有些牛也被培育來適應特定環境，從青翠的草原到沙漠。重點不完全放在生產力，美學特色也受到關注，牛開始出現驚人的品種，雖然沒有像狗品種的多樣性，但仍然多得驚人。從白到紅到黑，以及介於之間的所有花色，短毛到毛髮濃密，有小有大，長角、短角和無角。現代牛外觀的各種變異，絕對令人印象深刻。隨著時間改變，我們現在偏好牛生產脂肪含量不那麼高的牛奶，黑毛牛則在美國流行，而已開發國家選擇有力氣和精力的牛來拉犁，已經逐漸淡化成為歷史。

過去兩百年來的選擇性育種（牛或狗都一樣），創造了一個矛盾：早期的各個品種之間表型和基因型有足夠的變異，但在後期的品種，卻完全是另外一回事。這種變異的狹窄化，一直非常刻意。家牛在牠們大部分的歷史中，一直受到「軟性選擇」（soft selection），因為農夫鼓勵生產性較高，或是適合某種特定環境的動物繁殖，新興品種之間有大量基因流動。可是過去兩個世紀以來，育種者專注在品種內減少變異，直到連毛色都變得一致。在已開發國家，人工授精進行的繁殖受到嚴格控制，牛的品種雜交的可能性完全被抹滅。這樣在育種上限制的結果，搭配強而有力的選擇，就成了一個由許多分離、零碎族群組成的物種，使每個族群隱藏極高的風險，容易罹患近親交配的遺傳問題，包括較高的基因疾病和不孕比率，以及感染特定傳染病。在野外，基因變異少又零碎的族群，是滅絕風險最高的物種。然而工業化品種受到嚴格限制，儘管此時此刻比傳統品種生產力更高。對農民而言，從傳統品種換到工業品種，在經濟上是完全無須費腦筋的選擇。但長期而言，一旦一個家養品種絕種，其中所含有的「基因資源」就會永遠遺失。當族群零碎化和近親交配持續下去，牛的未來和我們的食品安全將令人堪憂。遺傳學家也會擔心家養綿羊和山羊，然而牠們的情況與牛不同，因為兩種動物種類尚有很多，野生種類也還存在。雖然也能與其他現存的野生牛隻雜交，對未來的基因資源或許很有用，但牛的野生祖先好幾世紀前就已滅絕了。

讓原牛復活

當全球家牛的族群急速成長，野生原牛的數量卻一再減少。牠們曾經漫遊在整個歐洲，甚至延伸到中亞、南亞和北非，但到了十三世紀，野生原牛的領域已經縮限到只存在於中歐。原牛在波蘭存活最久，牠們在那裡受到皇家敕令保護，甚至冬季還會餵食，確保國王可以狩獵，但最終連王室也救不了牠們。家牛侵占原牛的棲地，牛的疾病和非法狩獵也帶來影響，但最終乏人問津造成牠們確實滅絕。一六二七年，波蘭賈科托羅（Jaktorow）獵場保護區內，最後一頭有紀錄的原牛死亡，那是一頭母牛。

損失這些巨大的嚙草動物，尤其這又是相對晚近才發生的事，很令人惋惜。世界上還剩下少數幾種巨型動物群，牠們的消失很大的比率都要怪罪人類。更自私地來說，失去這些物種表示我們失去牠們所代表的基因資源。我們無法藉由讓我們的牛群與野生原牛雜交，為牠們注入新的雜種優勢。而更重大的生態危機是，我們將後悔致使這些動物在現代的地景上缺席。沒有這些巨大的嚙草動物，荒地長滿樹林，自然的多樣性將愈顯單薄。

這正是為何有些牛隻育種者企圖讓原牛復生，至少他們在嘗試創造一個盡可能像原牛的新品種。荷蘭公牛基金會（Tauros Foundation）的育種者，選擇幾個歐洲品種，看起來保留一些像原牛的原始特性：大小和體型、角的長度與啃草行為。藉由將這些不同品種和現代牛養在一起，希望能讓原牛的表型復活：除了外貌，如果可能，還有行為。然而，分子遺傳學最近的進展發現，也許有機會培育出不只表面上看起來像原牛的動物，還能生產出一種動物，在基因上完完全全就是原牛。

邁向這個目標的第一步就是描繪一頭原牛的基因組特性，不只是粒線體ＤＮＡ和Ｙ染色體，而是整個核心基因組。二〇一五年，一組研究員排列出一頭六千七百五十歲的英國原牛基因組序列，他們採用德比郡（Derbyshire）一個洞穴中發現的肱骨粉末樣本，萃取出ＤＮＡ並解讀密碼。這隻動物生活在第一隻家牛抵達英國的一千年前，是隻真正的純種原牛。當遺傳學家拿這隻原牛的基因組與現代家牛比較時，他們發現顯著的證據證明原牛和家牛後來有雜交。一系列英國品種，包括高地牛、德克斯特牛與威爾斯黑牛，都含有來自古代英國原牛族群的ＤＮＡ。沒有這種英國原牛和非英國品種的牛雜交的證據，這點很重要，這暗示雜交確實發生於英國，在本地家牛與牠們野生的表親之間，而非更早時發生於歐洲大陸。這支持了從粒線體

DNA與Y染色體研究中獲得的雜交證據，因此可以說，某一方面古代原牛仍和我們在一起。

推敲現存牛群的基因組，究竟有多少原牛DNA來自這種古老的關聯？如果排列出更多原牛的基因組序列，應該有可能找到更多品種，擁有這種最近來自原牛的基因。這方式會比僅看特性，更容易知道該找哪些牛來育種，才能重新創造原牛。不過兩種角度都重新提出一個問題：企圖反轉這種滅絕，到底有什麼意義？是為了培育一種看起來像已絕種的動物？是要創造出在基因上盡可能與原本遺失的物種相似？還是為了產生出新品種，能夠在生態系中滿足原本由那些滅絕動物扮演的類似角色？這項努力當中最重要的是什麼：外觀、基因還是行為？雖然我希望有機會看到一頭活生生的真正原牛，但這種反轉滅絕的企圖比較值得，也比較有正當的原因，是將已經遺失的基石物種（Keystone Species）重新引入野外生態系統。

荷蘭原牛育種計畫（Dutch Tauros breeding programme）開始於二〇〇八年，明確目標就是創造一種盡可能和原牛相近的動物，放到野生保育區，復原生態系統的自然活力。他們希望在二〇二五年之前有非常像原牛的牛準備野放。想到那樣大的野生牛隻，很快就會在歐洲野外就令人驚嘆。這種宏偉、紅褐色、有長長的角，我們從冰河時期的洞穴壁畫中認識的野牛，也許很快就會回到地平線。

第四章

TAMED

玉米

炭黑，貧瘠的土地
海洋圍繞，沿著
岩石嶙峋的智利海岸，
偶爾
只有你的光輝
抵達了礦工
空虛的餐桌。
你的光、你的玉米粉、你的希望
滲入美洲的孤寂……

——聶魯達《玉米頌》（Pablo Neruda, 'Ode to Maize'）

通往新世界的大門

玉米、小麥和稻米，是世界上最重要的作物之一，是食物、燃料和纖維的關鍵來源，而且生長的多樣性另人驚嘆。當你為自己的花園選擇植物時，不論是哪些植物，你可能會選擇天生適合棲地的品種。花園裡可能有黏土或是疏鬆的腐植土，可能濕冷，也可能又熱又乾。有些植物在你的花園，可能長得比其他植物好。在同一座花園，有些植物喜歡在較陰暗涼冷的地方生長，其他則會在面南的牆下長得茂盛。

但是玉米似乎沒有這麼難以取悅，顯然以四海為家，是地理上到處可見的穀物。在美洲，它長於智利南部的田野，赤道以南四十度，一路往北，生長到北緯五十度的加拿大。它在海拔三千四百公尺的安地斯山脈欣欣向榮，一直往下到加勒比海的低地與海岸。玉米在全球成功的關鍵，當然在其驚人的多樣性，外觀、習性和基因都如此。但是身為全球性的作物，想解開它的歷史，卻艱難得難以置信。玉米擴張到全世界，發生於過去僅僅五百年內，文字紀錄卻模糊不清，例如關於玉米引進非洲和亞洲的故事，就令人困惑。DNA提供額外的線索，但是全球貿易讓玉米的遺傳歷史，注定是張複雜的網絡。玉米的全球化與人類歷史纏繞錯雜，隨著大發現之旅，隨著貿易路線延伸到世界各地，也隨著帝國擴張與崩落。但在這一團混亂中，有條線索顯而易見地被挑出來：歷史上一個十分獨特的時刻，確保了玉米全球化的未來。

十三世紀期間，蒙古帝王成吉思汗與他的後代，為他們的帝國刻畫出極大片的領土，橫跨整個亞洲，東至太平洋海岸，西到地中海。將近一世紀的侵略擴張，緊接著是數十年相對穩定的政治：蒙古治世（Pax Mongolica），又稱「蒙古和平」。在這段期間，東西貿易路線受到積極保護，商業興盛，繼之是分崩離析的開始。一二五九年，成吉思汗的孫子蒙哥後繼無人就過世，偉大的帝國開始分裂成各個汗國，不過仍然維持相對的和平，絲路也還開放生意往來。直到十三世紀末，蒙古帝國的汗國只剩下鬆散的聯盟，十四世紀初，這些分裂的汗國開始打仗，一個接一個崩落，敗給亞洲其他新興的勢力。同時，黑死病的可怕陰影搭著順風車，沿著一度用來運送香料、絲綢和瓷器的路線蔓延，亞洲與歐洲都陷入動亂。

然而歐洲仍然渴望東方的香料，這些東方的味道正因具有異國風味而極為搶手，檀木、肉荳蔻、薑、肉桂和丁香是權力的味道，地位的香氣。連接東方的陸路不僅危險，還涉及一連串的掮客都想要分一杯羹，因此歐洲商賈和探險家找了好一陣子才找到一條通往東方的海路，到印度、香料群島、中國和日本國（Cipangu，我們現在知道的日本），然而非洲很礙事地擋在中間。一四八八年，葡萄牙探險家迪亞士（Bartolomeu Dias）繞過暴風角〔Cape of Storms，後來命名為好望角（Cape of Good Hope）〕，一條往東南方的海路，看起來終於有了可能。不過義大利探險家哥倫布另有想法。一位名叫托斯卡內利（Paolo Toscanelli）的佛羅倫斯天文學家，提出從歐洲往西航行，可能會是通往遠東更快的路。該世紀稍早，其他人也做過這種嘗試，但被西風打敗，他們最遠只到達亞速群島（Azores）。

哥倫布曾當過糖商，從歐洲往西航行到聖港島（Porto Santo），一座位在東大西洋，靠近馬德拉（Madeira）的小島。他從這趟旅行中接觸到的人得知，雖然西風支配著北方，但當你在大西洋上再往南一點，風主要就是從東方吹來。這個嘗試風險很大，探險家通常偏好航行到西風處，以確保回程平安。但是哥倫布對發現新大陸抱有渴望，他不只想要找到新的領域，還要宣稱主權，成為他所發現島嶼的總督，將位置傳給繼承人。最終，他獲得斐迪南二世國王（King Ferdinand）和西班牙伊莎貝拉一世女王（Queen Isabella）的財政支持，開始這趟旅程。

西元前三世紀，希臘數學家暨地理學家埃拉托斯特尼（Eratosthenes）推算，地球圓周為二十五萬兩千視距，相當於約四萬四千公里。地球實際的圓周剛過四萬公里，埃拉托斯特尼只計算超出百分之十。不過之後的地理學家認為，古希臘人可能高估地球的大小，托斯卡內利（Toscanelli）就是這樣的人之一。一四九二年，紐倫堡一名地圖繪製員（他與托斯卡內利通信）製作出已知世界的一個小圓球：厄達菲（erdapfel），德文的馬鈴薯之意，這是目前所知世界上最古老的地球儀，歷史學家費南德茲—亞爾梅斯托（Felip Fernandez-Armesto）稱之為一四九二年最令人驚奇的物品。上面明顯沒有美洲，影射的意義就是：如果你從歐洲出發，往西航行，最終會到達亞洲。

一四九二年，哥倫布帶領三艘船，從摩洛哥外海的加那利群島往西航行。不僅海風漲滿他們的風帆，先前探險的紀錄讓他們相信，從這個緯度出發會抵達中國著名的廣州港。因此，這個由妮娜號（Nina）、平塔號（Pinta）與聖瑪莉亞號（Santa Maria）組成的小小艦隊，在九月六日拔錨啟航，航向未知。一個月後依然沒有看到陸地，與哥倫布同行的兩位船長開始不耐煩，水手們看起來也有叛意，三艘船改變航道，往西南航行。在十月十二日清晨，妮娜號一名瞭望水手看到陸地，那可能是我們現在所知位在巴哈馬群島的聖薩爾瓦多島（San Salvador）。

想像那些伊比利探險家與水手抵達島嶼，對他們而言，這裡就是東印度（The Indies）：一個在亞洲東岸外的島嶼。航海這麼久之後，他們終於抵達這個風光明媚的地方，當他們靠近棕櫚樹包圍的海灘，墨黑深沉的大海變成清澈的土耳其藍，島上樹木青翠蒼鬱，充滿希望。儘管歷史本來就是一連串偶然與巧合，當哥倫布踏上這片海灘，歷史確實在這裡拐了彎——就在他的靴子沉入沙灘時。

他見到島民，他們看起來對他不抱懷疑，反而很友善好客。如果哥倫布沒有碰上這樣友善溫暖的歡迎，歷史會多麼不同。對哥倫布而言，原住民是人，不是怪物。他們裸身而天然，也許道德純潔，但也很容易征服。不過，這不是他所預期碰到的東方文明，這裡完全沒有東方的富庶，但這裡有作物。一四九二年十月十六日，哥倫布在他的航海日誌上寫道：「這是個蒼翠的島嶼，非常肥沃，我不懷疑他們整年都有栽種並收穫潘尼佐（panizo）。」

當一些同伴探索完附近的古巴回來，十一月六日，哥倫布紀錄道，他們發現那裡長著一種獨特的穀物：「……另一種穀物，和潘尼佐很像，他們叫做瑪希茲（mahiz），煮或烤都很好吃。」

在聖薩爾瓦多島和古巴的這兩種穀物，其實是一樣的植物：玉米。植物科學家認為哥倫布可能在聖薩爾瓦多島看到開花中的玉米，認為那看起來像潘尼佐，也就是高粱或粟，一種他在家鄉很熟悉的作物。因此他形容的潘尼佐，事實上就是類似潘尼佐，古巴人稱為「瑪希茲」的穀物，也就是玉米。

因此，口袋裡裝著那些瑪希茲穀粒，哥倫布繼續去探索其他島嶼。島民以獨木舟來往於島嶼之間，很清楚當地地理，並且將這些知識與哥倫布分享。但是日本在哪裡？中國在哪裡？他抱著高度希望能在古巴找到亞洲文明，但事與願違。那裡沒有香料和蠶絲，居民很窮，這不是他在找的貿易夥伴。

他繼續航行到現在分成多明尼加共和國和海地的西班牙島（island of Hispaniola），他在那裡發現文明，至少是一個能夠產生石造建築的文明，也許有更重要的黃金。他在西班牙島留了一個駐兵營，收集他的戰利品。當然包括黃金，但還有辣椒、菸草、鳳梨和玉米，接著出發回家。回程受到暴風雨重擊，哥倫布被迫在里斯本上岸，在那裡他受到迪亞士的審問，才放行他繼續航行到威爾瓦（Huelva）。雖然許多人懷疑他的故事，他對庇護者斐迪南二世與伊莎貝拉一世堅稱，他已經完成合約：找到亞洲東部邊緣。事實上，他不知道自己到了哪裡，但他知道如何返回那裡。

隔年他回去了，但是一四九二年他受到的友善歡迎，卻整個變調。西班牙島上的駐兵營遭到屠殺，食人的流言證實是真的。氣候變得又熱又潮濕，新世界的原住民沒有哥倫布原先想像的那樣會輕易默許外來統治。

當然，哥倫布這個人毀譽參半。他鍛造起這段連繫，讓歐洲興起成為全球超級強權，同時美洲的伊甸園卻受到掠劫，文明遭到摧毀。踏上那片海灘，他就注定數千萬美洲原住民和一千萬非洲人民的命運。那一刻的衝擊，在歷史中層層向外擴散。在那一刻前，歐洲算是落後閉塞的地方，但是在新世界建立的殖民地將改變這一切，西方的崛起已經開始。

這股衝擊不只全世界的人類社會感覺得到，還有在大西洋兩岸，成為我們同盟的那些物種都有所感。歐洲和美洲這次接觸，很快就會轉變成新舊世界之間供養的連繫。這些超級大陸從盤古大陸自約一億五千萬年前開始分裂之後，就一直遠遠相隔。在大冰河時期、更新世期間，世界經歷反覆的冰河時期，而冰河時期海平面會下降，東北亞延伸出去的尖端就能與美洲的西北角，經過一條被稱為「白令陸橋」的陸地相通，這座橋讓亞洲和北美的動植物有些交換。在大約十七萬年前也是通過這條路線，人類首度移民到美洲。然而新舊世界的動植物之間，最根本的遠古不同分化仍然持續，一直到人類將動植物遷徙，從一四九二年哥倫布帶回鳳梨、辣椒和菸草而開始改觀。原本受限而彼此分隔的動植物躍過水塘，發現自己在對岸面臨新的地貌、新的挑戰和新的機會。牛與咖啡、羊和甘蔗、雞與鷹嘴豆，小麥和裸麥從舊世界旅行到新世界。火雞和蕃茄、南瓜與馬鈴薯，疣鼻棲鴨和玉米則踏上反向的旅程。

有些人形容哥倫布大交換（Columbian Exchange）是地球上自恐龍滅絕後，意義最深遠的生態事件。這是全球化的開始，世界變得不只是互相連繫，還互相依賴，但確有個卑鄙的開端。

歐洲（以及亞洲和非洲）的財富，受到從新世界帶回來的馴化物種轉變，新的作物促使農業與人口開始從戰爭、飢荒和瘟疫中恢復，但那是在舊世界。在美洲，毀滅的景象接踵而來。正如動植物在大西洋兩岸有分別的演化軌跡，科技變化的步調和方向，在舊世界與新世界也不相同。歐洲人擁有先進的科技，他們的軍事和航海工具與美洲原住民相比，有很大的優勢，接觸後立即的後果有驚心動魄、不可避免的必然性，這是一場悲劇。致病原生物也是哥倫布大交換的一部分，歐洲人從美洲帶回梅毒，同時將天花引進美洲，帶來毀滅性的後果。美洲原住民人口在征服之後急速下降，減為十分之一，到了十七世紀中期，百分之九十的原住民人口遭到消滅。

我們很容易聚焦在十五和十六世紀，存在於新舊世界之間的權力不對等。人類社會在美洲與歐洲以不同的方式發展，但美洲原住民也不是完全沒有科技，只是相差甚多。但說到對自然資源的利用，他們顯然是專家。將哥倫布抵達之前的美洲視為原始的伊甸園或創新的天地，需要歐洲人的啟發來實現潛力，這種認知是錯的。美洲擁有多個完全獨立的馴化中心，美洲原住民社會更有豐富多樣的創新歷史，他們在哥倫布抵達之前已經很有規模且都市化，並倚靠農業為生。

西班牙探險家並非在無知狀態下拔野生植物、了解它們的功用，再轉化為對人類有益處的物種。數千年前，歐洲人已發現野生轉變而來的生物，且與人類生活緊密相連。哥倫布發現的不只是歐洲人先前不知道的新土地，還有大量已經馴化、可以使用的動植物。

在哥倫布的戰利品中，有他登陸聖薩爾瓦多島四天後看到並紀錄的穀物：玉米。這不只是阿茲提克和印加人的主食，也是他們神聖的食物。但他們的文明很快就被西班牙帝國吞噬。

舊世界的玉米

哥倫布第一次到巴哈馬群島帶回種子樣本，接下來帶了更多東西返回。玉米被帶回歐洲的消息很快傳開。一四九三年教宗和樞機主教們便已得知，當年的十一月十三日，一名效勞西班牙宮廷的義大利歷史學家德安吉拉（Pedro Martir de Angleria），寫信給義大利樞機主教斯福爾札（Ascanio Sforza），描述這種新的穀物：

穗比手還長，形狀尖粗如手臂，穀粒排列得很漂亮，大小和形狀都與鷹嘴豆相似，未成熟時是白色，成熟後變成黑色，碾磨後比雪還白。這種穀物叫做玉米。

一四九四年四月德安吉拉又寫一封信，另附加一個樣本給樞機主教。一五七五年，玉米出現在羅馬一面牆的壁畫上。這種熱帶植物移植到西班牙似乎很適應，但在溫帶的天氣中卻沒有長得很好，寒冷的冬季縮短玉米的生長，夏季長時間的日光又抑制種籽生長。因此在中歐和北歐，玉米不大可能像在加勒比海一樣，成為可倚靠的作物和主食。然而，玉米在越來越多文件中被紀載，而且不只在南歐。一五四二年，德國草本植物學家福克斯（Leonhart Fuchs）寫道，玉米「現在生長於所有的花園中」。到了一五七〇年，玉米已經在義大利阿爾卑斯山區生長。這種熱帶植物演化得如此快速，適應了溫帶天氣的挑戰，看起來實在很厲害。

仔細閱讀偉大的十六和十七世紀歐洲藥草學，暗示了事情另有蹊蹺。這些植物學紀錄的作者，傾向於跟隨一種相當嚴格的形式：他們列出植物的名字，然後形容這個植物：葉子、花朵和根部，還有它的用途。他們還會列出其藥性，以及地理起源，每個條目都伴隨木雕版畫圖說。玉米最早於一五三〇年代出現在這些藥草學中，但是之後的三十多年，都沒有提到其新世界的起源。儘管西班牙探險家有提及他們帶回的這種穀物，但許多人以為玉米來自亞洲。藥草學第一次提到玉米，出現在德國藥草學家鮑克（Jerome Bock）一五三九年的作品，他稱玉米為「奇怪的穀粒」，在德國是新植物，而且他認為來自印度。中古世紀的藥草學家陶醉於古典世界，彷彿他們無法逃脫其束縛。碰到新植物，他們就去找古希臘人，尤其是老普林尼（Pliny）和他同代的迪奧科里斯（Dioscorides）協助。他們肯定什麼都描述過，一定有答案。但是，發現新世界時的地理混淆與張冠李戴，確實一點也沒有幫助。西班牙探險家兼採礦督察奧維耶多（Oviedo），寫過一部《西印度史》（*History of the Indies*），就算造訪過美洲，見過玉米在那裡生長，他還是認為老普林尼可能曾經提過，他提到老普林尼的「印度粟」：「我想那和我們在西印度群島上說的瑪希茲一樣。」

福克斯稱玉米是土耳其穀物（Frumentum Turcicum），他寫道：

> 這種穀物和其他穀物一樣，是從別的地方帶來的變異種之一，況且它從希臘和亞洲來到德

國，因此稱為「土耳其穀物」，因為現在廣大的土耳其占據整個亞洲。

當時有一股潮流，任何奇異物種都被視為來自土耳其，玉米當然不是唯一。有些名稱甚至沿用到今天，例如我們稱美洲鳥（Meleagris gallopavo）為土耳其火雞。

一五七〇年，一切終於豁然開朗，義大利藥草學家馬提歐路斯（Mathiolus）讀了奧維耶多的作品，看出印度和西印度群島的混淆。他很勇敢地表示人們都錯了，他說：玉米是越過大西洋，來自西印度群島。在此之後，人們普遍接受玉米是新世界的植物，或至少其中一個品種是來自美洲。有些藥草學家區分兩種不同的玉米，一種有黃色和紫色的玉米粒，八到十排列於穗上，葉子細長，稱為「Frumentum Turcicum」。另一種被形容為有黑色和棕色玉米粒，葉子比較寬，稱為「Frumentum Indicum」。「Indicum」表示來自西印度群島，「Turcicum」或「Asiaticum」則來自亞洲。

這兩種十分不同的玉米，分別暗示一個耐人尋味的可能性。第一種「Frumentum Turcicum」，很像現在我們知道的玉米種類「北方燧石」（Northern Flint），這個變種的玉米粒很硬，不是來自加勒比海，而是來自新英格蘭和北美大平原。這並非從加勒比海帶到歐洲的玉米，在快速適應風土後，從西班牙散布到歐洲其他地區。十六世紀草本學對「Frumentum Turcicum」的描述：玉米曾有另外一次被引進歐洲，這一次是來自北美洲。

另一個線索出現在傑勒德（John Gerard）的英國藥草著作，最先在一五九七年出版。

傑勒德寫道，他在自己的花園種植玉米，叫土耳其玉米或土耳其小麥。他還加註一些來源細節，並且認為（就像他同時代的人一樣）其中一個種類來自於土耳其人統治的亞洲。但關於這個穀物的新世界來源，他寫道：「來自美洲和附屬諸島……以及維吉尼亞與諾倫貝加（Norembega），那裡過去會播種玉米或讓它自然生長，並拿來做麵包。」提到維吉尼亞與諾倫貝加，表示玉米有北美來源的潛在可能。

維吉尼亞是美國的一州，據說是由雷利爵士（Sir Walter Raleigh）於一五八四年命名，可能是以他的童貞女王為名，也可能是以一名原住民領袖為名。那一年雷利爵士派遣他第一個殖民研究使團到北美洲。但是諾倫貝加這名字聽起來有點怪，最初它出現在十六世紀的地圖上，位於大約現在的新英格蘭。這名字也和好幾個地方有關聯，是一個傳奇、美好又富有的城市。它位於北方的「黃金城」（El Dorado，多拉多），是由艾瑞克森（Leif Erksson）建立。此地和緬因一條河流有關，也和傳說的維京人定居地有關。十九世紀時，波士頓的菁英階層發現此地很迷人，他們喜歡某種說法：維京人曾在新英格蘭定居，並建立國家。艾瑞克森被認為是最早發現北美洲的探險家，這種論點尚可接受，他甚至被推崇為英雄。

哥倫布是天主教徒，艾瑞克森就算不是清教徒，至少是斯堪地那維亞人。紐芬蘭的蘭塞奧茲牧草地，有可能就是當時維京的定居地，而且這個島嶼可能就是大冒險中描述的文蘭，但並沒有在北美東岸發展成歐洲殖民地。沒有證據顯示，維京人在北美的存在有延伸到新英格蘭。而在紐芬蘭，任何早期維京人的定居地看起來時間都不長，而且在十六世紀歐洲探險家抵達時，早就徹底滅絕。

傑勒德含糊提到的「諾倫貝加」，並不是維京人定居地或是神話城市，只是一個區域，後來變成眾所周知的新英格蘭。但是英國人要到十七世紀早期才會在那裡建立移民社群，遠在《傑勒德的藥草學》出版數十年後。

一六〇六年，詹姆斯一世國王（James I）發一張特許證給倫敦和普利茅茲維吉尼亞公司，贊助他們建立新的貿易網絡，並侵略性地宣稱北美土地的所有權。一六〇七年，當時正為維吉尼亞公司工作的英國探險家兼前海盜史密斯（John Smith），建立了詹姆斯堡（James Fort），這將會成為第一個英國在北美的永久定居地：詹姆斯鎮（James Town）。他在一場與美洲原住民的戰鬥中受傷，被酋長的女兒寶嘉康蒂（Pocahontas）所救，然後回到英格蘭（這可能是捏造的）。但是一六一四年他又回到北美洲，探索並繪製他命名為「新英格蘭」的地圖。五月花號的移民很快就會抵達。一六二〇年從英格蘭普利茅茲出發，在麻薩諸塞州建立新普利茅茲。這也被認為是殖民史的重大時刻，定居新英格蘭從此開始。

當英國移民在北美永久生根的時候，北美（而非墨西哥）玉米已經在英國花園裡生長超過二十年。有人在維吉尼亞公司取得皇室許可之前，就把這種作物帶到美國嗎？一五八四年，雷利爵士派到維吉尼亞的研究團時間較晚，歐洲人出現在北美的時間更早些。更往北方，英國人在紐芬蘭的殖民地於一六一〇年正式受到承認，但其實在一五八三年已經由雷利爵士的同母異父哥哥，也是冒險家吉爾伯特（Humphrey Gilbert）宣稱為英國王室的領土。

這對於玉米散布於英國花園的時間還是比較晚。不過吉爾伯特不是第一個在維京人後踏上紐芬蘭的歐洲人，歐洲人在吉爾伯特踏上旅程的八十六年前，就發現這個島嶼。

卡伯特與「馬修號」

布里斯托城市博物館與美術館（Bristol Museum & Art Gallery）掛有一幅巨大的油畫，我從小就十分著迷。那是由一位叫做伯爾德（Ernest Board）的藝術家所畫，他在布里斯托學藝術，很喜歡歷史主題和大幅格式。這幅畫中是一位灰髮男子站在碼頭上，全身是華麗的中古裝扮，穿著紅金相間的緊身上衣，深紅色緊身褲和鞋頭又長又尖的皮靴。他正走向一艘繫在碼頭椿上的船，同時與一名穿著黑色長袍的老者握手，這名老者戴有制服領鍊。半藏在兩人後方是一名年輕人，紅褐色的頭髮，身穿紅色緊身上衣。黑袍市長身後是一名主教，身著鑲花十字搭，戴著紅手套的手抓著主教曲柄杖，兩旁各有一名穿著白袍的小侍祭，其中一人拿著一本《聖經》，另一名手執蠟燭。

畫的背景有一整群人，全都伸長脖子想看清楚。畫的前景是石地上有一堆武器和頭盔，一名戴鈍齒狀白色頭套的男子正抱起一整把戈戟，應該是要拿到船上。我們只能看到船頭，不過被風漲滿的前桅大帆形成碼頭這一幕的背景。帆只升起一半，上面畫了一座城堡，前方有一根桅杆，掛著布里斯托的紋章。我們可以看到中古時期城市的天際線，右邊有一座高塔座落在地平線上，看起來很像現今俯瞰整座城市的威爾斯紀念塔（Wills Memorial Building），但其實建造於一九二五年，所以這一定是聖瑪莉紅崖教堂（St. Mary Redcliffe）沒有螺旋的高塔。這幅畫提名為「約翰與塞巴斯蒂安．卡伯特第一趟發現之旅，一四九七」（The Departure of John and Sebastian Cabot on their First Voyage of Discovery, 1497），畫中央的灰髮男子必定是約翰，站在他後方、身穿紅色緊身衣的就是他兒子塞巴斯蒂安。

在哥倫布往西南方向航行到西印度群島五年後，卡伯特離開英格蘭，航向西北。他出生於義大利，是威尼斯的公民，所以我們應該叫他「喬瓦尼．卡伯托」（Giovanni Caboto），或者用威尼斯語叫做「祖萬．卡波托」（Zuan Chaboto）。身為海運貿易家，卡伯特在威尼斯和瓦倫西亞之外工作，最後來到倫敦。他正在計畫横越大西洋的北方探險之旅，這在外交上極度敏感。一四九三年，教宗詔書已經賜給西班牙和葡萄牙獨家特許，去探索非歐洲的世界，卡伯特需要王室支持才能進行這種會被視為入侵西班牙和葡萄牙領域的活動。西班牙大使寫信給斐迪南二世和伊莎貝拉一世，明確警告「一個像哥倫布的人」正在倫敦。但是卡伯特得到支持，推測亨利七世（Henry VII）不會擔心西班牙和葡萄牙的阻撓。一四九六年，他發給卡伯特探險執照，這張執照授予卡伯特以國王的名義掌控任何他占領的土地，並且擁有他所開闢的貿易路線獨家經營權。但是卡伯特這趟旅程仍需要經濟支持，他可能從義大利銀行家取得一些資金，也有來自富裕的布里斯托商人的贊助，他們願意在這趟冒險上下賭注。其中一名商人也是海關官員，主導一則吸引後人注目的神話故事，他的名字叫做阿梅瑞克（Richard Amerike）。

一般普遍接受，「美洲」是以義大利學者兼探險家維斯普奇（Amerigo Vespucci）的名字命名，他在一四九九到一五〇二年旅行到南美洲，並且了解「西印度群島」不是亞洲的一部分，而是全新的大陸土地。這位阿梅瑞克呢？他的姓氏引起一種說法，認為美洲是以他命名。這個解釋廣為流傳，至少在布里斯托是如此。有些人認為阿梅瑞克是卡伯特的主要贊助人，也是卡伯特出航船隻「馬修號」（the Matthew）的擁有者，但沒有資料支持這些揣測。

不過，確定的是卡伯特從布里斯托出航，因為這是特許狀的規定，這個海港本來就有大西洋探險的歷史。一四八〇年代早期有幾次大探險，目標在於尋找新的漁場。但是也有傳說，一個叫做「亥布拉西爾」（Hy-Brasil）的神話島嶼可能引發幾次探險。甚至有傳聞，布里斯托的水手已經發現這個島嶼。也許有些布里斯托人真的發現北美，甚至在哥倫布啟程之前，但是我們恐怕無法知道真相如何。

卡伯特於一四九六年出發，但是補給短缺與惡劣氣候迫使他回頭。但他不屈不撓，一四九七年準備再試一次。五月二日他離開布里斯托，六月二十四日抵達大西洋另一端。有些歷史學家認為登陸地點是新斯科細亞省（Nova Scotia）、拉布拉多省（Labrador）或緬因州，但許多人認為紐芬蘭東岸的波納維斯塔角（Cape Bonavista）才是最有可能的登陸地點。一九九七年一艘卡伯特馬修號的複製船從布里斯托出發，也是航向這裡。五百多年前，卡伯特很肯定他到過亞洲的東岸。而在英格蘭，布里斯托人認為他可能找到神話中的亥布拉西爾島。

卡伯特曾回到新世界進行更進一步的探險，但是他的歷險紀錄卻很不明確。歷史學家羅德多克（Alwyn Ruddock）對於卡伯特的探險有令人興奮但離奇的主張，然而她對此議題的研究尚未出版就已去世，而且她要求死後立刻摧毀她的研究筆記，這一點讓人不解。羅德多克聲稱，一四九八年卡伯特探索整個北美東岸，宣稱那是英格蘭的土地，而且曾經入侵西班牙在加勒比海的領土。

所有留存下來、描述卡伯特旅程的文件，關於卡伯特與動植物的資訊都付之闕如。與哥倫布的旅程描述有強烈對比，沒人提到卡伯特從新世界帶回來的事物。第一趟冒險之後，亨利七世給卡伯特十英鎊，酬謝他跑了這一趟。但這趟航行沒有獲得商業利益，在外交上也有點尷尬。卡伯特不在的時候，威爾斯親王亞瑟（Arthur, Prince of Wales）與亞拉岡的凱薩琳（Catherine of Aragon），也就是斐迪南二世與伊莎貝拉一世的女兒訂婚。這場婚姻意在鞏固英國與西班牙的聯盟，因此最好不要踩到西班牙的腳趾頭，那一次不算完全成功的探險之旅，只好掃到地毯下面，掩蓋起來。這場王室婚姻在一五〇一年舉行，六個月後亞瑟去世，英國繼而把希望放在亞瑟的弟弟身上。八年後，亞拉岡的凱薩琳嫁給「那位弟弟」，成為亨利八世（Henry VIII）的第一任妻子。

然而新世界的插旗宣示從未間斷，英國探險家和拓荒者，包括史密斯與吉爾伯特，持續調查並宣稱占有北美大陸。十七和十八世紀的航海員與探險家，從哈德遜（Henry Hudson）到溫哥華（George Vancouver），名字都將印在北美的地圖上。

一定是較早期的拓荒者將北美品種的玉米引進北歐，時間夠久到讓它們能被記載在《傑勒德的藥草學》。伯爾德畫中也有卡伯特之子塞巴斯蒂安，他看到有些美洲原住民吃魚和肉維生，其他則種植玉米、美洲南瓜和豆子。無法想像在卡伯特的北美發現之旅後，十六世紀的英國探險家都沒有人帶北美的玉米品種回來。

也許卡伯特有帶一些穀粒回來，畢竟他的回程需要糧食補給。所以可以想像，卡伯特回家是沿著塞文河上行，然後轉到雅芳河（Avon River），一四九七年八月回到港口，當時他不只有滿腦袋新的地理知識，口袋也裝滿玉米粒。這是憑空想像的故事，和伯爾德的畫一樣浪漫且充滿想像力，但我喜歡如此想像，卡伯特回到布里斯托，在自己的花園種玉米。

基因之旅

當較為傳統類型的歷史，也就是白紙黑字的紀錄寫到盡頭時，我們可以轉向基因檔案庫。這些捲起來的寶貴卷軸，就包含在生物的細胞核中。細胞核記敘和染色體紀年藏有我們想要的線索。

回到二〇〇三年，一群法國植物遺傳學家出版了他們對玉米遺傳學研究的結果。藉由辨識從美洲到歐洲兩百一十九個玉米樣本模式的異同，他們希望挖掘其中被遺忘的歷史。他們以酵素切開DNA，再將不同樣本之間產生的碎片長度相互比較。基本上，這與法醫的技術相同，後來被稱為「DNA指紋」。與現代的DNA排序相比，其實相當粗糙，但確實揭露了基因組之間彼此相似與不同的模式。法國遺傳學家利用這個技術，對於玉米馴化和全球化的冒險之旅，獲得很清晰的理解。

他們發現玉米驚人的多樣性，遠比先前想的更多。美洲的玉米族群，特別是來自中美洲的玉米，比歐洲玉米含有更多變異。玉米顯然徹頭徹尾是美洲植物，沒有繼承自亞洲的痕跡。在美洲玉米中，北方燧石玉米來自緯度較高的北美，基因上顯示為和智利的品種十分相似。這兩種玉米都有長圓柱形的玉米棒和長長的苞葉，還有燧石般堅硬的玉米粒。而大西洋兩岸的玉米族群，彼此之間的基因相似性，保存了大發現之旅的記憶。親緣相近、基因上相似的玉米樣本，在分析上會顯示為緊密的叢集。遺傳學家發現，六個南西班牙的族群，與加勒比海族群形成叢集，這兩種是近親。想必南西班牙的玉米品種，是第一批從新世界帶回來的玉米後代。但是西班牙玉米顯然沒有散布到歐洲其他地方，就連義大利玉米也與加勒比海品種不同，反而與來自阿根廷和祕魯的南美種類比較相近。而北歐玉米基因上和美洲北方燧石最為相近。現在生長在北歐的玉米，DNA證實藥草學的暗示，也就是引自北美。十六世紀的德國植物學家福克斯，非常肯定這種穀物的起源是亞洲或土耳其，但他於一五四二年的《草本學》（第一本收錄玉米插圖的草本學），描繪的植物有長長的玉米棒，有八到十排玉米粒，還有長長的苞葉，看起來像一株北方燧石。

歷史學家提出，來自北美的玉米是在十七世紀帶到歐洲，但是基因證據及結合歐洲草本學，將引進時間推回到十六世紀前半葉，甚至有可能更早一些。考古學和遺傳學研究已經顯示，十六世紀前半葉，易洛魁人（Iroquoian）種玉米作為日常主食，就在北美東部一帶，正是十六世紀英國和法國探險先驅到過的地方。

奇怪的是，歷史文獻沒有提到北方的玉米，這實在太詭異了，表示文字不足以描述歐洲人的探險。法國法蘭索瓦一世國王（King François I）委任韋拉扎諾（Giovanni Verrazano）和卡蒂亞（Jacques Cartier）探險家，他們也許用過比較間接的詞彙提過玉米，但過去一直沒人注意。這兩人在一五二〇和一五三〇年代都在探險並書寫他們的發現，韋拉扎諾曾經記述一種美味好吃的「蔬菜」（legume），他與居住在乞沙比克灣（Chesapeake Bay）附近的美洲原住民碰面時品嚐過，後來的法國文獻描述玉米為一種蔬菜。卡蒂亞曾經探索魁北克，描述有「大粟」（gros mil）的慶典餐宴。這個詞彙是指高粱，在這裡很適合指玉米。

很顯然，北美的玉米品種從十五世紀末到十六世紀上半葉被引進北歐。最近更多基因分析顯示，北方燧石玉米確實多次被引入歐洲。卡伯特和他兒子、韋拉扎諾和卡蒂亞，只是幾個可能帶回北方燧石的先驅。玉米除了由官方派出的船艦帶回歐洲，也可能由非官方的大西洋漁船帶回。與熱帶加勒比海的玉米相反，北方燧石品種早就適應溫帶氣候，立刻就能在中歐與北歐茂盛生長。

在東亞，玉米的遺傳故事也以類似的方式展開。熱帶緯度的玉米，從印尼到中國，與墨西哥玉米最相近。但歷史提供了傳布的細節：葡萄牙人早在一四九六年就將玉米引進東南亞，另一波玉米跟著十六世紀西班牙殖民菲律賓抵達。玉米在非洲散布的地圖就很複雜，葡萄牙殖民者在十六世紀引進南美玉米到西岸，這段歷史與非洲對玉米的稱呼「mielie」或「mealies」相互呼應，都源自於葡萄牙語的玉米「milho」。之後，從十九世紀起，來自北美南半部的玉米品種，名為「南方凹痕」（Southern Dents）的玉米引進到東非和南非。在非洲西北角，有加勒比海品種祖先的證據，與在西班牙南部一樣。加勒比海玉米品種的基因，也一路散布到西亞，從尼泊爾到阿富汗。語言學和歷史線索認為，土耳其、阿拉伯和其他穆斯林商賈是協助玉米從中東擴散出去，從海路和陸路皆然：從紅海和波斯灣往外進入阿拉伯海，往東到孟加拉灣，沿著絲路與橫越喜馬拉雅山。

不過，在遍布全世界的新家園中，以中緯度的玉米DNA最迷人。在西班牙北部和法國南部，歐洲玉米與北美和加勒比海品種有關聯，像是混種創造完美的品種，源起可追溯到十七世紀。在美洲因為適應不同的環境，彼此分化開來的玉米種系，在庇里牛斯山的山麓、丘陵上又被帶回重聚。

玉米傳播到世界各地，快得驚人。透過基因分析和分子定年（mocular dating），我們了解玉米約九千年前於美洲被馴化，待在這個區域八千五百年，在最近五百年散布到全球。但事實上，玉米的散布遠比這個理論暗示的更快。研究證據顯示，在哥倫布首度從加勒比海帶玉米回來後僅六十年，玉米就散布到整個歐亞大陸，從西班牙到中國都有。就某些方面而言，這樣的散播和適應非常厲害，這些區域都是世界上農業已經實行上千年的地方，而且本來就有麥田與稻田提供人類主食。歷史紀錄顯示，農夫沒有馬上將傳統作物換成這種新穀物，而是貧困的農夫在邊緣田地種玉米，努力要在貧瘠的地區中求生。那被視為是窮人的食物，然而玉米一旦在舊世界站穩腳步，它的全球性命運就已注定。玉米的多樣性，與能在多種環境中生長的能力，代表一旦它越過大西洋，就做好散布到全世界的準備。

美洲起源

回到美洲，基因研究始終扮演關鍵角色，不僅在評估玉米馴化的年代，對追蹤其野生祖先的身分、究竟馴化多少次，以及事件個別發生的時間地點都是如此。玉米（Zea mays，玉蜀黍）是一個亞種，而且同一種下還有其他三個亞種，全都是野生的，一般稱為大芻草（teosinte）。這個名稱來自瓜地馬拉的阿茲提克語。阿茲提克人很崇敬玉米，以玉米女神（goddess Chicomecoatl）和玉米之神（Cinteotl）的形式展現出來。

這三種大芻草：Zea mays huehuetenangensis、Mexicana和parviglumis，生長在瓜地馬拉和墨西哥野外。雖然大芻草看起來和牠們馴化的表親不一樣，但它們都能和玉米自由混種。如果我們將演化想像成一棵枝葉繁茂的樹，這些表親的其中之一和玉米會比其他表親相近，甚至能代表被馴化的原始族群存活下來的野生後代。

對玉米和大芻草的酵素分析顯示，其中一種大芻草確實比起其他種類和玉米更相似。二〇〇二年，大規模的基因研究證實這一點。總共檢驗兩百六十四個玉米和三種大芻草的樣本，遺傳學家發現墨西哥有一種一年生的大芻草「巴爾薩斯大芻草」（Balsas teosinte，學名：Zea mays parviglumis），與馴化種類最相近。

這個研究含有許多美國玉米族群的資料，兩百六十四分樣本中有一百九十三個來自玉米，也可以為馴化種類建立種系發展史，畫出一棵家族樹。所有的玉米世系，從適應溫帶的北方燧石到哥倫比亞、委內瑞拉和加勒比海的熱帶品種，都追溯到單一根樹幹。所以玉米只馴化一次，如果它馴化好幾次，只有一支世系存活到現在。種系發展樹的樹幹扎根在墨西哥，但是要點出馴化最初是在哪裡開始，則有點困難。在種系發展樹上，馴化玉米最原始的形式是生長在墨西哥高地，但最親近的野生親戚則是一種低地植物：墨西哥中部巴爾薩斯河（Balsas River）盆地的巴爾薩斯大芻草。

到了這個基因資訊浮現出來的時候，玉米在考古學紀錄上最早的證據（以一整個玉米穗軸的形式）來自墨西哥高地，年代是六千兩百年前。因此看起來，若非巴薩爾斯大芻草被帶上山去栽種，就是它在山谷馴化後，稍後才散布到較高的海拔。

經過了九千年，氣候和環境都有改變，物種也會因此變化。但是有了最新的基因數據，加上辨別出玉米最親近的野外親戚，考古學家相信，巴薩爾斯河谷還是值得一探究竟。因此他們開始搜索這片區域，尋找遠古種植和馴化的遺跡。他們所需的是，能夠清楚區分野生和栽種品種的東西。

剛開始生長時，大芻草和它的馴化表親可能很難區分，讓它成為玉米田中一種惱人的雜草。但成熟後，大芻草看起來就很不一樣了。每一棵大芻草植株外型都像灌木，有分岔的莖，而玉米則只會長出一根長長的莖。大芻草的穗小而簡單，只有一排交錯生長、約十多顆種籽黏在中央花軸上。相比之下，玉米穗十分巨大，擠滿上百顆種籽。大芻草的種籽很小，每粒都包含在硬殼之中，但玉米粒大且赤裸。正如一粒小麥，野生大芻草的軸成熟後會粉碎，可是玉米粒會穩固地黏在不會碎裂的花軸上。遺傳學家已經定出許多經過突變後，產生這些讓大芻草和玉米在分枝、種籽大小、果實外殼和種籽碎裂上不同的基因。

即使處在熱帶低地，能將植物殘骸保存得最好，但狀態只能說可悲。考古學家完全沒有希望找到整顆植物或整顆玉米穗，甚至連完整無缺的玉米粒都不可能。不過，他們將注意力轉移到植物更小的組成上：植矽體和澱粉微粒。植矽體富含矽，能抗腐化，代表它們會留存下來，甚至在熱帶地方也能留存很久。大芻草的植矽體和澱粉微粒都很有用，與玉米的植矽體和澱粉微粒特性都不一樣。

早期玉米這些微小的證據，在巴爾薩斯河谷湖底沉積物中被找到，考古學家在該區挖出四個史前岩石庇護所，其中之一的西華拖克斯拉庇護所（Xihuatoxtla shelter），找到寶貴的玉米早期證據。山洞裡的石製工具，埋在一層八千七百年前的沉積層中，含有玉米澱粉微粒特徵的物體則卡在裂隙中，石製工具上也找到玉米植矽體，散布在岩石庇護所整個沉積層樣本中。

植矽體提供進一步的線索，顯示古代墨西哥人如何使用玉米。過去曾有人提出，人類當初栽種玉米是為了玉米莖。成熟大芻草種籽有堅硬的果殼，並不好吃，但莖中富含醣分的髓就能吃，甚至用來釀造發酵飲料——一種大芻草蘭姆酒。玉米莖和玉米穗的植矽體不相同，考古學家研究西華拖克斯拉庇護所的樣本，找到大量玉米穗植矽體，但沒有莖的植矽體。這表示早期栽種者最有興趣的是種籽，至少在這個遺址是如此。這些種籽經過與馴化相關的基因變化，已去掉堅硬的果殼，因此沒有找到這種殼的植矽體。其他在巴拿馬的遺址，年代約在六千到七千年前（西元前四千到五千年），也呈現類似狀況，使用玉米穗而非玉米莖。狩獵採集者還是有可能使用富含醣分的大芻草莖，比較少用穀粒。這種植物馴化後才將焦點轉到穀粒。但也許處理大芻草種籽的難度被過度放大，種籽其實浸泡研磨後就能吃，有些墨西哥農夫現在還是用大芻草種籽來餵養牲畜。

在墨西哥低地季節性熱帶森林中發現這種早期玉米，早於先前認為作物馴化起源是在高地的證據，兩者差了兩千五百年。這是有道理的。玉米最近的親戚巴爾薩斯大芻草，原始是成長於低地而非高山。

然而經過調查後，一個誘人的大問題依然存在。一四九三年後，這種家栽美洲穀物快速擴散到世界各種環境中，甚至在世界上最難以存活的地貌，它都能站穩腳跟。玉米成功散布全球取決於它大量的變異，但僅來自墨西哥西南方低地一個單一起源，它如何發展出這些驚人的品種？

出色又醒目的多樣性

《物種起源》出版九年後，達爾文在一八六八年的著作《動物和植物在家養下的變異》（*The Variation of Animals and Plants Under Domestication*）提到關於玉米的美洲起源、古老與非比尋常的多樣性：

玉米……無疑源自美洲，並且由原住民栽種於整個大陸，從新英格蘭到智利。它的種植必定極為古老……我在祕魯海岸發現玉米棒，一同發現的還有十八種現代貝殼品種，嵌在一片提升至海平面以上至少八十五英尺高的海灘。與古老的種植歷史一致，與起多種美洲品種……

達爾文不知道墨西哥一年生大芻草，特別是在巴爾薩斯河谷的大芻草，與玉米的親近關係。他寫道：「（玉米的）原始形式在野外還沒發現。」但也記述一位美洲原住民青年的描述，他告訴法國植物學家聖希萊爾（Auguste de Saint-Hilaire），有一種植物與玉米很像，但是種籽有殼，「野生長在他家鄉的潮濕叢林中」。

達爾文對玉米品種「出色又醒目」的多樣化，印象深刻且深深著迷。他相信各個品種之間的差異點，是出現於這種穀物散布到北方較高緯度時，發展出對各種不同環境「與生俱有的適應性」。他提到植物學家梅哲（Johann Metzger）的實驗，梅哲嘗試在德國種植多種不同的美洲品種玉米，結果非常出色。

梅哲有些植物是取自美洲熱帶地區的種籽栽種出來，達爾文這樣描寫：

第一年植物高十二英尺，有一些完美的種籽。玉米穗上較低的種籽仍然忠於它們的形式，但是上方的種籽稍稍改變。第二代植物高度約九到十英尺高，種籽成熟得比較好。種籽外側的衰退幾乎消失，原本美麗的白色變得比較暗，有些種籽甚至變成黃色，現在它們圓滾滾的形狀接近普通歐洲玉米。第三代中，幾乎所有與原本獨特的美洲親種相似度全部喪失。到了第六代，這種玉米已經與歐洲品種完美相似。

這樣的轉變快得驚人，非比尋常地不像是植物基因中的改變，倒像是生理學上的適應，技術性的行話稱為「表型可塑性」（phenotypic plasticity）。這個概念涉及休眠的潛能，那仍由基因主宰，讓生物在一生之中能調整適應特定環境。成年生物通常只有有限的能力，在生理或構造上以這種方式去適應環境，但是從出生或從種籽開始，就與母株在不同環境中培養的生物，最後會看起來很不一樣，運作也不相同。

達爾文的寫作在很多方面都很傑出，他優美地建構論點，加以詳述，慣常以親身經歷的細節來解說想法，就像他在祕魯升高於海平面八十五英尺的海灘上找到玉米棒那般。有時他鋪陳論點，並提供證據來支持特定理論，但更多時候，你幾乎可以感覺到他腦中的齒輪嘎嘎作響。他有無窮無盡的好奇心，新資訊的獲得使他興奮。有了梅哲在德國栽種的美洲熱帶玉米，達爾文對於莖的改變，以及種籽成熟所需的時間，比較不像對於種籽本身的改變那樣驚訝。他寫道：「種籽會經過這樣快又大的改變，是比較令人驚訝的事實。」但接著他又幾乎和自己辯論，在獨白中引進辯證法：「而……花，與它們的產物種子，是由莖和葉變形而成，這些器官任何一點改變，都傾向於透過相關性延伸到結果的器官上。」

換句話說，花（和它們的種籽）是由莖和葉的組織發展出來，如果莖和葉受到氣候改變，種籽也相形有如此的巨變，也許就不那麼令人驚訝。達爾文很接近我們現在藉由基因觀點的理解模式，生物分別的部分，並非總是由分別的基因控制，而且遠非如此。另一方面，DNA與整個生物的形式和運行之間的關係，遠比那還複雜。特定基因內一個改變，可能會在生物身體上有廣泛的影響，不論是人、狗，還是玉米植株。

觀察熱帶玉米生長在德國不全然適合的氣候，僅僅幾個世代內就有驚人轉變，這段討論顯得達爾文已經很接近「表型可塑性」這個最近才講得比較清楚的想法。我們知道表型可塑性不需要DNA本身的改變，也許那才稱得上「真正的」演化改變，表型可塑性只需要改變生物解讀或是表現DNA的方式。甚至沒有基因突變，表型可塑性也是非凡的革新來源。然而許多野生物種轉變成馴化物種的研究，純粹著重在基因突變，而忽略了沒有根本的DNA密碼變化，表型也能有多大不同。梅哲的熱帶玉米移植到溫帶氣候就是很棒的例子，說明表型有多大的可塑性。最近的研究甚至發現比梅哲用的美洲玉米，所呈現出更令人驚訝的可塑性程度。

皮沛諾（Dolores Piperno）是華盛頓特區史密森尼博物館（Smithsonian Museum）的古植物學家，領導在巴爾薩斯河谷西華拖克斯拉庇護所發現玉米植矽體的調查。不過除了死去多時的古老植物痕跡，她也涉及對它們現存對應物種的研究。二〇〇九到二〇一二年，她帶領一群來自巴拿馬史密森尼熱帶研究院（Smithsonian Tropical Research Institute in Panama）的小組，著手檢視玉米馴化時，表型可塑性在玉米中產生出的多樣性，究竟是多重要的一個因素。他們取玉米的野生祖先「巴爾薩斯大芻草」，種在兩種氣候狀況下的玻璃屋中，一種氣候複製冰河時期末，大約一萬六千到一萬一千年前的條件，另一個則是控制組溫室，複製當代氣候。植物在兩間溫室中長出來後，結果十分驚人。

在當代控制組溫室中，所有的植物看起來都像野生大芻草，有很多長出雄花穗和雌穗的岔枝，雌穗的種籽是交錯而非同時一起成熟。冰河末期的溫室就有點不一樣，大部分植物看起來都像大芻草，但有大約五分之一看起來很像玉米，這些植物發展出一根莖，而非許多岔枝。直接連接在主要莖幹上的是雌花，最後長成玉米穗，上面所有的玉米粒同時成熟。

對早期的農民而言，大芻草為什麼看起來像是個具有吸引力的候選栽種植物，一直是一個謎。但如果這些大芻草植物回到冰河時期末期，看起來比較像今天的玉米，玉米軸靠近主莖而容易採收，而且種籽同時一起成熟，那也許就不會那麼奇怪了。

更為神奇的是，當研究員摘下這種在冰河條件下看起來像玉米的植物種籽，並且種植在約一萬年前相符的氣候條件中，就在冰河時期後，也就是剛進入全新世時，那些種籽長出的植物中，有一半看起來「仍然」像玉米而非大芻草。這代表早期的栽種者，很快就得到一種植物，幾乎有我們想要、像玉米一樣的表型。我們知道玉米馴化時也有發生基因改變，但看起來表型可塑性是這故事中很重要的一部分。玉米令人印象深刻的可塑性，也許代表一種對變化的適應性，同時暗示其祖先暴露在多變動的情況下，能成功且快速地適應新的生長環境。倘若我們真要了解植物（和動物）如何變成馴化物種，以及環境和生態在今天所扮演的重要性，表型可塑性絕對不容忽視。

因此，玉米改變型態以回應氣候和人類栽種者的選擇，開始從家鄉擴張到墨西哥的熱帶森林，往上到高地，還進入更北與更南的緯度，隨著農業的瘋狂潮流站穩腳步。玉米在美洲逐漸擴散，允許它適應不同的環境，關鍵性地變成不只是一種低地植物，也是高地植物。不只是熱帶植物，也是溫帶植物。

表型可塑性和新的基因突變，是新型的兩個重要來源，協助玉米產生「出色又醒目的」多樣性，但似乎還有另一個因素，對玉米適應新環境的驚人能力有所貢獻，就是來自其野生親戚的些許幫助。早期玉米從墨西哥低地擴散到高地時，與生長在高山的大芻草亞種（Zea mays mexicana）混種。基因研究顯示，高地玉米有多達百分之二十的基因組來自「mexicana」。正如馴化的大麥，從生長在敘利亞沙漠的野生品種中得到抗旱性，玉米擴張時，也藉由與野生親戚混種，對當地基因「知識」物盡其用。

玉米顯然是從墨西哥分別透過高地和低地路徑遷徙，進入瓜地馬拉，然後繼續往南，到了約七千五百年前抵達南美。四千七百年前，玉米已經生長在巴西低地。直到四千年前，攀上安地斯山脈。從南美洲北部，玉米往北擴散到千里達及托巴哥，還有加勒比海其他島嶼。玉米擴散到北美洲則緩慢很多，從僅約兩千年前自西南角開始，但自此一路擴散到北美東北，直到今天的加拿大，過程只花了幾個世紀。而在玉米擴散的同時，它仍不斷在改變。

歐洲與美洲接觸時，玉米已經發展出一整大系列的品種，生長足跡從墨西哥到東北美，從加勒比海海岸到巴西河谷，往上到安地斯山脈高地。各式各樣的玉米已經是高度適應且高度變化的馴化種類，像是早就準備好快速擴散到全球，只等哥倫布踏上那片海灘。

第五章
TAMED

馬鈴薯

粗糙的靴子緊踩在鐵鏟上，長柄
緊貼在膝蓋內側堅定地撬起。
他將表面一層厚土壤連根拔起，把鐵鏟發亮的邊角深深埋下，
鬆動新馬鈴薯讓我們撿拾，
愛它們在我們手中那股涼冷堅硬。

——黑倪，《挖掘》（Seamus Heaney, 'Digging'）

遠古的馬鈴薯

一小片灰灰皺皺，薄而像皮革的碎片，小到剛好能放在指尖上，一點也不特別。如果你在

後花園找到這個碎片，會以為那只是一塊最近的殘渣，也許從堆肥中跑出來。（完全不值得注意，就像從龍蝦洞穴中鑿下的一小塊石頭）。然而，這卻是一片非常寶貴的考古證據。

這一小片黑色的有機物，來自智利於一九八〇年代挖掘出的考古遺址叫做綠丘（Monte Verde），那是南北美洲最古老且確定年代的人類聚居地點，約有一萬四千六百年歷史，幾乎和黎凡特納圖夫文明的遺址同時。但最大的不同是在那之前，現代人已經住在近東超過萬年，但在綠丘上他們是新來者。

我在二〇〇八年與曾來此挖掘的地理學家皮諾（Mario Piño）造訪綠丘。我們在這個極重要的地方發現了一片田野，有幾頭羊在水流快速的青奇霍普河（Chinchihuapi Creek）滿是青苔的岸邊吃草。我們離英格蘭那麼遠，但感覺卻像在湖區（Lake District）健行，好一幅熟悉的田園牧歌風光。若是沒有皮諾專業的協助，我很難找到這個遺址的精確地點——考古地點已經完全被覆蓋，全然融入這片風景之中。

「這個遺址和其他遺址一樣，是無意間發現的，」皮諾告訴我：「當時村民在拓寬河道，移除沉積物時發現大塊骨頭，後來兩名在此旅行的大學生將骨頭帶到瓦爾迪維亞（Valdivia）。」

大塊骨頭是來自約一萬一千年前滅絕的冰河時期動物，這個發現促使瓦爾迪維亞大學（Valdivia Univeristy）的科學家進一步調查。看似純然的史前時代遺址，含有更新世動物的遺骸，卻在研究員發現石器和其他遺物時變得耐人尋味。在很久很久以前，人類顯然來過這裡。

遺址是潮濕且富含泥煤的土壤，表示有機物質保存很好。在大部分遺址中會很快腐敗的東西，在這裡將能留存下來。考古學家發現打進地裡的木樁殘骸，這些木樁顯然是一間茅屋的外圍支架。這間屋子很大，約二十公尺長。在木樁周圍的土壤，有黑色的硬質有機物碎片，是用來蓋住長茅屋的動物皮。考古學家也發現火爐的證據，因為建築物內外都充滿黑炭。保存狀況好得驚人，甚至還有孩子的腳印，完美地保存在泥巴中。約三十公尺外，他們發現一個比較小的茅屋遺跡，附近有動物和植物殘骸，包括屠宰的乳齒象骨頭與嚼過又吐掉的海草團。

這個遺址顯然遭到遺棄，然後很快就被掩埋。整個區域變得非常泥濘，蘆原在人類離開後很快就占據整片地區。泥炭的堆積封住了考古遺址，保存所有寶貴的有機物殘骸，然後遭到遺忘，直到村民決定拓寬河道。

這個遺址的有機物給考古學家前所未有的機會了解生活在那裡的狩獵採集者，他們飲食中包含的各式各樣動植物。綠丘人吃現在已滅絕的動物，包括嵌齒象和古代駱馬，還有非常多樣化的植物。總共有四十六個不同物種，包括四種可食用的海草，有些海草被已咀嚼成團狀，可能是用作醫療目的。在植物殘骸中，有微小、不引人注意、像皮一樣的薄片，那是古代野生馬鈴薯（Solanum maglia）皺皮的殘骸。在茅屋小小的火爐裡找到九片碎片，透過分析證實那些黏在內面的澱粉微粒是野生馬鈴薯。在所發現與人類有關的馬鈴薯中，這些是最早的殘骸。我們的祖先在一萬四千六百多年前已經會吃馬鈴薯。這個遺址也找到木頭挖棍，完全適合挖這些馬鈴薯。

「我們發現來自四季的食物，」皮諾說，因此這個地方不只是人類季節性的營地，而是整年都可以待在此地。這令人困惑，因為我們習慣假設這個時候的人類過著游牧生活：暫時紮營、拔營繼續前進。就像斯塔卡年代的中石器時代遺址，在英格蘭挑戰了這個假設，綠丘遺址也在南美洲讓我們能重新檢驗之前的假設。我們不該以一體通用的假設來解釋過去，即使是解釋現代也不該如此。我們不該低估人類祖先的智慧。在一些地方，人們維持居住的機動性有其道理。但有些地方，因為地區的條件和資源充裕，代表人類可以在那個地方定居下來。人類行為會改變，以適合當地生態。

綠丘遺址激起一些爭議。一九三〇年代，新墨西哥州的遺址發現一種獨特的石製槍頭，之後主流假設就認為，美洲最早的居民約在一萬三千年前從北方抵達，帶來這種特定的石器，稱為克洛維斯（Clovis）。綠丘年代顯然太早，不適用這個模式。

到了一九九七年，考古學家迪勒海（Tom Dillehay）認為綠丘的年代不可能是對的，因此他邀請一組頂尖考古學者參訪這個遺址，讓他們親自去看遺址的工藝品以作判斷。他們都同意這個遺址確實是考古遺址，而且沒有理由懷疑放射性探定年確定早於克洛維斯文化。

綠丘只是數個前克洛維斯時期的考古遺址之一，證據證明美洲居民早於「克洛維斯文化最先」的假設。公認的觀點還是認為，最先的移民者來自北方，從東北亞跨越白令陸橋。北育空（Yukon）有幾個早期的遺址，指出人類在那樣高緯度的存在年代，可追溯到最後一次冰河時期高峰之前，也就是兩萬年前。但是大片冰蓋最終封住北美，要移民到這片大陸地區，或之後要移民到南美，都得等到冰雪融化之後。南、北美洲的前克洛維斯遺址顯示，最後一次冰河高峰之後，移民者便陸續出現，約在一萬七千年前。雖然北美洲此時仍然在大片冰蓋之下，但透過環境分析顯示，北太平洋海岸冰雪已經消融到足以讓人類從這條路線進入美洲，然後往南擴散，在一萬四千六百年前抵達智利。

南美洲早期的狩獵採集者，究竟要多久才會發現那些埋藏在土裡的美味塊莖？我猜測是不用很久。

挖掘尋找塊莖看起來是很有創意的取得食物方式。從樹上摘取果實和堅果，或從海灘岩石上撈取海草，都算是採集方法。相反的，用一根挖掘木杖到處鑽探尋找地下食物，如果不是非常奇怪或情急的行為，就是非常天才。

但我們的祖先如此尋找食物已經超過千年，甚至可能已經有數百萬年。

埋藏的寶藏

我們最親近的動物親戚是黑猩猩和大猩猩，兩種都是生活在森林的人猿，偏好吃成熟的水果，但是當食物不足的時候，他們也會吃樹葉和莖裡的髓。因此很有可能，約在六到七百萬年前，人類和黑猩猩的共同祖先也是靠類似的飲食維生。但接著人類和黑猩猩的祖先分化了。在地球上，家族樹上屬於我們這一支的人猿，被稱為人族（hominin），特色是習慣以兩條腿走路，而且與其祖先相比，擁有大得驚人的大腦。生命樹上曾經分枝很多的人族小枝，我們是唯一存活的代表。我們現在知道約二十種人族種類，除了我們，全部都已經滅絕。早期的人族開始出現在化石紀錄時，不只顯示骨骼上適應以兩條腿走路，牙齒也改變了：他們有比較大的臼齒，琺瑯質也比他們的祖先厚。在其他靈長類中，牙齒的形狀和大小看似與偏好的日常飲食無關，而是與當日子難過時，動物所憑藉的食物類型比較有關。這暗示了人族牙齒的改變，可能也反映後備食物的改變。這時正是非洲大片濃密的叢林開始崩解的時候，地貌變得比較多樣化。看起來我們的祖先也開始利用這些比較開闊的環境。

大草原和森林的生態系統有些不同，但在地下有一個十分重要的對照。大草原含有比較多種植物有「地下」貯存器官，例如地下莖、球莖、鱗莖和塊莖。比較坦尚尼亞北部現代的大草原和中非共和國的雨林，生態學家發現，塊莖和其他地下貯存器官密度有極大不同：每平方公里的大草原有四萬公斤，但每平方公里的森林只有一百公斤。我們的祖先是在非洲草原擴張之下，挖掘這個特別豐富的資源嗎？挖掘塊莖的獎賞是獲得能量。這也許不是他們會選擇的食物，但是在情急的時候卻會獲得很大的幫助。我們的祖先比較大顆、比較好的牙齒，可能代表對這種新的食物之適應。

當代採集者懂得物盡其用，包括根部、塊莖和鱗莖，我很幸運能親眼見到一群現代狩獵採集者哈扎人，利用這種類型的食物。二〇一〇年，我有一趟遠征之旅，到坦尚尼亞一個偏遠的地方，與人類學家克里騰登（Alyssa Crittenden）一起去見一群哈扎人。

抵達吉力馬札羅機場（Kilimanjaro Airport）之後，我乘坐一輛四輪傳動汽車出發。旅程的前半段（大約三小時）還算輕鬆，經過有柏油路的小村莊，但接著我們左轉開上一條泥土小徑，接下來三個小時我就在這輛陸地巡洋艦（Land Cruiser）中被拋來拋去，司機佩特羅則能幹地駕駛在滿是車輪痕跡的小徑上，一路開下砂質河床，再上到陡峭的河岸，直到我們抵達埃亞西湖（Lake Eyasi），那裡是一片廣袤的鹽質平地，沒有水的跡象。我們開到湖邊，最後車子卡住了。

天色已晚，黑暗降臨得很快，我們並不想在這輛陸地巡洋艦上過夜，因此呼叫前導團隊，他們已經抵達目的紮營，但還是開了另一輛車來救我們。

我們離營地不遠，抵達的時候我見到克里騰登。她是人類學家，與當地狩獵採集原住民一起生活，並研究他們多年。我們在樹下紮起的非洲狩獵帳棚，就在哈扎人的營地附近，我以為大家都睡了，但克里騰登說，哈扎人要是見到我會很高興。所以克里騰登帶著我在漸濃的夜色中走到哈扎人的營地，他門約有二十人，克里騰登把我介紹給他們，一一握手並說「姆它拿」（Mtana）。女人穿著亮色印花的肯加布裙裝，有幾位還有珠綴頭帶。有些男人穿著T恤和短褲，其他則穿著腰布，戴著黑色、紅色和白色珠子的項鍊，每個人頭髮都剪得很短。我送出克里騰登叫我帶的小禮物：小袋珠子給女人，鐵釘給男人（用來釘在箭頭）。這些人熱誠率真，把我當作是他們朋友的朋友。

我與哈扎人相處的短短幾天，已從他們的生活方式學到非常多東西，雖然那真的只是驚鴻一瞥。我極為幸運有克里騰登作我的嚮導，她有出色的知識深度。我看哈扎男人和男孩修補他們的弓箭，然後出發去打獵，我也從安全的距離外觀察一位男子勇敢承受憤怒蜜蜂的螫咬，從一個掛在樹上的蜂巢中蒐集蜂蜜。在回營地的路上，他被女人和小孩蜂擁包圍，大家都想要蜂蜜。透過兩層翻譯，我和哈扎女人聊起關於生育小孩。女人離開營地去叢林採集時，我也伴隨她們。她們的特定目標就是挖掘塊莖。

克里騰登和我與那些女人一起出發採集，孩子們也都跟來了，嬰兒就用一條布綁在媽媽胸前，幼兒小跑步跟上，大一點的孩子則又跑又跳。我們從營地往南走一英里，路上會暫停下來吃莓果，最終我們停在濃密的灌木林中，女人和孩子們接著消失在灌木裡，在攀爬植物四周挖掘塊莖。這些塊莖叫做艾克窪（ekwa），完全不是我預期的樣子，比較像腫脹的根，而非我家菜圃中栽種的馬鈴薯。我和一位名叫納比莉的女人爬進灌木中，她挺著懷孕的大肚子，但這可沒有阻止她。她讓我看怎麼用一根尖尖的桿子挖掘，我也試了一下。那工具很有用，刺穿堅硬的土壤，用尖端鬆動艾克窪，然後就能用雙手把它挖出來。納比莉偶爾會在挖掘中停下，拿出刀子削尖棍子尖端。我們很快就挖到這些灌木的根，將其中一部分的根從周圍的土壤中鬆動出來，接著納比莉會再次用刀子切出一塊，然後馬上吃掉。這些塊莖大約二十公分長，三公分厚，她用牙齒剝掉像樹皮的外層，然後用刀子淺淺畫一刀，然後咬下一片根，捲起來咀嚼。她也給我一些，味道令人驚喜，第一口很清脆，就像咬芹菜莖，雖然味道完全不同。樹根纖維質很多，但像堅果而濕潤。

除了當場生吃一點樹根，她們會把大部分挖掘到的塊莖裝在肩膀上的布袋帶回營地。到了營地後她們會生起火，在餘燼上烤這些樹根。她們給我一塊試吃，現在皮很好剝掉，裡面的肉變得比較軟而且美味，嚐起來有點像烤栗子。

與哈扎人在一起，讓我對他們的生活眼界大開，體悟難以描述。我帶著全新的眼光審視自己的文化，從如何平衡工作和家庭生活，到每日飲食。我們很容易戴著有色眼鏡看別的文化，不論現代或過去，但我覺得西方世界能向這些傳統的生活方式學習甚多。也許不是一切都很美好，但重點在於家庭和社群，他們沒有工作，所以也沒有失業。每個人都有角色要扮演，孩子也是其中一部分，絕對沒有人會傷害女性在社會上的地位。

此外，我很驚訝看到蜂蜜如此受到珍視，帶蜂蜜回來的男人比那些帶著肉回來的男人，受到更熱切的歡迎。人們對於甜的渴望一直都存在，但只有在英國，糖因為太容易取得而變成健康問題。哈扎人能取得的食物種類，比我原先天真假設來得廣泛，但看到樹根在飲食中的重要性，真是讓人驚訝。

根與塊莖算是低品質食物，它們和果實與種籽、肉與蜂蜜包含的能量，完全不能相比，但是它們可靠。人類學家問哈扎人最喜歡哪些食物，發現第一名是蜂蜜，自然界中能量最密集的食物。塊莖名列最低，肉、莓果和猴麵包（baobab fruit）介於之間。但儘管塊莖排名很低，它們卻是哈扎人飲食中占據最大量的食物，正因為他們能以塊莖維生。回到營地後，分秤各種食物的重量，人類學家發現比例隨季節改變，也會隨不同地區的族群變化。塊莖是整年都吃的主食，也是候備食物，當其他食物缺乏時就更加倚靠它們。

熱帶的狩獵採集者會挖掘樹根或塊莖食用，人類這麼做已經很久了，約有二十萬年左右。不過，觀察早期人類的大牙齒和厚琺瑯質，可推測因為他們有一根簡單的挖掘棍，讓他們在非洲平原上具有生存優勢。但這只是推測，還需要檢驗。有可能找到證據證明我們的祖先吃塊莖嗎？

答案是：就某種程度而言，是可以的。現代化石分析的進步，讓我們不只可以根據骨頭大小和形狀來解釋，還能更仔細檢視它們的化學成分。人類身體的組織都是由攝取的分子組成，因此就有可能透過化石骨頭找到古代人的飲食線索。

特定的化學元素以些微不同的形式存在，稱為同位素。有些同位素很穩定，其他則不穩定、帶放射性。碳有三種自然產生形式，有不穩定、帶放射性的碳十四。這很罕見，但對考古學家極為有用，因為能用來做放射性碳定年。世界上大部分的碳都以碳十二的形式存在，它的原子核有六個中子和六個質子，不過也有稍微比較重、但仍然穩定的版本，多了一個中子，叫做碳十三。

植物行光合作用時，利用陽光的能量來驅動反映，能從大氣中捕捉二氧化碳，最終將那個碳建造成全新的糖分子。光合作用有好幾種，每一種使用的化學路徑都稍微不同。樹木和灌木常用的光合作用形式，早期會形成含有三個碳原子的分子。植物科學家別出心裁，將這種植物稱為三碳植物。像草和莎草植物，進行光合作用稍微不同，創造出四碳原子。你能看出會怎麼發展，它們被稱為四碳植物。

四碳的路徑不僅在使用水分子上比較有效，使它在比較乾旱的環境中能夠適應，也代表植物能抓取更多比較重的穩定同位素碳十三，所以四碳植物相對上含有比較豐富的碳十三。如果動物吃很多四碳植物，例如莎草的根和球莖，牠就會有比較豐富的碳十三，連骨頭也是。

人類學家利用三碳和四碳植物之間的不同，得到很好的結果。黑猩猩的飲食主要是多葉的三碳植物，因此牠們的骨頭並未富含碳十三。大約四百五十萬年前的人族祖先，可能就是以三碳植物為主食。四百萬到一百萬年前，氣候波動很大，我們祖先居住的地貌變得比較乾燥且多草。到了約三百五十萬年前，我們祖先吃混合三碳和四碳的植物，而四碳植物可能就是澱粉豐富的根和塊莖。吃這些到處都有的食物，幫助古代的人口擴張繁榮，可以移居到新的棲息地，包括多變又難以預測的環境。

到了兩百五十萬年前，有了一次分化。有些人族剛好有強壯的牙齒和下顎，主要吃四碳植物（依季節不同，吃草葉、種籽和莎草球莖）。差不多同一時期，包括我們這個屬最早的祖先「人屬」（Homo）在內的人族，持續吃混合三碳和四碳植物。

雖然有人認為，因為規律肉食的出現，提供能量讓我們的祖先演化出比較大的大腦，然而有些研究員最近提出，植物食物，尤其是像塊莖的澱粉植物食物，一直受到相對忽視。兩個關鍵性發展，一個文化上，一個是基因上，會大大幫助解放澱粉中所包含的能量。文化發展是烹調方式，基因發展是能在唾液中製造分解澱粉酵素的基因增加，發生在約一百萬年前的某個時間點。唾液澱粉酶對煮過的澱粉比對生的澱粉，作用比較有效，因此這個基因副本的增加，是緊接在採用烹飪煮食之後而來。有考古學家提出，人類早在一百六十萬年前就會使用火，最晚在七十八萬年前已經使用火爐。烹飪加上足夠的唾液澱粉酶，可以葡萄糖形式提供能量，讓人類大腦變大。當然，狗吃了澱粉食物也發展出類似情形。雖然狗沒有生產唾液澱粉酶，牠們的胰臟卻會產生破壞澱粉的酵素，而且許多狗都有多副胰臟澱粉酶基因。

我們的祖先製造、使用石器已經超過三百萬年，這些工具可能用來處理肉和植物食物。考古紀錄缺乏的是有機物殘餘，所以不知道我們的祖先何時開始使用挖掘的木棍。不過他們一旦發明這個簡單工具，就能取得埋藏的寶藏，這項可靠的資源後來成為許多狩獵採集者的主食之一，也是一種候備食物。

我們能稍微肯定地說，到了人類住在綠丘的時候，我們的祖先使用挖掘木棍和吃根與塊莖已經是很長的歷史，吃野生馬鈴薯只是一種古老且在地化的最新展現。

不過，是什麼時候、在哪裡，讓馬鈴薯從一種採集的野生食物，轉化成栽種的馴化物種？

三窗洞穴和未解之謎

智利野生馬鈴薯是一種很漂亮的植物，開白花，有小小的紫色塊莖，直徑少於四公分，喜歡生長在潮濕的溝壑中和泥沼邊緣，接近海平面，靠近智利中部海岸。這個物種名稱來自它在智利中部當地原住民語言的名稱：馬拉（malla）。達爾文搭乘小獵犬號的旅程中，於一八三五年看到這些植物，他知道探險家洪保德（Alexander Humboldt）記述過這些野生植物，相信它們是馴化馬鈴薯的祖先。達爾文在日記中記道：

> 野生馬鈴薯茂密生長在這些島上，在靠近海灘的砂質貝殼土壤中。最高的植物高度四英尺，塊莖一般很小，但我找到一個橢圓形的塊莖，直徑兩英吋。它們和英國馬鈴薯很像，氣味也一樣。但煮過後會大幅縮小，質地水狀且清淡無味，沒有苦味。它們無疑原生於此……

栽種在智利甚至更遠之外，馴化馬鈴薯（Solanum tuberosum）和它野生的表親很像，相似到連達爾文也錯認一株野生馬鈴薯，把它當成是野生馬鈴薯的樣本。但有顯微鏡的幫助，辨認變得簡單許多。黏在綠丘馬鈴薯皮碎片內側的澱粉微粒，證實那是野生馬鈴薯的塊莖殘餘。

挖掘綠丘的考古學家想親自嚐嚐野生馬鈴薯，他們拿來一顆塊莖，用水煮了半小時後吃掉。這樣做十分勇敢。有些研究員提出，野生馬鈴薯因太苦而難以下嚥，它們含有相對較高的配糖生物鹼，例如茄鹼。這是馬鈴薯對抗感染和昆蟲的天然防衛機制之一，也能主張這樣是為了避免被人類吃掉。配糖生物鹼給馬鈴薯一股苦味，高濃度時有毒，據信野生馬鈴薯可能含有極高濃度的這種複合物，所以依然有毒，就算煮過也是。

但與達爾文一樣，這些考古學家不僅活過了實驗，也沒察覺這個迷你馬鈴薯有苦味。雖然在更北邊的安地斯山中段，有些野生馬鈴薯確實會產生苦味的塊莖，但這種野生智利馬鈴薯吃起來還算不錯。考古學家還報告，智利中部當地居民現在也還快樂地吃著野生馬鈴薯。

但是野生馬鈴薯就是我們現在吃的馴化馬鈴薯的祖先嗎？這是高度爭議的問題。和許多物種一樣，這個問題始於那個熟悉的問題：這是單一馴化中心案例，還是多個起源？

馬鈴薯有上百種，如何組織分類這些品種和種類，植物學家爭論不休，有些是物種之間的混種，讓這項任務更加困難。將這些不同的種類分類多達兩百三十五個物種，但是基因數據的最新分析指出，所有的馬鈴薯可以被歸類為一百零七個野生物種，和四個栽種物種。

有些最古老的馬鈴薯栽種品種是種在安地斯高山，高達海平面三千五百公尺，從西委內瑞拉到北阿根廷，往下直到智利中南部的低地。這些栽種品種可以分為四個物種，其中一個物種是馴化馬鈴薯，含有兩個明顯分別的栽種品種或亞種：安地斯山種群和智利種群。

二十世紀早期，俄羅斯植物學家提出看法，認為馬鈴薯馴化有兩個主要中心，在祕魯和玻利維亞高原上的迪迪喀喀湖（Titicaca Lake）附近，還有南智利低處。但英國植物學家又想出另一個不同的模式：馬鈴薯在安地斯山的單一起源，然後馴化馬鈴薯往南擴張，到智利海岸，適應了當地的水土。這與證據十分相符。與智利相比，安地斯山上有比較多野生種類，可能演化成馴化馬鈴薯。

馴化馬鈴薯最早的證據確實來自安地斯山，來自祕魯高地一個叫做庫韋法特雷文塔納斯（Cueva Tres Ventanas，意指「三窗洞穴」）的地方，將近海拔四千公尺。這個洞穴有世界最古老的木乃伊，年代介於八千到一萬年前，但馬鈴薯遺物來自比較年輕的一層，年代約六千年前。實驗顯示，安地斯山種馬鈴薯能夠輕易轉變成某種像智利種的植物，因此有一陣子，馴化馬鈴薯最有可能來自安地斯山高處的單一起源。

可是到了一九九〇年代，另一個假設被提出，認為智利種是安地斯山種在智利與當地野生種雜交發展而來。有人認為，那個野生品種是野生馬鈴薯，與在綠丘吃的野生馬鈴薯是同一物種。但野生物種數量那樣龐大，馬鈴薯遺傳學又極為錯綜複雜。最後，雜音中浮現了某種形式的清晰，看起來俄羅斯和英國植物學家都有部分說對了。最新的考古學和基因證據指出，野生馬鈴薯物種最先在安地斯高山上的迪迪喀喀湖周圍馴化，介於八千到四千年前，大約與駱馬馴化同一時間。但是基因研究也支持智利馬鈴薯栽種品種的混種起源，代表原本安地斯山馴化種擴散時，與其他野生種類雜交。所以，不只一個野生物種對最初的馴化馬鈴薯基因庫有貢獻，簡單的起源問題（太簡單無法有複雜、交纏、夾雜的生物學）也變得更微妙。我們在看多個獨立的馴化中心與分別的世系，後來又雜交成一些栽種品種而結合在一起嗎？還是我們看的是在一片分隔地區的單一起源，接著擴散並且和其他物種雜交？從基因的角度來看，這也許沒那麼重要，無論是怎麼發生的，來自低地的基因和來自高地的基因，在智利栽種品種中結合起來。但是從人類的角度來看，這一直是相關問題，變成關於文化與創新。種馬鈴薯這個想法是一次浮現就流傳下來嗎？是逐漸擴散到安地斯山腳下，然後到智利的海岸平原嗎？還是一旦狩獵採集者開始吃馬鈴薯，有些野生馬鈴薯就無可避免開始馴化，而且馴化至少在兩個以上的地方發生？單一起源比較有可能。但是在我看來，我們還沒有什麼工具或證據來回答那個問題，要等做更多研究才能解開個謎題。

馬鈴薯女神，山與海

無論馴化最初在哪裡開始，都讓野生馬鈴薯變得對人類更加有用。野生和馴化馬鈴薯最令人印象深刻的差別，就是塊莖大小和走莖長度。走莖就是細而水平的莖，長出來發芽新的植株。野生馬鈴薯有很長的走莖，讓新植株距離母株足夠的距離才繁殖，而且它們的塊莖很小。馴化把走莖修剪得短了許多，促進塊莖變大，這兩個特色都讓馬鈴薯更不適合長在野外，但比較容易收成。這就像小麥的堅硬花軸，對野生植物來說是很糟的不利條件，但對與人類聯合的植物卻是有利。那些讓野生馬鈴薯很苦，甚至有毒的配糖生物鹼，馴化馬鈴薯含量也少了很多。

馬鈴薯逐漸變得對祕魯社會越來越重要，於是安地斯文化興起。到了西元第一個千禧年，馬鈴薯已經變得深深嵌入社會，它們是重要的日常食物。十二世紀崛起的印加帝國，從厄瓜多延伸到聖地亞哥，就是由這種日常食品獲得能量而崛起。印加甚至有個稍微粗笨的馬鈴薯女神，叫做雅克索嬤嬤（Axomama）。他們種植的馬鈴薯種類，多到需要創造虛構的名字來區別，從彎曲婀娜的卡塔力伯伯（Katari Papa），也就是蛇馬鈴薯，到難去皮的卡槍胡瓦卡奇（Cachan huacachi），意思是：讓媳婦哭泣的馬鈴薯。

發笑的火星人[1]幫助脫水即食馬鈴薯泥，在英國流行時的前兩千年，古安地斯山人已經發現這個保存方法，不過他們生活在一個「大冰箱」也有幫助，至少一旦日落後就變得很冷。馬鈴薯夜晚被攤在地面上冷凍，白天時會融化並被踩踏，以擠出水分，然後留在外面再次冷凍。經過三到四個日夜後，馬鈴薯就被轉化成朱諾（Chuño），也就是冷凍乾燥馬鈴薯。除了將塊莖脫水，這個過程也能除去朱諾的配糖生物鹼，讓苦味比新鮮馬鈴薯少一些。儘管馴化牽涉到選擇最不好吃的馬鈴薯（這可能在種植之前就開始了），有些馬鈴薯仍然有點太苦。另一個減少苦味的方法就是和黏土一起吃馬鈴薯，這樣能與配糖生物鹼結合。現今在迪迪喀喀湖四周，還是有些艾馬拉人（Aymara people）這樣吃馬鈴薯。也許更重要的是，製造朱諾將馬鈴薯轉化為能夠延長保存的形式，有時能達好幾年。肥沃月灣的農業社會菁英，藉由蒐集貯存小麥和牛群致富，印加酋長則是靠他們貯存的乾燥馬鈴薯變得富有。朱諾便成為一種貨幣，農民用朱諾繳稅，勞工和傭兵的所得則以這個支付。

到了歐洲與美洲接觸的時候，馴化馬鈴薯已經在南美洲西部廣泛栽種，從安地斯山阿爾蒂普拉諾高原（Altiplano），南下到智利低地。當西班牙人以更具侵入性的方式遷入南美，他們理解到朱諾的價值。在玻利維亞安地斯山海拔四千公尺高處，他們發現一座充滿銀礦的山，後來被稱為里科山（Cerro Rico），意思是：富有的山，印加人採礦已經好幾世紀。對西班牙人而言，這是不可錯過的機會，哥倫布夢想找到的寶藏，就在這裡供他們攫取。當礦坑不斷吐出白銀，新城鎮波托西（Potosi）便在山腳下形成，成為西班牙殖民鑄幣地點。十六世紀時，世界

1　一九七〇和八〇年代，英國著名的即食馬鈴薯泥廣告系列人物。

上百分之六十的銀來自這裡。一開始，西班牙人派美洲原住民去礦坑，有些是徵召的，有些則是去賺薪水的，但這工作很危險，令人短命，當原住民勞力在十七世紀逐漸變少，西班牙礦場老闆於是輸入非洲奴隸，當時成千上萬的非洲奴隸就是吃朱諾。將貯藏在馬鈴薯裡的能量轉變成多到難以想像的白銀，西班牙人讓歐洲市場充滿這種寶貴的金屬。

抵達歐洲的安地斯山白銀實現了新世界的承諾，傳說中的財富真的能在那裡找到。但在富有白銀的深山，卻付出人命和悲慘的巨大代價。而且痛苦不僅止於此，白銀大量流入歐洲，造成通貨膨脹與經濟不穩。同一時間，餵養礦坑的食物也抵達歐洲。馬鈴薯來到舊世界。

不過馴化馬鈴薯這些十分相近的亞種中，究竟是哪一種，是在安地斯山高地種植還是在智利低地，最先引進歐洲？不令人意外，兩種都有人擁護。這兩種栽培品種植株特色差別十分細微，智利品種嫩葉比安地斯山品種稍寬一點。不過，對地理和氣候的適應最為重要，比高度和溫度更關鍵，這裡最關鍵的是對緯度的適應。

來自安地斯山的馬鈴薯，是來自現在的哥倫比亞，在一個相對上比較靠近赤道的地方演化，它們在這裡可以適應十二小時的日照。對這些馬鈴薯而言，遷移到四季分明的緯度很具挑戰，並非冬天比較短的白晝會是問題，而是夏季比較長的白天很困擾，太多日照會抑制塊莖的形成。但智利栽種的品種比較遠離赤道，已經適應較長的夏季白晝。

植物生理學家已經釐清控制塊莖生成的因素。馬鈴薯植物的葉子偵測到陽光和白晝長度，傳送化學訊號，影響根和塊莖的發展。有些必要的化學訊號已經被辨認出來。分子生物學（和天文學）有一種現象，第一個發現的分子（或天體）通常會被給予這些「天才」的名字，然後科學家的想像力會不斷延伸，接下來的分子（和星星）就會被給予一長串字母，通常是讓人想起相關分子較長名字的首字母縮寫，以及數字。所以塊莖生成牽涉到許多參與者，從光敏色素B、各種赤黴素和茉莉酮酸，到miR172、POTH1和StSP6A。你可以鬆口氣，我無意將本章接下來的篇幅都花在描述整個過程，和我們對分子根基現有的了解。（你可能會失望，這點我很抱歉，但這不是那種書。）塊莖生成的生理有令人欽佩的複雜，所以我們有個熟悉的難題：你怎麼改變這個機器的一部分或許多部分，而不會讓整個過程完全出軌？一個隨機突變出現，只改變一件事，證明對於馬鈴薯進一步擴散到溫帶有益，這樣的機率是多少？

就算我們現在對演化如何進行有些了解，但仍然帶有哲學味的阻礙。但這不是無法克服的障礙，因為我們知道馬鈴薯以某種方法做到了。我們知道對特定基因的小改變，可能會改變生物化學路徑上某些特定關鍵參與者的角色。如此重要且基本的基因，通常被稱為主宰控制基因（master control gene），它們譯碼的蛋白質被稱為調節因子，功能是作為分子開關，打開或關閉其他基因，或更細微地控制一個基因表現多強。所以一個基因的小改變，也就是譯碼這些重要分子開關的其中之一，可能會有重大且廣泛的效果。儘管在基因的層次上，演化是透過微小的改變施展魔法，但那些微小的改變可能對一個生物的表型，也就是結構和功能，會有深遠且廣泛的影響：演化會有突然的大跳躍。

在馬鈴薯的塊莖形成上，這樣重要的分子開關，或說調節因子，有一個很好的候選者，代

表一個小小的改變真的能導致顯著的生理改變。已經存在於族群當中的變異，也代表解決方案中重要的一部分。一個物種不是單一生物，也不是一個基因組，而是所有部分的總和，而那些部分都不一樣。當馬鈴薯種植往南擴散，進入夏季白晝較長的緯度，有些馬鈴薯本來就會比其他更能產生塊莖。在比較溫帶的氣候，這些變異會占上風，天擇會淘汰掉其他。

適應了這些緯度，智利馬鈴薯在歐洲會比接近赤道、來自安地斯山北部的對應同類，有比較好的機會。一九二九年，俄羅斯植物學家提出，歐洲馬鈴薯正是這個起源。但是英國研究員很肯定，最初的歐洲馬鈴薯來自安地斯山脈。歷史紀錄指出，馬鈴薯是在西班牙人剛於智利建立殖民地時，也就是約半個世紀前就抵達歐洲。當時已經征服北安地斯山周遭的國家，包括哥倫比亞、厄瓜多、玻利維亞和祕魯。

過去六、七十年，主流假設跟隨英國的提議，認為歐洲馬鈴薯是北方安地斯族群的後代。加那利群島與印度的古代品種馬鈴薯，看似能追溯到北安地斯山，這項事實更強化這個假設。之後遺傳學家參與，他們認為加那利群島馬鈴薯是智利和安地斯山的混合種，印度馬鈴薯則起源於智利。

遺傳學家繼續檢視歐洲大陸的馬鈴薯，對植物標本室年代介於一七〇〇和一九一〇年的樣本進行基因分析，證實十八世紀歐洲大陸的馬鈴薯，大部分來自安地斯山，它們必定早就快速適應較長的夏季白晝。也許是因為由某種特定分子開關產生的新突變，導致如此快速的適應。但這樣的突變不必然完全是新的，適應較長白晝的特性可能早已存在於新引進的安地斯山馬鈴薯。這個特性偶爾會從那些品種呈現出來，它們能夠適應溫帶氣候並沒有原先我們認為的那樣複雜。

但這個故事尚未結束。從一八一一年之後的樣本中，遺傳學家發現歐洲馬鈴薯含有智利祖先的證據。先前有研究員指出，枯萎疫病橫掃較早引進的北安地斯山種群之後，智利品種於一八四五年引進歐洲。但這個假設有一個問題，因為智利馬鈴薯並無特別能力可以抵抗枯萎疫病。儘管如此，智利品種還是在十九世紀被引進歐洲，而且移植很成功。雖然安地斯山品種仍然是第一個在歐洲紮根的品種，但智利馬鈴薯的優勢比較好，也許是因為它們長久以來都生長在夏季白晝較長的地區。

加爾默羅會修士與馬鈴薯花束

至於馬鈴薯如何抵達歐洲，你也許很肯定是哥倫布從新世界帶到歐洲，就像他帶回玉米一樣。但這不是真的。雖然哥倫布和其他冒險家在與美洲接觸的早期，確實運了許多食物回歐洲，馬鈴薯卻不在其中。這是因為馬鈴薯長在南美洲西邊，從山上往下到智利低地都有它們的蹤影，但西班牙人是在一五三〇年代，哥倫布第一次跨大西洋冒險的四十多年後，才抵達安地斯高山。關於馬鈴薯的首次書面報告，是來自一五三六年的西班牙探險家，他們發現馬鈴薯栽種在哥倫比亞的馬德蓮娜河谷（Magdalena Valley）。

更複雜的是，馬鈴薯最初抵達歐洲時並沒有歷史紀錄。不論當時是誰接收這些馬鈴薯，他們可能認為馬鈴薯不值得紀錄，或者有紀錄，但他們令人興奮的記述卻因為某種原因而遺失。另有語言學上的複雜性：甘薯（Ipomoea batatas）在西班牙文中是「batata」，而馴化馬鈴薯則是「patata」。不過，西班牙文最初提到馬鈴薯的出版紀錄是一五五二年，之後就有馬鈴薯在加那利群島的紀錄。歐洲第一次提到馬鈴薯是進口物種而非作物的紀錄是在一五六七年，顯示它們是以船運從大加那利島（Gran Canaria）送到安特衛普（Antwerp）。

（原諒我稍微離題。薯條究竟由誰發明，到底是比利時人還是法國人，都有熱烈的爭辯。兩個國家都宣稱是他們最先發明，比利時人責怪「法國的美食霸權」，並且質疑這道美食是美國軍人命名。馬鈴薯這種烹調法的首次文獻證實是比利時的，年代可追溯到十七世紀晚期。另一方面，馬鈴薯抵達歐洲大陸的第一份文獻記載，是那批交付運往安特衛普的貨物，但我們無法知道比利時人怎麼處理那些馬鈴薯。四百五十年前，安特衛普的某人可能發明這道國民美食，最後傳到法國。）

馬鈴薯在歐洲第一次被提及的六年後，西班牙出現確實的種植證據。一五七三年，塞維亞（Seville）加爾默羅會醫院（Carmelite Hospital de la Sangre）記述，馬鈴薯在該年最後一季被帶進西班牙。這表示馬鈴薯是當地種植的季節性蔬菜，也指出馬鈴薯在秋天種植，因為秋天是日照短的季節，所以很適合安地斯山品種。與加勒比海的玉米很像，來自美洲熱帶的馬鈴薯在南部地中海歐洲比較容易生存。

馬鈴薯一旦在西班牙站穩腳跟，就快速散播到義大利，由加爾默羅會化緣修士引進。接著又一次和玉米很像，這種異國蔬菜開始散布到歐洲的植物園，出現在十六世紀晚期書寫的草本學。瑞士植物學家博安（Gaspard Bauhin）給馬鈴薯拉丁學名：「Solanum tuberosum」，意思是「長在土裡的腫塊」。英國植物學家傑勒德（就是認為玉米的品種之一來自土耳其的那一位），對於馬鈴薯的起源同樣混淆，他很肯定馬鈴薯來自維吉尼亞，因此將之命名為「Battata virginiana」，他說：雷利爵士將馬鈴薯從殖民地帶回英格蘭。另一個傳說是，德瑞克爵士（Francis Drake）將馬鈴薯從維吉尼亞運回英格蘭，同樣缺乏事實根據。

表面上是透過菁英，實則牽涉天主教教會網絡引進並在歐洲散布，馬鈴薯受到義大利農民歡迎。他們在十七世紀初，就是吃馬鈴薯配蕪菁和紅蘿蔔，也會以馬鈴薯餵豬。同時，馬鈴薯往東散播，在同一世紀抵達中國。隨著西班牙帝國向北擴張，將馬鈴薯引進北美洲西海岸。馬鈴薯跟著英國商人和移民橫跨大西洋，又一次從歐洲回到美洲。到了一六八五年，佩恩（William Penn）報告馬鈴薯在賓州長得很好。

不過，馬鈴薯很晚才從歐洲向北方散播，會這麼晚散播的理由是一些根深柢固且古怪的迷信。或許是因為馬鈴薯塊莖形狀古怪醜陋，看起來就像畸形的四肢，因此馬鈴薯和痲瘋被聯想在一起。《聖經》沒有提到馬鈴薯，也是迷信的來源之一。馬鈴薯和顛茄相似，也造成驚駭，但這不是沒有根據的擔憂。馬鈴薯一旦轉綠就開始發芽，內含的茄鹼濃度具有毒性，所以會將馬鈴薯存儲在黑暗中，避免人們吃了中毒。對馬鈴薯的擔憂還包括，可能造成胃脹氣和增強淫慾。另外，許多國家對吃馬鈴薯抱有反感，因為一開始那是當作動物飼料的作物。一七七〇年，一艘載滿馬鈴薯的船隻抵達那不勒斯要救濟饑饉的居民，卻遭到拒絕。

禁忌與迷信之外，可能還有其他理由造成歐洲北部人民不大喜歡馬鈴薯。從單純的功能性觀點而言，歐洲人要將馬鈴薯引入從羅馬時代就開始實行的三年輪作系統有點困難。要在農民共享的大片田地中，部分種植馬鈴薯實在是很不易。

阻礙馬鈴薯擴張的文化藩籬很艱鉅，最後是透過宗教與政治的力量促成馬鈴薯從南歐往北和往東擴散。十七世紀晚期，胡格諾（Huguenot）教徒和其他新教徒團體被逐出法國，不論他們去到哪裡，都帶著各種領域的專業，從製造銀器、婦產科到馬鈴薯種植都有。到了十八世紀中期，七年戰爭的餘波讓馬鈴薯展現另一個好處：潛伏在地下。這種作物不像穀類，能在焚燒踐踏過的田野中存活下來。法國隨軍藥師帕門蒂埃（Antoine-Augustin Parmentier）遭普魯士俘虜時，在牢中就是被餵食馬鈴薯。面對這種對待，他沒有排斥（畢竟他只知道馬鈴薯是家畜飼料），反而對他在獄中飲食的營養價值感到印象深刻。一七六三年他回到法國，成為大聲疾呼推廣馬鈴薯的人。他舉行以馬鈴薯為食材的晚餐宴請權貴人士，還獻上馬鈴薯花束給路易十四（Louis XIV）和瑪莉安東尼（Marie Antoinette）。經過連續的歉收、革命和飢荒，最終確保這種卑微塊莖在法國烹飪中的角色。現在，許多法國菜都以帕門蒂埃命名，紀念他的先驅精神，法國料理都以某種形式用到馬鈴薯，他在巴黎的墳墓四週也植滿馬鈴薯。

法國有帕門蒂埃，其他地區則有像德國的腓特烈大帝（Frederick the Great）與俄羅斯的葉卡捷琳娜大帝（Catherine the Great）等大人物推動，讓馬鈴薯走出修道院和植物園，進入歐洲北部的平原。馬鈴薯開始取代蕪菁和蕪菁甘藍等傳統的食物，也成為有風險的穀物的替代品。即使仍然會鬧飢荒，但有了馬鈴薯作為候備食物，飢荒的頻率自然就降低。馬鈴薯和玉米支撐歐洲從一七五〇到一八五〇年驚人的人口增長，幾乎增長一倍，從一千四百萬變成兩千七百萬人。馬鈴薯過去是印加帝國的燃料，現在則提供歐洲中部和北部國家巨大的經濟推力，提供能量給越來越多的人口，鞏固都市化與工業化的基礎。工業革命以蒸氣推動的機器被餵以煤炭，其勞動力則由便宜、可靠又大量的馬鈴薯來推動。歐洲政治強權的平衡開始轉變，從比較溫暖、陽光的南部國家，轉到比較冷、天氣比較陰暗的北部城邦。十八、十九世紀歐洲超級強權興起，背後的因素多且複雜，但馬鈴薯就扮演重要角色。二十世紀的危機，也有馬鈴薯的影子，是軍隊重要的糧食供給。第二次世界大戰的軍隊配給，就包括古老的安地斯山居民的智慧：脫水馬鈴薯。

歷史上的帝國興衰、戰役輸贏，馬鈴薯都參與其中，但它們也在改變。十九世紀和二十世紀早期有大範圍新的栽種品種誕生，馬鈴薯和其他馴化物種成為高度篩選、育種的對象。馬鈴薯曾經讓西班牙人採出波托西的白銀，也讓它成為受重視的珍寶。馬鈴薯育種者變得非常富有，創造於二十世紀初的新品種甚至被命名為艾爾朵拉多（Eldorado，黃金之意）。但這個來自美洲的珍寶，也帶來詛咒。

饗宴與飢荒

馬鈴薯成為歐洲另一項日常主食，補充穀類的不足，協助增進糧食安全，至少到目前為止是如此。但是，當各國過度倚重這種作物時產生了問題，很大一部分起因於這種作物增殖的方式。當馬鈴薯歉收，就會很嚴重的匱乏。

如果你要在花園中種植馬鈴薯，你可以買一袋種籽馬鈴薯。這個名稱完全誤導人。這些當然是馬鈴薯，但它們不是種籽，從這些小馬鈴薯中生出來的植物，是它們親代的複製品，而這些親代原本就是在仔細控管的條件下生長，確保純種品系，讓個別的栽種品種間雜交減少到最低程度。馬鈴薯是開花植物，而且花很漂亮，淡紫色的五瓣花朵，而開花目的就是要有性繁殖。當昆蟲造訪盛開的花朵，帶走牠們所需要的花蜜，同時也帶來其他植物的花粉。花粉就是植物的精子，含有半組的植物染色體，也就是來自另一棵植物，或來自同一棵植物的雄性DNA，重要性在於產生花粉時它被打散過。同樣的過程在卵子形成時也會發生。產生配子（不論是花粉或卵子）的胚芽細胞，含有一對對的染色體，在每對染色體中，染色體會減數分裂，也就是在形成配子的特殊細胞分裂中彼此交換基因。（染色體加倍就是在這時發生，請回想狗成倍增長的澱粉基因。）一條染色體上的一個基因，可能和另一條染色體上相對應的基因不同。每對染色體只有一條會進入花粉粒或卵子中，選擇的基因變異組合都來自原本那對染色體的其中一條，所以這已經是新的、與親代染色體不同的組合。

當花粉和卵子結合，從父母雙方衍生的染色體會配對起來，一個全新的基因變異，或說對偶基因的組合，就創造出來了。有性生殖的重點就在創造新穎和變異，但馬鈴薯也會很自然的靠無性生殖繁殖。事實上，從演化的觀點來看，這正是塊莖的「目的」，不是為了讓人類（或其他動物）食用，而是為了創造新版的植物。

可以從馬鈴薯採集種籽，種植下個年度的作物，但這並非創造下一代作物最顯而易見的方式。保存一些比較小的馬鈴薯繼續種植，會簡單得多。利用種籽也會為隔年的植株引入不確定的元素，有性生殖保證一定程度的變異，如果你想種出有特定特性的植物，那可能非常不受歡迎。利用種籽馬鈴薯能消除那股不確定性，其實你種的馬鈴薯不是真的新生代，它們是你採收馬鈴薯母株的同卵雙胞胎。這是無性生殖：新的作物是舊作物的複製品。

這聽起來是個好主意，如果你的作物有令人想要的特定特性，你當然會要保持那些特色。但消除變異是個危險遊戲。有那麼多動植物都進行有性生殖，因為那樣比較「有效」。隨著新一代創造變異、提供新變異的可能性，這會在環境產生變化時較有優勢。所以產生變異是大自然保障未來物種的方法。環境不僅是動植物生長的物理情況，也具有生物性：牽涉到可能與這個特定生物互動的生物體。這些生物體可能造成威脅，也許是病毒、細菌、真菌，或其他動植物。這些潛在的敵人一直在演化出更好的方式進攻，更好的方式躲避受到威脅的生物所演化出的防禦。這比得上軍備競賽，如果防衛者沒有跟上，其命運恐怕不樂觀。

如果你以種籽馬鈴薯來種馬鈴薯，並從收穫的作物中保留一些馬鈴薯再次種植，然後周而復始，你就將那些馬鈴薯困在中止的演化中。你也許能保護你的馬鈴薯，免受其他潛在的傷害或其他植物的競爭，一點除草工作就能解決這個問題。你也許能保護你寶貴的植物，不讓喜歡咀嚼葉子或塊根的動物（雖然甲蟲極難提防）靠近。但最邪惡致命的威脅，是來自小到人類肉眼看不到的病原體：病毒、細菌和真菌。不要搞錯，病原體這些做壞事的傢伙不會受到阻礙。它們會演化出新而強大的有害方式，侵略你的馬鈴薯，且最終它們一定獲勝。如果你的馬鈴薯中有個還不錯的變異，那麼有些馬鈴薯還有機會被賦予抵抗力，存活過猛烈的攻擊。如果幾乎沒什麼變異，那麼病原體恐怕會有全面的毀滅性，能夠消滅所有作物，能夠消滅整個國家的作物。那正是一八四〇年代愛爾蘭發生的事情。

西北歐洲其他國家很晚才接受馬鈴薯，愛爾蘭卻打破框架，當英國移民在一六四〇年將馬鈴薯引進愛爾蘭時，這個作物受到熱烈歡迎。愛爾蘭農民發現馬鈴薯是可種植在貧瘠田地的作物，而比較肥沃的土地專門用來種植穀物，收成可上繳遠在英格蘭的地主。十七世紀中期引進愛爾蘭的馬鈴薯，可能仍然是安地斯山品種，但是愛爾蘭的氣候如此溫和，九月就和六月一樣溫暖，馬鈴薯可以一直種植到九月。一株祖先已經習慣種植在靠近赤道、較短白晝地區的馬鈴薯，在靠近溫帶的愛爾蘭也會很愉快地長出塊莖。

到了十九世紀，愛爾蘭農夫仍然將大部分的穀類出口到英格蘭，他們和家人則依賴馬鈴薯維生，幾乎沒有其他食物。但在這片蒼翠、水分充足的島嶼，農夫沒有辦法貯存他們收穫的馬鈴薯。他們種馬鈴薯、吃掉，然後再種。而這作物的基因多樣性很狹隘，農夫只種一種馬鈴薯：愛爾蘭碼頭工人（Lumper）。那是無性繁殖單一栽培（monoculture）的全國性實驗，命運就此受到詛咒。

一八四五年夏季，一種叫做馬鈴薯晚疫黴（Phytophthora infestans）的真菌抵達愛爾蘭海岸。它的孢子可能藉由一艘來自美洲的船抵達，愛爾蘭馬鈴薯作物對這種新的病原沒有抵抗力，這個幽靈在馬鈴薯中以驚人的速度擴散，孢子透過風從一片田野傳到另一片。葉子和莖枯黑，地下塊莖變成軟爛的糊狀。空氣中充滿腐敗的氣味。枯萎疫情在一八四六年再度來襲，一八四八年又席捲歐洲的馬鈴薯作物，但在愛爾蘭災情最慘重。

農民的苦難受到殘忍忽視，穀物仍然被運送到英格蘭。社會的不公惡化了這場生物性的悲劇，愛爾蘭農民和他們的家人沒有其他作物可以維生，飢荒、斑疹傷寒與霍亂在這片土地上蔓延開來。由晚疫病啟動的悲劇被稱為「An Gorta Mór」，意思是大飢荒，又稱為愛爾蘭馬鈴薯大飢荒。飢荒促使愛爾蘭難民大規模出走，往西橫跨大西洋。成功抵達北美的人很幸運，在家鄉愛爾蘭，三年內就有一百萬人死亡。現今愛爾蘭的人口仍然比大飢荒與移民潮之前要少，只有約五百萬人，而一八四〇年代有八百萬人。

這場可怕的悲劇為我們上了重要的一課。我們總是渴望控制作為食物所栽種的植物與所豢養動物的特性，讓我們能夠事先計畫，以便管理供應和需求。但那是有代價的，如果我們為此避免馴化物種的演化，就會有潛在毀滅性的代價，尤其是牽涉到病原的時候。

這看似很矛盾，當農業發展被視為是執行風險管理，我們卻成功創造這樣巨大的弱點。狩獵採集者的生活風格與農民相比，看似如此不穩且聽天由命：一種倚靠大自然供養，另一種控制收成並貯存剩下的食物作為保險，為艱難的時刻做準備，但卻也將剩餘轉化成財富和權力。然而看似我們對自然的控制，也許沒那麼完全，甚至遠比我們所希望的還虛幻。我們努力想要控制生物，阻止它們改變，卻忽略自然的基礎就是「變化」。限制馴化物種的演化，會使它們變得極為脆弱。

狩獵採集者當然能教導我們彈性做法，他們以塊莖作為候備食物，但也很努力不要只依賴少數幾個糧食來源。我不是建議所有人都要採用狩獵採集的生活方式。全球人口已經太龐大了，無法如此做。農業支撐人口大量擴張，但在此同時，某種程度上我們被困在這樣的文化發展中。看起來很矛盾，有全世界的動植物可以選擇，我們卻在縮窄選項。表面上，哥倫布大交換在大西洋兩岸都創造新的多樣性，但以全球性看來，我們最後卻只倚靠相對小範圍的動植物，而在那些馴化的物種中，多樣性卻陡降到很低的危險。遠離安地斯山家鄉的馴化馬鈴薯，基因多樣性簡直少得可憐。

一名安地斯山農夫，可能會種超過一打不一樣品種的馬鈴薯。這些品種在外觀上很多樣化，從塊莖和花的顏色形狀，到它們的生長模式都不一樣。山上每個栽種品種都演化成適合略微不同的生態利基，在短短的距離內，條件就可能極大不同。相反的，工業化農業的突進，就是著重在越來越少的品種，讓大片區域施行單一栽培，而且還不只是單一栽培，是無性生殖的單一栽培。我們在培育天性很脆弱的生物。

波倫（Michael Pollan）擁有的生態利基，介於自然書寫和環境哲學之間，他寫道：「以西方的眼光來看，（安地斯山的）農場看起來是混亂的零碎塊狀……完全不像明確有秩序的地景，給人宏偉壯闊的美感。」然而在這些農場，不同栽種品種的馬鈴薯可以同野生鄰居自由育種，多樣性也作為對抗寄生蟲與乾旱的保障，並讓一些栽種品種增加存活機會，比工業化單一栽培提供更紮實的解決方案。無論他們是否由知而行，安地斯山的農夫一直在作物中成功培育並保存基因多樣性。

農夫已經意識到近親繁殖數百年，甚至可能已經有上千年會有的問題。生產一個變異很少的動植物族群，也許能滿足文化習俗和超市要求，但卻讓那些生物陷入危險，容易染上疾病。稀少的品種和栽培品種，就是比較寬廣的基因多樣性珍貴的圖書館，所以保存那些品種十分重要，或者至少要收集和貯藏它們的種籽。在野外以及在像種籽銀行的檔案庫這些地方，維持大而多樣的基因資料庫，可能是我們為馴化物種未來買保險最好的機會。在資料庫中某個地方，有潛在的抵抗力，能對抗尚未浮現成為威脅的疾病，還有創造其他有利新特徵的能力。

但還有另一種方式，將新的、保護的，或在別的方面有用的基因特徵，注入一個家養世系。選擇性育種有用，但緩慢又並非總是產出想要的結果。好幾個世紀以來，那是我們僅有的方式，當然也在家養的動植物身上產生令人印象深刻的結果。但我們改變生物，以適應我們需求的能力，已經受到新的科技轉變，現在我們可以改變基因，基改植物可以被設計成對特定病原擁有抵抗力。一九九〇年代中期，北美農夫實驗種植一種叫做新葉（New Leaf）的馬鈴薯，經過基因改造能夠產生毒素，抵禦科羅拉多金花蟲孳生。這些馬鈴薯是轉基因作物：有一個來自另一種生物的基因。在這個案例中是將來自一種細菌的基因，引進植物的基因組中。

基因改造也許證明是我們火藥庫中一項有用的武器，但肯定不能取代保存基因多樣性的需要，也永遠不會終止作物和病原體之間的武器競賽，因為演化不會靜止不動。那也是具爭議性的科技，能將新穎引入基因密碼，但也可能有難以預測的結果。基改還牽涉到將一個物種的基因資訊，轉移到另一個物種身上，侵犯物種之間的界線，而且打破另一個生物規則。

透過選擇性育種，農民實際上仍是在既有的基因變易中做選擇，並沒有創造全新的變異。正如達爾文在《物種起源》寫道：「人類沒有真正創造變異性。」但透過基因工程，我們卻正是在這樣做。關於打破物種疆界潛在（雖然還不知道）的長期效果，已經有人提出憂慮，也有人擔憂新基因逃脫到野外植物上。還有人會質疑，大企業努力推展讓這項科技的動機。

最終，新葉馬鈴薯從未被廣泛採用。這些基改馬鈴薯很昂貴，需要複雜的作物輪種期，以減輕甲蟲發展出抵抗的可能性，後來市場出現一種新而有效的殺蟲劑。這場特定實驗最後，因市場力量而非倫理反對，不到十年就畫下句點。

也許我們不該就這樣拒絕基因改造，還有另一個方法能利用基因科技，讓馴化物種產生我們想要的特定特色，就是在該物種既有的基因庫中，尋找我們希望的特定基因版本，讓那個基因擴散到整個培育的族群。

這一次不是將基因跨越物種疆界移植，而是縮短傳統選擇性育種的路徑。我想要理解這種基因編輯如何運作，於是造訪愛丁堡的羅斯林研究所（Roslin Institute），去見那裡的遺傳學家和他們的雞群。

第六章
TAMED

雞

母雞距離製造另一顆蛋只有一個蛋之遙。

——巴特勒（Samuel Butler）

明日之雞

現今地球上的雞（原雞屬，學名：Gallus gallus domesticus），數量比人口至少多三倍。牠們是地球上最普遍的鳥類，我們每年約飼養、宰殺六百億隻雞，以滿足人類對雞肉的渴望。雞已經是地球上最重要的農業飼育，但並非一直都是如此。雞在全球興起非常快速，但是發生在近世，始於一九四五年一場在美國的競賽：尋找明日之雞。

這場競賽背後的想法是讓養雞人聚焦雞肉，而非只注重雞蛋，並且要找出美國最豐滿的雞。競賽的贊助商是零售業龍頭A&P食品超市，一九四八年拍了一部電影，他們很聰明的把片名取為《明日之雞》（*Chicken-of-Tomorrow*）。

電影開場是一籃毛茸茸小雞的特寫鏡頭，配上雙簧管吹奏的悲傷曲調，然後音樂淡去，畫面也變了，接著出現兩個女人穿著白色襯衫，撫弄這些嘰嘰喳喳的可愛小雞，將牠們從一個籃子放到另一個籃子。接著出現商業廣告風格的旁白朗誦道：「你知道家禽是這個國家第三大農業『作物』嗎？價值三十億美元的生意！」這段具教育的劇本旁白，正是由電影製片兼播音員湯瑪斯（Lowell Thomas）所唸，他的聲音是二十世紀福斯公司（20th Century Fox）一直到一九五二年新聞影片的代表。

電影出現更多女人，將雞蛋轉移到一個架子上。「飼養者促進雞蛋產出的努力，已經達到偉大成果。現在一隻雞平均每年產一百五十四顆蛋，有些雞甚至每年超過三百顆蛋。」這聽起來很棒，但還不夠好。旁白繼續說道：「但重點在雞蛋生產，家禽肉是這個產業可有可無的副產品。」接著會看到螢幕上出現兩個穿白袍的男人，檢查一隻隻瘦小的死雞，將牠們頭下腳上掛回鉤子。電影告訴觀眾，家禽業在戰爭期間受到推廣，彌補因為紅肉短缺和配給造成的市場空缺。家禽業者擔憂戰後如何維持同樣的需求，所以A&P食品超市（原本是大西洋與太平洋茶葉公司（The Great Atlantic & Pacific Tea Company））挺身而出，贊助一場全國競賽。他們對農夫和養殖者的要求很清楚：「一種胸脯寬闊、雞腿更大隻、大腿更豐滿，以及有層層白肉的鳥。」他們甚至做一個「明日之雞」的蠟像模型，闡明希望那看起來是什麼樣子。他們要一隻看起來更像火雞的雞。

電影搭配輕鬆活潑的音樂「自由之鐘」（The Liberty Bell）進行曲，之後又換成「蒙提巨蟒」（Monty Python）音樂，螢幕接著出現小雞胚胎在蛋裡面成長的片段，每個階段都移除一部分蛋殼，觀眾可以看到小雞的狀況。

鏡頭轉回到沒被打開的雞蛋架，旁白告訴觀眾進入全國決賽的候選雞，都是在相同條件下孵化飼養長大。觀眾可以看到五個穿西裝、來自家禽業的男人，面帶贊同的表情檢查小雞。然後銀幕上跳出一個穿著漂亮白上衣，戴著一串珍珠的女人。她深色的頭髮從兩邊拉起，還擦著鮮紅色的口紅。她手中也捧著兩隻小雞，然後將小雞抬到臉頰旁，露出微笑。「很漂亮的小雞吧？是的，長官！」旁白熱切的評論。不過這雙關語沒有讓人引發淫猥的遐想。在那段輕鬆的過場後，畫面又回到男人身上，正在從事將小雞翅膀綁上標號的「巨大任務」。

我們跟隨這些小雞渡過牠們短短十二週的生命，看牠們長成大而漂亮的雞，有些是棕色，有些是灰色條紋，還有潔白如雪的顏色。牠們被放在一個籃子裡運輸，轉送到籠子裡……然後牠們就成了掛在鉤子上的死雞，準備接受評判。旁白聲音解釋：「每組樣本取十二隻雞當作展示，其他的就送去清除內臟。」這時女人出現，她正在處理雙腳倒掛像衣架上的雞，然後一隻隻往前推。那裡有一個男人在檢視這些雞。最後我們看到幾隻展示用小公雞在籠子裡，和裝箱包著金絲彩帶的屠宰雞。此時外頭有一輛馬車，覆蓋白色毛皮，兩邊掛著美國國旗，載著一名穿白袍、戴王冠的女人：麥基（Nancy McGee），她被形容為「這個計畫的附加吸引力」，是德瑪瓦（Del Marva）的明日雞女王。

只是麥基沒有讓注意力從真正的冠軍身上分心，牠們是一小批由查爾斯（Charles Vantress）和肯尼斯（Kenneth Vantress）兄弟飼養的雞，他們讓紅康乃爾公雞（Red Cornish）與新罕布夏母雞（New Hampshire）交配，結果證明這是獲勝的組合，為兩兄弟在雞的重量與飼料轉化的效率（就是能省錢還能獲得更多雞肉）都拿下第一名。但這只是開始，不是結束。這部影片不只是拍來宣布結果，而是發起一九五一年舉行的另一場全國競賽。更多穿西裝的男人，看起來對未來競賽的前景十分滿意。旁白說出結語：「家庭主婦正在享用改善過的肉雞。」畫面出現許多家庭主婦排成一排，吃著炸雞腿，滿手油膩但開心的咧嘴笑。

這部影片顯然是在一個十分不同的世界拍攝：只有男人做正經工作，女人捧著毛茸茸的小雞靠近臉頰，或是做無聊、乏味的工作。那也是一個雞還很瘦的世界，家禽業夢想將牠們變成現在雞的樣子：快速成長、豐滿、白肉的怪物。沒有改變的是對待雞的態度。從最初構想開始，肉雞的飼養已經很清楚明白是一種工業，影片開場的旁白就直接說是「作物」。而一九四八年優勝雞的基因，被散布到現今的商業雞群中。

這次競賽獲勝的康乃爾紅雞混種，是與在純種飼養類別中獲勝的白羽力康雞（Leghorn）育種而來，之後很成功的產生愛拔益加肉雞（Arbor Acre）。該公司本來是一個小農場，專注在水果與蔬菜，養雞只是副業，後來成為美國肉雞公司的主要供應商。一九六四年，愛拔益加被洛克斐勒（Nelson Rockefeller）收購，之後開始進入世界舞臺，中國有一半的雞都是愛拔益加肉雞世系的後裔，也就是競賽雞的後裔。聽起來很驚人，而且難以想像，育種如何快速且全面地改變雞。

雞肉生產成為巨大的全球產業，牽涉到的不只是前所未見的規模進行選擇性育種，還有嚴謹的育種規範。現在農夫進行的雞隻育種和雞隻飼養完全分開，雞生的蛋可以用機器孵化，這樣就能全面的分開運作。通常，雞農大規模養雞，但不育種雞。育種由他人執行，而且全球只有安偉捷（Aviagen）和科布范特瑞司（Cobb-Vantress）這兩間大型跨國企業主掌市場。

這兩間公司對他們的純種雞隻族群，控制得非常嚴密，從受保護的純種雞群三代以下，他們創造親種家畜（parent stock）賣給肉雞育種農場，在那裡分別來自不同基因世系的雞交配育種，最後成為混種雞，這樣生出的小雞送到肉雞成長農場——就連有機放養雞，都可能來自這些工業化雞隻育種企業，雖然還是有一些比較小的育種公司，專職為傳統和有機市場培養緩慢成長的雞。然而大部分的雞長得很快，而且僅六週大就被屠宰。所以，我們吃的雞肉只是鼓了風、成長過度的大隻小雞，骨頭尖端甚至還沒從軟骨變成骨頭。在純種群中，一隻曾祖母雞就能有驚人的三百萬隻肉雞後代，牠們都無法長到成年。

除了從表型觀點（phenotypic point）控制純種雞的特性，包括檢視雞的成長軌跡、牠們的體重和飼料消耗，雞的育種者現在也利用基因組學來精進他們的選擇性育種技巧。但遺傳學的進展，也提供其他可能性，不只是控制雞的表型，還有辨識有益的基因變異，甚至能以基因改造雞隻。商業雞目前還沒有經過基因改造，但實驗機構已經測試過這項技術。編輯雞隻和其他家畜ＤＮＡ的工具已經存在，可以移除有害的ＤＮＡ片段，植入有益的基因。這個可行的方法是經過一段艱鉅歷程，後續就是要找到利用哪套方式以增進雞群。從蘇格蘭美麗的十五世紀羅斯林禮拜堂（Rosslyn Chapel）開車只要七分鐘，就會抵達丹布朗（Dan Brown）在《達文西密碼》（*Da Vinci Code*）所提的羅斯林研究所，研究員正忙著檢測一種不同的血統、不同的密碼。我旅行到中洛錫安（Midlothian）去見這些新密碼破譯者。

羅斯林的研究員

羅斯林研究所是一棟尖端科技建築，有些設計是為了雞，讓牠們物盡其用，有些設計是讓科學家人盡其才。這裡的科學家專注在讓雞產出最大化，而且不只是透過選擇性育種。幾千年來，選擇性育種已對雞隻施展魔法，過去六十年更是發揮淋漓盡致。但現在可以直接與生物的基因密碼互動，選擇性育種看起來就相對的老派。馴化是持續的過程，這裡正是馴化的最前線。

基因修改的新科技承諾了地球希望，此言不虛。有了它們的幫助，我們在未來能以更有效率、更永續、更平等的方式務農。但是我們還是有點顧忌。對許多人而言，直接操控基因、利用酵素修改ＤＮＡ，這些做法很不適當，人類不該超越自然界線。

我認為這當中一定有什麼搞錯了。我的觀點來自科幻小說，對基改生物有所警戒。小說家兼記者塞爾夫（Will Self）是寫這種令人不安、困擾的大師，在他的《大衛之書》（*Book of*

Dave），有一種像豬的基改動物，稱為摩拖斯（motos），既是寵物也是家畜，牠們很聰明，會像幼兒一樣講破碎的語句，但是牠們會被宰殺吃掉。摩拖斯挑戰我們對動物的認知。我們重視自己的味蕾，遠勝過牠們的生命。這對我來說很不和諧，我已經吃素十八年，現在我能遏制罪惡感吃點魚，但其他肉類仍然不敢入口。

我們為自己和其他動物創造分界，如果人類要吃牠們，這種分界是必須的。你永遠不會考慮吃另一個人（我這樣想像）。但是大部分的人對於養殖、宰殺與吃動物沒有這種問題。那麼改變牠們呢？只要是透過選擇性育種，這是可以接受的。換成植物，利用輻射或誘導基因突變的化學成分來創造突變，然後選擇性的將那些基因改變繁殖到作物，我們對於這樣的做法完全自在。這聽起來新穎又危險，但我們從一九三〇年代就如此做了，已經有超過三千兩百種誘導性突變植物，被創造並釋放出來，其中有些還被作為有機種植推銷。阿根廷栽種的花生大都是以輻射突變種出來的，澳洲種的米大都是從輻射突變種培養出來，中國、印度和巴基斯坦都有種植突變米，在歐洲廣為栽種突變大麥和燕麥，而英國藉由伽馬射線快速掃過植株而創造突變品種「金色願景大麥」（Golden Promise），用來釀造啤酒和威士忌。作物的輻射沒有危險，因為已經擾亂它們祖先的ＤＮＡ，產生出有用的變異。

這些植物很顯然都經過基因改造，所以為什麼利用像伽馬射線這樣鋒利的工具修改基因可以接受，但用酵素以更精準控制的方式做同樣的事情，感覺就會比較危險呢？國際原子能總署（International Atomic Energy Agency）熱衷於將輻射育種與基因改造生物區隔開來，輻射育種被認為只是發生在生物自發性突變的加速版本，屬於變異、演化命脈的部分。但如果我們已經用雷射修改DNA，並稱之為雷射育種，那讓我覺得我們應該更精準也更直接，稱呼生物版本基因修改為酵素育種。

所以我很想到羅斯林研究所和研究員聊聊，聽他們對基因工程，以及進行基因工程最新工具的看法。他們是前線作業的先驅，比任何人都懂科學，也懂觀點和偏見與擔憂交纏而成的漩渦。而且他們很了解雞的基因，那是第一個完整排出基因組序列的馴化動物，早在二〇〇四年就排序出來。巴利克（Adam Balic）解釋這項科技和潛在的用途。桑（Helen Sang）與我談論這項科學，以及圍繞在其周邊的政治。麥克格魯（Mike McGrew）告訴我令人興奮的新發展，以及他對這項科技作為世界有益力量的願景。

巴利克來接我，陪我走上他位在二樓、光線充足的辦公室，這棟鋼鐵、玻璃與黃銅覆蓋的建築，是羅斯林研究所科學家的棲所。牆壁上有小雞胚胎發展各階段的海報。我們坐在占他的桌子最大空間的螢幕前，影像呈現亮綠色的島嶼在黑色背景中發光，這是顯微鏡拍攝的照片，呈現發展中的小雞胚胎。牠的脖子成片的綠色顯示一種特有的組織：淋巴組織，與組成我們淋巴結的東西一樣。這種組織通常不會發出綠色亮光：巴利克更動小雞胚胎，植入一種「報告基因」到小雞的基因組中，不論淋巴細胞組織在哪裡發展，都會發出螢光綠亮光。

他用傳統方式，或說已經在小雞身上用了十二年的方式，對小雞胚胎的DNA做了改變。他採用病毒來完成。許多病毒就是靠嵌入DNA到宿主的基因組內，因此控制這個機制。讓病毒嵌入你感興趣的基因，到另一個生物的細胞內是有可能的。這些病毒載體原本用於人類基因治療，但對雞也很有用。雖然不大可能指導病毒到新基因組的特定位置，但它們會找位置植入基因，讓那個基因有機會受到細胞讀取或表現。

巴利克利用這個經過實證的技術，點亮小雞胚胎中的淋巴細胞。他做的方式是，辨認出在這些細胞中生產、但其他細胞中沒有的蛋白質，然後找到「打開的開關」，也就是位於蛋白質本身密碼上游的密碼管制序列，然後就能建造一段新的DNA，將那段打開的開關與製造綠色螢光蛋白的基因結合，通常是從水母分隔出來。利用病毒載體，巴利克能夠嵌入那一整段基因，也就是開關加上水母基因，到小雞胚胎裡。然後在淋巴細胞中，發亮蛋白質的基因也會被打開。這個基因改造過的胚胎被迫自我染色，在顯微鏡下用紫外線光照亮時，就能清楚顯現。

「這不只是漂亮的照片，也能讓我們量化這些東西。」巴利克解釋。這些影像精確顯示與免疫系統有關的淋巴組織，在胚胎裡發展。這些顯眼的影像對理解免疫細胞和組織如何形成，十分關鍵。我們看小雞如何防禦，就像畫出古老防禦工事的地圖，試圖理解一場戰役是怎麼打的。鳥類的免疫系統十分奇特，和哺乳動物不同，讓我們忍不住質疑，沒有哺乳動物發展出的那些工具，牠們如何存活下來？

「從哺乳類身上學到的東西，都告訴我們鳥類不該存在。」巴利克說：「但是牠們能面對同樣的環境，找出不同的解決方法，應付同樣的病原體。」注意這些差異，並努力了解這些不同為何存在，正是科學精進的目的。淋巴結對哺乳類很關鍵，包括我們人類。鳥類有成片的淋巴組織，但沒有明確的淋巴結，可是牠們也活得很好。淋巴結看似是個很複雜的發明，但為何哺乳類需要它們，鳥類卻不用？我們預設，如果能找出為什麼鳥類以獨特的免疫系統能夠擊退感染，我們就會更了解人類的免疫系統。

基因修改讓胚胎發展能夠比以往更精準勘測，顯然這類基礎科學研究是重要的工具。但基因修改應用出了實驗室，進入食用雞的飼養呢？羅斯林的研究員也在檢視，如何利用古怪的胚胎發展與精準的新基因編輯技術。

把基因的特定版本擴散到一群雞身上，靠的是將那個基因放入產生配子的細胞中，也就是卵或精子。雞生殖腺（人也是）的配子生產細胞被稱為始基生殖細胞（primordial germ cell），基本上是不死細胞，會分裂再分裂，有些後代長大成為卵子或精子，有些則是生殖細胞，準備再次分裂，以製造更多卵子和精子，並且取代它們自己。傳統上，將選擇的基因放入這些始基生殖細胞的方式，是間接且有點偶然，也就是藉由選擇性育種。我們辨認出有特定特徵的雞隻，讓那些雞隻一起育種，希望控制那個特徵的基因會在一些卵子或精子中，並且能成功進入下一代的雞隻身上。要讓一個特徵散布到一群雞身上，需要好幾代的時間。但如果這個過程你能抄近路，藉由確保一隻母雞的卵子或是公雞的精子，都擁有想要的那個基因，那麼牠們的後代就會有那個基因，也會展現出那個特徵。這正是最新的基因編輯工具允許遺傳學家所做的事，而且很意外，要移除小雞胚胎原始的始基生殖細胞以修改牠們，做起來相對容易。

從亞里斯多德（Aristotle）追蹤雞蛋三週的發展以來，小雞一直令胚胎學家著迷。我們可以拿一部分的蛋殼觀察胚胎發展，甚至和它互動，也不會害死胚胎。胚胎在卵子的其中一面發展，你很熟悉那個卵子長什麼樣子，就是黃色的部分，在被蛋白與殼覆蓋之前是個巨大的卵黃。

排卵母雞的卵子直徑約二點五公分，人類的卵子直徑卻只有零點一四公釐，但與身體內其他細胞相比，已經算很大的細胞了。卵子含有足夠的細胞質，也就是細胞內的物質，讓胚胎受精後能發展起來。人類的受精卵能在體積沒有增大的情況下，自行分裂成一團細胞。相較之下，母雞未受精的卵很巨大，就是所產雞蛋中蛋黃的大小，而蛋黃大部分正是卵子。那是一顆巨大的細胞，塞滿卵黃養分，以支撐胚胎發展，且只有一端有非常少的細胞質，只要你願意找，那就在你的早餐盤上。在那些細胞質中，代表雌性貢獻給胚胎基因的染色體，雄性基因的部分已經由精子送到卵子，事情就是這時候變得有趣。哺乳類的卵子分裂很慢，第一次分裂只有兩個細胞，大約在二十四小時完成，雞的受精卵卻不會久留。母雞下蛋的時候，也就是受精約二十四小時後，一團約有兩萬個細胞的小圓盤已經形成。如果你馬上打開雞蛋，就能看到一個白色小圓盤在蛋黃的其中一端。如果產下的受精雞蛋有好好保暖，胚盤（那一團兩萬個細胞）就會持續生長、複製，並發展成一隻小雞胚胎。

雞蛋產下後四天，胚盤已經長成會成為小雞身體的部分，發展中的眼睛明顯可見，小雞胚胎的心臟已經在跳動了。（人類胚胎要受精後四週才會達到相同的發展階段。）到了此時，血管網絡也已經沿著胚胎周圍發展，延伸到雞蛋的整顆蛋黃外圍。如果你透過光線看一顆受精孵育四天的雞蛋，就能清楚看到這些血管，就像從一個紅色的中心點，也就是胚胎本身，向外輻射延伸的蜘蛛網狀紅色觸鬚。如果你能在蛋上打開一個洞，將一根細小的針插入其中一條胚胎血管，就能抽出血液樣本。這個樣本會有早期的血球，但也有一些極為重要的幹細胞。這些是始基生殖細胞，最終會停留在發展中小雞的生殖腺，準備製造卵子或精子。

麥克格魯抽取兩天半大的年輕胚胎血液，這個階段的一小滴樣本就有一百個生殖細胞。接下來他會讓這些細胞遠離胚胎，在培養皿中生長幾個月，這樣能讓他有機會去修改它們的基因：切掉一些ＤＮＡ，然後接合新的。

做了這些調整後，始基生殖細胞就能被注射到基因已經操控的小雞胚胎裡，讓牠不會產生自己的生殖細胞。接下來的發展很正常，基因改造過的始基生殖細胞，遷移到發展中的小雞卵巢或睪丸，小雞孵化並長大成母雞或公雞後產生的精子或卵子，就會含有調整過的ＤＮＡ。

這項能允許遺傳學家精確調整基因組的工具，叫做ＣＲＩＳＰＲ，是基因工程新新石器（neo-Neolithic）工具盒中最銳利的新工具。比傳統的病毒載體方式更精細，但也是向大自然借來的，奠基於多年來對於病毒和細菌如何彼此宣戰的痛苦研究。

有些細菌以聰明的方式自我防衛不受病毒攻，也就是提供牠們對病毒免疫的系統。當細菌暴露在病毒中，它們會複製一部分病毒基因密碼，到它們自己的基因組。這樣看起來很蠢，好像是協助病毒進入，但其實不是。這代表它們可以記住這個病原，並且在下一次有效的擊退它們。這段病原ＤＮＡ兩側受到一段一再重複且奇怪的基因密碼包夾：這是細菌的書籤。

這些書籤被稱為CRISPR：常間回文重複序列叢集（Clustered Regularly Interspaced Short Palindromic Repeats）。當細菌細胞受到感染就會查詢這些書籤，讀取這一小段病原DNA，用稍微不同的分子RNA〔核糖核酸（ribonucleic acid）的縮寫，DNA則是脫氧核糖核酸（deoxyribonucleic acid）〕複製那一段序列，這段複製品就是RNA的「嚮導」，與細菌細胞中一段剪輯DNA的酵素相連，就能作為剪分子的剪刀。RNA嚮導導向並鎖住隨著侵入病原體到來的DNA，然後酵素就會切斷它，使它失去效用。所以，如果你要在一段DNA中進行精準的切割，可以藉由創造一個RNA嚮導來標明你的目標，然後把它交給剪刀酵素（scissor-enzyme），讓它在你想要的地方精確地剪一刀。你想剪幾刀就剪幾刀，想剪哪裡就剪哪裡。

這項新工具應用潛力無窮，有了這個新的基因剪輯科技，就可以比從前任何時候都更精準的剪出特定基因，創造「致命一擊」胚胎。藉由展示就能了解，缺乏一個基因時會怎樣，胚胎發展時會呈現基因的功能是什麼。更加理解基因發展，未來就能幫助我們對付疾病，不只是雞的疾病，而是更廣泛的脊椎動物，包括人類的疾病。CRISPR也能用來移除損壞的DNA，這已經在實驗室應用過，從人體細胞中移除致癌的病毒性DNA片段。事實上，這項技術精細到可以用來從基因組中夾出單一一對染色體，就是染色體的一個核苷酸「字母」（letter）。不過那並非只是用來移除DNA，CRISPR除了讓精準移除一段DNA成為可能，也能放進另一段DNA。細胞從來就不喜歡有DNA被移除，分子機械會啟動機制來修復損害。細胞通常會看一對染色體中的另一個，來協助重建損害的DNA。不過你能向細胞提出建議，引入一段你自己的DNA樣本，讓它去複製。這已經在實驗室中做過，修改酵母來製造生質燃料或改變作物世系，還有設計讓蚊子對瘧疾有抵抗力。美國科學促進會（The American Association of the Advancement of Science）把這項新的基因剪輯技術標示為二〇一五年的科學突破，這個領域正在快速前進，應用的潛能很大，但必定伴隨倫理問題。

桑女士研究脊椎動物發展與基因修改技術超過四十年，對發掘胚胎發展的細節充滿興趣，但是她也研究雞，希望用基改雞來產生有價值的蛋白質，這是牠們不會生產的東西。桑女士已經這樣更動過雞蛋和人類干擾素，這是一種人體能自然生產的蛋白質，但也被用做藥物，協助對抗病毒感染。母雞製造的蛋白含有卵白蛋白這種蛋白質，如果你拿控管序列，也就是卵白蛋白的「打開開關」，與人類干擾素基因結合起來，就能將那段組合加到母雞身上，它們就會開始製造干擾素和卵白蛋白。所以修改雞隻，讓研究牠們的發展更加容易，正如巴利克在淋巴細胞中加入螢光綠蛋白質一樣，也可以讓雞在雞蛋裡為你製造其他有用的蛋白質，例如干擾素。

但近年來，桑女士在羅斯林的研究重點，已經轉移到修改我們所吃的雞。她有興趣的是對真實世界有直接相關的事情，例如促進雞的疾病抵抗力，對於CRISPR能精準快速達成結果的潛力，她非常興奮解釋如何進行。先從篩檢有疾病抵抗力的雞隻開始，例如抗禽流感，然後尋找與抵抗力相關的基因。那個基因可能和另一隻雞的序列只有少數核苷酸不同，但那些微小的不同可能十分關鍵。辨認出一個有用的基因就可以用CRISPR切出另一隻鳥身上的同等基因，然後以有益的基因取代。利用這項技術只是將原本就存在的基因變異散布到整群雞隻身上，不必經過辛苦的選擇性育種過程。當然還有另一個可能性：除了從同一物種身上引進一個基因變異，同樣的技術也能用來引進另一個分別物種的基因。「我們可以將基因資訊從任何地方移動到任何地方。」桑女士讚嘆這項技術。「我認為，將基因資訊跨物種界線移動的概念會引起更多擔憂。」我評論道。「嗯，都是DNA，」桑回應：「我們知道DNA會跑來跑去，你也能在我們身上找到來自其他物種的東西。」這確實找得到，特別是來自病毒，它們最愛把基因之槳伸進其他基因組。

事實上，遺傳學家不只能移動自然產生的基因，從一個物種到到另一個物種身上。他們現在還能製造全新的人造基因。這聽起來很離奇，但已經在雞身上取得成果。「如果你很了解禽流感，就能想出新的方式讓它脫軌。」桑女士解釋道。遺傳學家已經探索這條道路，從無到有創造出人工基因，特別設計來擾亂病毒複製。一個大有可為的基因已經引誘雞細胞製造一種小RNA分子，能夠給病毒製造麻煩，但桑女士的實驗已經證實，那並沒有賦予完全的抵抗力，在基改抗流感雞實現之前，實驗室還有很多工作要做。

研究生物學有許多益處，例如疾病抵抗力，也許能鼓勵大家接受在家畜和作物上使用基因修改。桑女士認為，CRISPR也許能幫助大家緩和恐懼。這項技術的精準程度代表你可以植入一個基因，讓它不會脫軌，在細胞內產生運作。遺傳學家稱這樣的位置為「安全港」，能最大化它被細胞讀取或表現的機率。傳統的基因修改利用病毒載體，無法預測基因會被植入哪裡，雖然事後當然能夠確認。但CRISPR讓你可以直接進入，確保基因正好被放在你想要的位置。

關於公眾對基改的認知，桑女士認為此議題被特定遊說團體挾持，一般大眾沒有充足的機會去選擇：要接受這項科技，還是不要。「目前基改不在選擇範圍內，你無法去超市買基改雞肉，我們沒有販賣任何基改產品。這樣全面排除一項科技，而非讓人們有所選擇，十分不尋常。」

桑女士告訴我，她開始研究這個領域時曾告訴他人她正在做的事，當時的反映很正面：「他們認為很好，是很棒的主意，但只要與食物有關就變成詛咒。」我問她是否認為一切都要追溯至一九八〇年代，生技公司孟山都（Monsanto）爭議性的嘗試引進基改黃豆到歐洲，引發了這場災難。她認為那確實扮演很重要的角色。對於基改的辯論，不知為何變得與跨國企業的主導性交纏在一起。她還有另一項擔憂。「關於我們的食物來自哪裡，這個議題我與『地球之友』的人同樣擔憂，」她說：「我認為那是模糊焦點，沒有聚焦在基改。這是能夠有所貢獻的科技，我們應該要找到真正有貢獻的方法，也允許人們自己做選擇。現在基改變成壞企業的縮影，但那不過是一種工具。」

將基改與大公司綁在一起，不只無法幫助我們了解社會對這項科技的想法為何，也使我們不去思考食物生產的未來。「越來越少大公司控制食物生產，這不是科學問題，而是政治和經濟問題，」她解釋：「而且是個棘手問題。你必須接受那確實很有效率，我們的確需要餵食很多人，但我們需要有更多深入的對話，關於我們如何利用這些科技，同時保護環境，並且將財務收益回饋給社會。」在某些方面，對於基改的擔憂與對這項科技引發的緊縮法規，只讓問題更糟。符合管理者要求的成本，高到根本是禁止發展，只有大型跨國企業能夠負擔投資基改，這樣會僵化創新，讓基改只受到少數大公司掌控。

我問桑女士一個艱難的問題：她覺得下一個十年可能會怎麼樣？基改有可能讓公眾比較能接受嗎？她認為會。年輕人比較不會反對這個想法，「但在美國，我們看到一股後座力，」她說，美國有些州已有行動要執行標誌基改食物，這是過去從未做過的事情。標誌某些產品是基改的想法，在很多方面都很奇怪，尤其當你只會含括酵素引發的改變，卻不包含為生物照輻射而產生的改變。儘管你不同意這種生產方式，但吃基改食物對人類健康沒有風險。此外，基改這個標籤又告訴你什麼？就算只是適度告知，也需要描述做了哪種修改，以及後續影響是什麼。「只要人們想知道，他們就有權利知道，」桑女士說：「這真的是很兩難的論點。」

我們討論了黃金米，一種基改形式的稻米，能提高維他命A的含量，設計來對抗營養不良，得到公眾各式各樣的回應。有些人接受黃金米，認為能為慈善事業盡力，且相信那真的能幫助維他命A缺乏，特別是在世界上一些最貧窮的國家。其他人視黃金米是另一個海報樣板，是基改產業創造出來當作說服工具的產品，這是基改能讓人們接受的面向，但更大的麻煩還在後頭。對販賣基改作物背後，試圖賣更多他們自家除草劑的大公司，大眾不信任他們的動機是合理的，但我們應該相信要協助貧窮農民與社群的努力。一如BT基改茄（BT Brinjal），一種抗疾病的基改茄子，完全不為利益的生產已經做到這點。「如果我們想永續且有效率的生產食物，就不該自絕於某些可以做到的方法。」桑女士做出結論。

要憤世嫉俗太容易了，可惜這項科技一開始不是由大學或非營利企業發展，如果是從他們開始研發，我相信就不會有這樣大的反彈與信任崩解，但基改已經被與大公司的關聯及可疑的動機汙名化，就算現在是由大學進行研究，也很難擺脫掉這種惡名。

對羅斯林研究所的麥克格魯而言，如果最後能夠獲准從實驗室進入真實世界，基因編輯最令人興奮的前景之一就在於促進農場動物的疾病抵抗力，尤其是在發展中的國家。「我們正與非洲的比爾蓋茲基金會（Bill Gates Foundation）合作，」麥克格魯自豪的告訴我：「能使商業雞隻在那裡存活得更好，並在非理想的氣候下生蛋，都會帶來很大的好處。」麥克格魯有興趣的不只是新技術促進養殖商業家禽的潛力，還包括對野外鳥類的應用。

「我真正在乎的是保育生物學。想想生活在夏威夷島上的蜜懸木雀（honeycreeper），人類帶了禽類瘧疾進入夏威夷，蜜懸木雀一點抵抗力都沒有，因為牠們以前從沒遇過禽類瘧疾。」生活在較低海拔的蜜懸木雀已經滅亡，只剩下生活在高山的，因為山上比較涼爽，蚊子無法存活。但現在全球暖化，氣溫升高，蚊子抵達海拔較高的地區，讓蜜懸木雀滅絕的威脅大增。「如果我們很聰明，知道哪些基因負責禽類瘧疾的抵抗力，」麥克格魯若有所思的說：「我們能不能進入野鳥族群中，編輯牠們的基因，然後野放牠們？這樣就會有疾病抵抗力，蜜懸木雀也可以活得很好。」

麥克格魯理解，發展中國家對基改食物的反感。「但如果你能從事對人類、對地球有用的事，這項技術可以用來做很多不同的事情，我想人們會認同並且歡迎這種潛力。」他帶著熱情表示，卻沒有過度興奮。「我們需要更多教育，」他說：「不是網路或小報的假新聞報導的，人們認為DNA是動物的要素或靈魂，我們在改變牠們的靈魂，但等他們理解DNA實際上是什麼，以及這項科技是什麼，他們就不會再害怕了。」然而第一隻基改雞不大可能從禽肉業孵化出來，商業農場對於遊說的人過於敏感，而且美國食品藥物管理署（FDA）偏好標示所有基因修改，就算只改單一一對。與新藥的法規要求一樣，這項科技不大可能在美國興盛。那麼麥克格魯認為第一隻基改雞會在哪裡進入人類的食物鏈呢？「會在中國，」他說：「毫無疑問是中國。他們有遺傳學，而且有禽流感。」如果我是愛打賭的人，我也會立刻下注中國。我肯定最終會證明麥克格魯是對的，如果不是在近期，也會非常快。

先有誰？

我們可以推測第一隻商業直接基因改造的雞會在哪裡出現，但是間接編輯雞的基因組已經好幾世紀了，這開始於何時與哪裡？這答案能讓我們解答哲學家的疑問：先有雞還是先有蛋？

演化生物學有這問題的答案，因為在雞出現之前有原雞屬（牠們也會下蛋），還有牠們的祖先：可以追溯到恐龍甚至更久，顯然是先有蛋。

解答這個問題後，我們仍然需要定出雞真正的起源地。一九九〇年代，研究員很肯定所有的雞都來自單一起源，祖先物種就是原雞（達爾文曾經正確預測），馴化就發生在南亞或東南亞一個分離的區域。現代雞的基因多樣性在那一區最高，在中國、歐洲和非洲就低很多。有些研究員曾提出，雞的家鄉就在銅器時代的印度河流域，約四千到四千五百年前（西元前兩千到兩千五百年）。美索布達米雅楔形文字泥板上提到的梅魯哈鳥（the bird of Meluhha），在西元前兩千年可能就與雞有關，而梅魯哈被認為是印度河流域的古名。不過其他人則偏好更東方的起源。現在，原雞幾個不同的亞種出沒在南亞到東南亞的森林中，從印度、斯里蘭卡和孟加拉，到泰國、緬甸、越南、印尼和中國南方。

這故事聽起來是不是很熟悉？我們知道接下來會怎樣。當基因研究資訊越來越多，雞隻起源的理論就重寫了，這牽涉到橫跨南亞與東南亞的多元地理起源中心。但多元起源也和單一起源相符，橫跨廣闊的區域，並與野生物種大規模雜交。現代雞的基因組含有多股交織而成的基因，是透過原雞與其他亞種的近親鳥類，以及灰原雞和黑尾原雞等不同物種雜交而來。

二〇一四年，中國遺傳學家的研究報告攪亂了一池春水，或用好一點的比喻：把狐狸放進雞群中。他們驚人的宣告：雞是八千年前在華北平原馴化。這與其他相關的科學研究迥然不同，大部分研究員都抱持懷疑態度。原因有好幾個。首先，一萬年前華北平原的氣候不適合熱帶原雞，那是廣為接受的野生雞先驅。第二，這片平原上考古遺址挖出的骨頭身分很可疑，被認為是雞骨頭的有可能是雉，其他骨頭則是誤認，不屬於鳥類而像狗骨頭。中國的研究報告看起來很非凡，其實缺乏堅實證據。南亞和東南亞最有可能是雞的家鄉，雞從一開始就準備征服世界。

太平洋雞

距離雞的家鄉幾千英里之外，牠們被捲入一場持續進行的爭辯，這與西方人對美洲的殖民有關。前提如下：如果雞的歷史和人類歷史如此緊密相連，那麼闡明雞的遠古歷史中一些事件，也能讓我們一窺當時人類在做什麼。重建移民太平洋的人口移動，一直是個困難挑戰。大約三千五年前太平洋島嶼就有人居住，但一波又一波的移民者在他們身後留下令人混淆的痕跡。這種挑戰就像看沙灘上的腳印，想從中尋回那些古老旅程的證據。想像在一個夏末白日，站在英國一片海灘勝地，最後幾家人正在收他們的陽傘、毛巾、水筒和鏟子，準備回家。如果你紀錄下海灘所有的腳印，就能重建當天所有的事件嗎？你能辨認出有多少人來過這裡？從哪個方向走到海灘？大約什麼時候抵達？那絕對是巨大挑戰。

重建古代的移民是一件更令人氣餒的苦差事，然而有了考古學和基因證據結合，勉強讓這項任務成為可能。人類並非單獨抵達大洋洲最偏遠的島嶼，他們帶了好幾個物種，有些是刻意攜帶，其他則不是那麼刻意，但所有物種都有故事可說。遺傳學家試圖藉由研究隱藏在各種不同物種的分子祕密，追蹤人類擴張到太平洋的歷史。這些物種很多元，包括葫蘆、甘薯、豬、狗、老鼠，還有雞。

位於西南太平洋近大洋洲（Near Oceania）的島嶼，三萬多年前的更新世就有人居住。但遠大洋洲（Remote Oceania，包括密克羅尼西亞和波里尼西亞的島嶼群），一直到新石器時代才有人居住，那是人類最後一次遷往無人居住島嶼的大規模移民潮。考古學家和語言學家提出，這次移民以兩波形式發生，較早一波移民潮是農夫，帶著約三千五百年前開始的拉皮塔（Lapita）陶器，而比較晚的一波約在兩千年前，但雞沒有見證到這兩波移民。遺傳學家研究現代和古代雞的粒腺體DNA，發現源於史前單一次引進雞到波里尼西亞。那麼一切就清楚了：有一股奠基世系。後來所有的太平洋島嶼世系都由此演化而來。雞的粒腺體世系，西自所羅門和聖克魯斯群島（Santa Cruz Islands）到萬那杜，甚至更東方的馬克薩斯群島（Marquesas Islands），都回溯到最初史前農民（與他們的原雞）抵達太平洋島嶼的時候。有一陣子，人類基因研究提議，移民潮是以一波的形式發生，但最近對古代人類基因組的分析，支持由物質文化和語言在波里尼西亞群島擴散而提出兩波模式。看起來雞帶領我們走上錯誤的道路，不過這不是第一次。

有一陣子，農民（和他們的雞）往東擴散，可能前進到穿越太平洋。來自復活節島和南美的雞身上，辨認出一種特定粒腺體DNA，就暗示有這樣的關聯。這令人興奮，但也很有爭議，因為這表示在哥倫布之前，太平洋島嶼和美洲就有接觸。復活節島的雞和南美的雞差別很明顯，南美雞是歐洲雞的分支，這比較沒有爭議，符合哥倫布之後從歐洲引進的想法。但這不是說太平洋島民和南美沒有早期接觸，甘薯就找到路，從南美來到波里尼西亞群島，遠在歐洲人抵達新世界之前。現代復活節島民的基因組，顯示與南美原住民混合的痕跡，時間就在一二八〇到一四九五年，而歐洲人要到一七二二年才抵達這個島。可是這仍然是間接證據。要證明這點真正需要的是，哥倫布之前骨頭的DNA混合證據，來自美洲或波里尼西亞都可以，但目前證據難以找到。

遺傳學增添一條重要的證據線索，我們能夠從考古學、語言學和歷史資料取得豐富且完整的故事，不過沒有取代那些來源。每一種都提供分別的觀點，讓我們想像遠古的實際情形，但當我們這樣深思史前史，透過廣角鏡盯著過去，很容易忘記這些是人和動植物，正如我們今天會遇到的一樣。不是物種，而是個體。科學很強大，能回答我們的問題，但有時候我會尖銳地感覺到抽象的冰冷。當然我們靠這樣建構起知識，但有時我們會錯失，沒看到私人的親密時刻。

我們可以想像早期農夫旅行進入太平洋，定居在島上，和狩獵採集者在一起。若是如此，就會有雙向的資訊流通，狩獵採集者分享他們對當地動植物的知識：去哪裡找到它們、什麼東西好吃。農夫也分享他們的知識，還有他們的馴化物種。也許不是一直如此友善，但狩獵採集者越來越採用農夫的方式，開始種植作物和飼養動物。也許沒有任何明確的決定要這樣做，但他們還是成為新石器革命的一部分。

西方早期的雞

新石器時代在歐洲開始時，雞並非與人和家畜最初擴散的一部分，牠們太晚馴化而沒參與。到了雞進入歐洲時，已經是銅器時代的開端。到了西元前兩千年，雞已經從印度河流域進入伊朗。雞可能從中東沿海岸線擴散來到希臘，再穿越愛琴海進入義大利。航海貿易到了銅器時代開始盛行，這是邁錫尼人、米諾斯人和腓尼基人的時代，地中海擠滿定期貿易的商船。另一條替代路線可能讓雞從中東往北擴散，通過斯基提亞（Scythia），然後往西進入中歐。有些雞也有可能從更遠的東方傳播而來，從中國藉由一條北方的路線通過南俄羅斯進入歐洲。

有幾位研究員提出北歐和南歐雞的不同，反映出兩條分別的引進路線。這個家養物種的歷史複雜得駭人，而且還與人類歷史交纏打結。很難追蹤第一批遷移到歐洲的雞，自從那些有羽毛的先驅抵達後，雞就成為天擇和人擇的對象，雞群因為疾病消亡而被取代，人們便從更遠的地方再帶雞進來。十九世紀晚期的養雞人精挑細選，為特定特徵育種，創造出混種，並攪混歐洲雞的遺傳歷史，直到獲得他們想要的雞。但還是有可能解開這個結，雞的歷史就鑲嵌在現今活著的雞隻DNA中。

荷蘭有一場規模很大的雞隻調查，包括十六個花俏品種和商業品種，產生出令人驚嘆的結果。這些雞的大部分粒腺體DNA，都能與來自中東和印度的雞形成一串叢集，印度次大陸是這串叢集母性世系可能的地理起源，但是有許多品種的典型來自遠東，也就是來自中國和日本雞的粒腺體DNA，包括三種荷蘭花俏品種：雷克凡德雞（Lakenvelder）、毛腳矮雞（Booted Bantam）和布瑞達原雞（Breda Fowl），還有一些來自美國的商業蛋雞。這些品種的遠東粒腺體基因很容易引人想像，支持了歐洲北方有一條引進雞的先驅路線，但這些東方世系彼此沒有親近的關聯，反映的可能是比較晚近的家譜。這些難以捉摸的東亞祖先痕跡，可能只有非常短暫的歷史，不是源自銅器時代第一波抵達歐洲的雞，而是來自十九世紀飼養者進口的異國鳥類。目前為止，雞的基因研究無法支持一條北方路線從遠東引入的理論，這些我們熟悉的鳥類進入歐洲是透過地中海。

雞在英國最早的證據約在鐵器時代，西元前第一個千禧年晚期，是羅馬人讓雞在歐洲西北流行起來。雞是不列顛尼亞行省（Roman Britain）考古遺址中，呈現最好的鳥類，然而證據還是很缺乏，特別是與豬、羊和牛的哺乳類骨頭相比，鳥的骨頭相對脆弱，很容易被食腐動物咬碎，因此很難找到留存下來的鳥類骨頭。在鄉村定居地，遠離權力中心和羅馬的影響力，雞的證據沒有很多。但在比較羅馬化的遺址，例如在城鎮、村莊或要塞，我們就會瞥見牠們的身影。既然雞骨頭保存下來的機率很小，這個證據暗示雞（還有牠們的蛋）可能是一種重要食物，至少對羅馬時期英國的菁英階層而言。在羅馬勢力範圍之外的北方，雞一樣變得流行。在南尤伊斯特島（South Uist）和外赫布里底群島（Outer Hebrides），有少數雞骨頭的證據，年代可追溯至鐵器時代，雖然要到維京時代（Norse period）才有廣泛的馴化雞證據，但當時的雞勇敢迎接赫布里底群島（Hebridean Islands）的嚴寒。

雖然有家養雞的證據，就是人吃牠們與雞蛋的證據，但我們還是不該這麼快下結論。有人提出，家養雞最初在中東散播，然後傳入歐洲，當時不是為了肉和蛋，而是為了血腥的娛樂。公雞相鬥的圖案出現在埃及、巴勒斯坦和以色列的印章與陶器，時間追溯到西元前七世紀。這項娛樂在古希臘很流行，也傳到羅馬帝國。來自荷蘭費爾森（Velsen）、英國約克、多徹斯特（Dorchester）和西爾切斯特（Silchester）的雞骨頭考古蒐藏，含有比例高得驚人的小公雞。西爾切斯特和鮑爾多克（Baldock）都有發現人工雞距（cock-spur），表示古不列顛人可能在羅馬人抵達之前就會享受鬥雞。凱撒大帝在他的《高盧戰記》中就寫道，不列顛人「視吃公雞為非法……但他們飼養雞來作為娛樂」。

受到兩條線索論點的支持，認為雞傳播到歐洲可能不是為了肉。首先，中古世紀的雞體型較小，表示肉可能不是飼養者最關切的，也許是為了鬥雞。而且也有書面證據：中古菜單上找到鵝和雉的頻率高於雞。

透過「明日之雞」競賽，馴化雞在二十世紀受到轉化，開始大規模、有系統的選擇性育種。但在那之前，雞開始豐滿起來，與牠們原雞祖先分化開來。過去幾年，遺傳學家已經能辨認基因組中的特定區域，會隨著時間改變，而且與體型增大有關。遺傳學家也能評估基因組的這些改變在何時發生。對全世界現代雞的研究，揭示了這些雞全都帶有兩副一個基因的特定變異，那個基因正是促甲狀腺激素（THS）的受器。這個基因的特定版本，在現代雞身上已經無所不見，讓牠們變得肥肥胖胖。這是最初與雞馴化有關的基因變異，與馴化小麥和玉米中的大顆種籽一樣。然而來自一千年前的雞，ＤＮＡ缺乏這個變異。只有在中古世紀，這個基因突然變得普及，橫掃雞的族群。

造成豐滿的基因突然擴散開來，這與歐洲考古遺址在十世紀時，雞骨頭同樣突然且顯著的增加相符，從占動物骨頭的百分之五到幾乎占了百分之十五。這與宗教和文化改變有關，本篤會改革（Benedictine Reform）禁止在齋戒期間（可能占一年中的三分之一）食用四條腿的動物，但允許吃兩條腿的生物，以及蛋和魚。突然增胖的雞變得極為有價值，而人類居中的天擇接著開始施行效力，促進那個代謝基因變異在雞群間擴散。都市化可能也有影響。雖然居住在城市的人倚賴鄉間的農產品，但他們也能在後院養動物，例如山羊、豬和雞。

荷爾蒙也會影響動物行為與代謝，還牽涉馴化雞一個極為重要的元素：母性直覺完全失效。這聽起來應該對生存很不好，而在野外確實如此。一隻下蛋後就離開雞蛋的母雞，將不會有太大機會把牠的基因傳給下一代，但在馴化母雞身上，那正是我們希望牠們做的。會抱窩孵蛋、停止下蛋的母雞，絕對不會贏得雞蛋生產的獎項。最初的原雞一年下的蛋少於十顆，而我們現代生產力最高的馴化蛋雞，一年可以生產三百顆雞蛋，要能做到這樣，我們得先找到方法培育出孵蛋直覺的雞。也只有養雞農發現人工孵化的訣竅之後才有可能。最早的雞蛋孵化器可追溯到古埃及，但與雞隻失去母性直覺的基因是發生在很晚近。雞隻孵蛋直覺的失去，等同於小麥和玉米不會碎裂的花軸，與在野外成功繁殖不相容，但在馴化情況下卻是優勢。

遺傳學家著手辨認這項行為改變的基因基礎，他們比較兩個在母性直覺程度上相差很大的雞隻品種基因組。缺乏孵蛋行為、以產量巨大著名的蛋雞白力康雞，以及很愛抱蛋的烏骨雞。他們在基因組中發現兩個特定區域，在這兩個品種之間有很大差別，一個在五號染色體，另一個在八號染色體。這兩個區域都牽涉到甲狀腺激素系統，在五號染色體的差異就含有ＴＨＳ

受器基因本身。這個基因的一些改變，在一千年前散布到雞群中，現在於蛋雞和培育肉雞身上都找得到。但THS受器基因的其他改變，可能最近才出現，這解釋了現代品種中雞蛋生產與母性行為的差異，例如白力康和烏骨雞。在雞的甲狀腺激素系統動手腳，看似一石二鳥。或者說，動一次基因就能造成兩個表型變化。我們再次看到一個特定特徵的選擇，如何影響另一個特徵，這個單一基因影響了雞的豐滿和生蛋。

基因、體型和行為，這些相對晚近的改變提醒我們，馴化並非單一的隔離事件，而是一個持續的過程。而基因修改的出現，則代表有用的改變可以快速達成，不必再透過教皇飭令等上十個世紀。

第七章

TAMED

稻米

鋤禾日當午，汗滴禾下土。誰知盤中飧，粒粒皆辛苦。

——李紳，《憫農》（Li Shen, 'Pity the Peasants'）

餵養世界

到中國廣西省的龍勝旅行，你會看到受農業轉化的地貌，這裡人們仍過著好幾世紀以前的古老生活方式。陡峭的山坡矗立在一條蜿蜒的河谷，每一面坡地都闢出一條條梯田。這些迂迴的梯田創造出活生生的印象：一條巨大沉睡的龍。龍勝山幾乎在扭動，這些梯田就像是兩脅的鱗片。龍勝意思是龍的背。

我在幾年前造訪梯田，見了一位農夫廖中普（Liao Jongpu，音譯），他家好幾代都在梯田幹活。那是初夏，我們帶著幾籃稻苗走上山，為新犁過梯田種下新作物。在我們下方還有更多梯田準備插秧。犁這些狹窄、蜿蜒的梯田，沒有工業化的機器，只要一頭牛拉犁就能輕易在上面行走。

廖先生向我示範如何做：一次拿三到四株秧苗，將它們往下推入水下潮濕、柔軟的泥巴中。稻秧看起來就像草，當然它們就是草。正如小麥，稻米屬於禾本科，沒什麼作為食物的前景，卻餵養全球大量人口的最重要穀物。稻米貢獻全球消耗總量約五分之一的卡路里與約八分之一的蛋白質。每年有七億四千萬公噸的稻米產出，除了南極洲以外的每塊大陸都有栽種，雖然它在撒哈拉以南的非洲與拉丁美洲是越來越重要的主食，但全世界約百分之九十的稻米都在亞洲栽種與食用。全球超過三十五億人倚靠稻米為主食，那也是低收入與中低收入國家最重要的糧食作物。對全世界百分之二十最貧窮的熱帶人口而言，稻米比豆子、肉類和牛奶提供更多每人食用的蛋白質。

在許多低收入國家，營養不良的幽魂糾纏著全國人口。全世界有十億人口在挨餓，還有二十億人口遭受隱性飢餓，缺乏必須的微量營養素，包括維他命和礦物質。三個最流行的微量營養素不足牽涉到碘、鐵和視黃醇，也就是維他命A。

維他命A不足容易受到感染，營養不良和傳染病通常共存，兩者互相惡化。當營養不良的人體成為感染的獵物，惡性循環就開始。傳染病抑制食慾，影響腸胃道吸收營養，人體的防衛機制就會崩解。和感染這種災難性的協同作用一起，缺乏維他命吸收也是導致兒童眼盲最重要的主因之一，每年造成約五十萬個病例。這些兒童有一半在失去視力一年內死亡。維他命A能在動物產品，如肉、牛奶和雞蛋中找到。在鮮少吃這些食物的地方，維他命A不足有可能會更加流行。貝塔胡蘿蔔素（Beta-carotene），也就是維他命的前身，在某些植物性食物中能找到，包括綠色蔬菜、橙色水果和蔬菜，但是在人體內轉化成維他命A不大有效。因此你需要吃很多這類植物性食物，才能有足夠的維他命，而對許多貧窮國家的人而言，就是無法這樣選擇。

減少維他命A不足之負擔的公共健康策略，包括鼓勵人們改變飲食習慣、種植富含類胡蘿蔔素食物，例如葉菜類蔬菜、芒果和木瓜，以及提供維他命A補充物給孩童和哺乳母親。另一個促進維他命A攝取的方式，就是強化廣被消費但天生維他命含量低的植物。高收入國家的早餐穀片和瑪淇淋就有增添維他命A，但在較低收入的國家，這不是可行的策略，因為最貧窮的人不大可能取得這些加工食物。

還有另一個方法能注入更多維他命A到日常主食，不是藉由加工而是藉由誘使植物增加維他命A，或至少增加前導物到它們身上。基因修改提供機會可以這樣做，而作為全球如此重要的作物，稻米則讓自己成為完美的媒介。

經過八年研究，二〇〇〇年的《科學》期刊宣布，創造了一種基因修改形式的稻米，能夠生產貝塔胡蘿蔔素。田野實驗四年後在美國開始，接著菲律賓和孟加拉也開始實驗。研究這種米的效果結論是，這種米吃起來安全，而且一小杯米就能提供每天所需維他命A的一半。

但黃金米一開始就引來爭議。綠色和平組織帶頭反對，擔憂黃金米會作為基因工程的公關運作，表面上的人道創始，會為利益更大的基改生物打開大門。他們說黃金米「是錯的方式，也將注意力從解決方案的危險中分散」，同時還製造無法預測的環境與食物安全風險。

二〇〇五年，黃金米的計畫主管邁爾（Jorge E. Mayer）強而有力的反駁綠色和平的批評。新版黃金米產生的貝塔胡蘿蔔素，含量比原型高二十三倍，他對依然引發環境主義者的反對與蔑視感到灰心。他指控綠色和平忽視證據，固守「反對生物科技」的議程。對邁爾而言，綠色和平和他們的同盟就是新的盧德分子（Luddite），對抗新的農業工業化革命。他寫道：

> 沒有人能夠提出富含維他命原A好處的黃金米，會怎樣對環境或人類健康造成威脅的情境。反對陣營剩下的就只有對這類科技感知到的風險，根植於不可理解、仍須清楚說明的危險。在此同時，真正的威脅確實存在，就是普遍的微量營養素不足，在全世界害死數百萬孩童與成人。

對黃金米的批評認為，既存的防禦和補充品計畫，可能被比較不成功的冒險推翻。邁爾辯稱，這個批評無法認知到基改稻米的潛力，能成為維他命A不足的一個永續、具成本效益的解決方案。另外批評陣營也沒有認知既有計畫的失敗，無法觸及偏遠的鄉村區域，那裡需求最為迫切。邁爾提出他自己的倫理反駁，反對顯然可以在地球上最貧窮的社群中，對人類健康有這麼大益處的東西，道德上要怎麼辯解？他質問政府，特別是歐盟，如何能依據在他看來如此脆弱的證據行動，以如此嚴苛的法規來限制這項有益的進展，他們威脅要勒死這計畫。

黃金米成為支持基改是對改善貧窮有益的樣板，生物科技產業也越來越偏好展現自己對生態友善。但是有些陣營懷疑，雖然基改業者努力要呈現他們都是為了永續經營、進步且具有關懷情懷，事實上卻是一群本質上很自私的企業，在加厚他們的口袋。信任已經打破，戰線早在黃金米現身數十年前就已畫下。

一個怪物的創造

業界最大的企業孟山都，已經呈現了關於基改作物在全球農業中令人困惑的不同訊息。一九九〇年，孟山都的首席科學家施奈德曼（Howard Schneiderman），寫一篇關於基改技術的文章，強調其多項好處，同時也告誡這不會是萬應藥，不會是全世界農業需求的通用解決方案，而且不應該用來將農夫推向單一栽培與商品作物。但同時，孟山都企業巨人正在有目標的深耕，刻意聚焦在少數標準化除草又抗蟲的棉花與玉米品種，明確設計來作為單一栽培的商品作物。

人類學家葛洛弗（Dominic Glover）追蹤這段先驅科學家的願景與企業作為相悖離的歷史，一直追溯到孟山都興起為生物科技巨擘的時候。一九七〇年代，孟山都從事的是石化業，包括農業使用的石化產品。這是有風險的生意，利潤與油價緊密相連，最好的時候利潤也很微薄。綠色革命（Green Revolution）帶領農業進入另一個層次，有新品種的穀物、新的灌溉系統、殺蟲劑和合成肥料，支撐一九六一到八五年間產量成倍增長。但數十年的創新之後，要找到新的農化藥品，能夠比前一批更有效，越來越困難。

孟山都也碰上困難，它生產的有些化學藥品，包括戴奧辛和多氯聯苯，被證明會傷害人類健康與環境。訴訟案件開始堆積，這間公司的未來岌岌可危。孟山都的生存越來越只倚靠一種除草劑，他們全球性的暢銷品嘉磷塞，也叫年年春，一直是很大的成功商品，但孟山都不能枯坐在他們的桂冠上，嘉磷塞的專利終究會到期，這間公司需要擴展他們的地平線。

一九七三年，科恩（Stanely Cohen）和博耶（Herbert Boyer）從一個細菌取一段基因密碼，引入另一個細菌，創造出第一個轉基因生物，也就是在生物之間移動DNA，生物科技（尤其是基因修改）看起來是值得探索與投資、充滿前途的領域。孟山都裁撤化學和塑膠部門，重新創造自己為生物科技先驅，他們進入商業基改作物的第一場突襲是以抗嘉磷塞大豆的形式興起，這樣也支撐嘉磷塞的市場。如果你種基改黃豆且以嘉磷塞為田地除草，所有的雜草都會死掉，但黃豆會長得很好。一九四四年，抗嘉磷塞大豆在美國被批准用於農業，一九九六年孟山都企圖讓這種黃豆進入歐洲市場，然而他們選擇的時機實在很糟。

對工業化農業的施行與對政府的猜疑正如日中天，十年前，傳染病牛腦海綿狀病變（BSE），又稱狂牛症，在英國的牛隻間爆發開來。這個可怕且無法治療的病，在長達好幾年的潛伏期後會導致牛隻腳步踉蹌摔倒，變得具有攻擊性，最終死亡。這種傳染病從一九八六年一直持續到一九九八年。

這種疾病的起源可追蹤到被餵食蛋白質補充品，也就是肉和肉骨的小牛，那些補充品受到患有羊搔癢症的羊隻遺骸汙染。牛隻被禁止餵食肉骨粉，上百萬頭牛隻被撲殺，但有成千上萬受感染的牛隻已經潛入人類的食物鏈。即使英國政府努力安撫憂心忡忡的民眾，但大家還是恐懼害怕吃了這些染病的牛肉也會被感染。一九九〇年，農業部大臣伽梅爾（John Gummer）甚至帶著四歲女兒蔻蒂莉雅（Cordelia）公開吃漢堡，以展示英國牛肉的安全。但接著人們開始染病，令人懷疑就是人類版狂牛症，那會導致摔倒與腫瘤，最終陷入昏迷和死亡。患者的大腦變成多孔海綿狀，和患有狂牛症的牛一樣。進一步研究提供狂牛症和人類版本疾病之間的關聯，這種疾病被稱新型庫賈氏病（Creutzfeldt-Jakob disease），簡稱ｖＣＪＤ。雖然新型庫賈氏病的死亡病例與其他威脅相比很少，二〇〇〇年有二十八個死亡病例達到高峰，但侵襲受害者的方式卻特別令人痛心。

英國政府最後在一九九六年承認感染ＢＳＥ的牛肉，對人類健康有風險，這時公眾對工業化農業和對政府的信任已經粉碎。這時孟山都進場，歐盟官員於一九九六年批准進口他們的基改黃豆，但英國消費者抱持高度懷疑。一九九八年，查爾斯王子（Prince Charles）在《每日電訊報》（*Telegraph*）寫一篇文章，標題是「災難的種籽」，他警告，將基因在一個物種與另一個物種之間轉換，「將人類帶入屬於上帝，而且專屬於上帝的領域」。綠色和平組織也展開活動，對基因修改生物ＧＭＯｓ的恐懼往外擴散，它們被視為怪獸般的創造，是科學發狂的結果，被媒體貼上「科學怪食」的標籤。接著，歐洲的超市禁止含有基改成分的食物。

孟山都以宣傳廣告回應，大打基改辛苦成果的人道潛力，聲稱「擔心餓死未來的世代，無法餵飽這個世界，但食品生物科技可以改變未來。」一九九九年，孟山都執行長夏皮羅（Bob Shapiro）在第四屆綠色和平事業大會（Greenpeace Business Conference）演說。夏皮羅說他要對話，而不是辯論，他認為孟山都確實有罪，因為太相信科技能做出有益的影響。這聽起來太像假道歉，他強調生物科技潛在的好處，可以減少用水、土壤侵蝕和碳排放，但是對許多人而言，這聽起來就像空洞的承諾，尤其孟山都希望引進歐洲的基因修改生物，是一種抗除草劑的黃豆。不論那種黃豆最後產量究竟多麼豐富，都像孟山都用另一種方式販售他們賣得最好的除草劑。據說，孟山都的高層科學家弗拉利（Robb Fraley）曾哀嘆：「如果我們能做的只是賣更多該死的除草劑，我們根本就不該存在這個業界。」修辭和實際作為之間的鴻溝，從沒如此鮮明。

在同一場大會，英國綠色和平組織的執行董事梅爾謝特（Peter Melchett）宣布：「公眾已經仔細看了你們所提供的產品，並且說『不』。人們對大科學和大公司越來越不信任。」他接著預測：基於對文明價值和對自然世界的尊重，不只歐洲人，全球都會拒絕基改。他是對的。反對基改很快成為全球現象，一九九九年，德意志銀行（Deutsche Bank）分析師宣布：「基改生物已經死亡」。

二〇〇六年，隨著美國、加拿大和阿根廷的行動，世界貿易組織裁定歐盟暫時中止基改食物。這個裁定是違法的，即使對公眾健康風險的擔憂，但並不為科學證據支持。然而政府不是唯一築起貿易障礙的人，消費者和超市持續抗拒。狂牛症讓歐洲消費者對風險十分敏感，尤其是與大公司有關聯的風險。

孟山都的形象一向令人詬病，現在更轉化成像魔鬼的企業。在網路上搜尋邪惡孟山都（#monsantoevil），你就能了解針對這個科技巨人的仇恨與不信任。而與超級惡棍形象無可避免相連的，就是基因修改的科技本身，還有人類不該傲慢到去種植災難的種籽。對抗除草劑基改黃豆的不安，與對大科學和大公司的不信任，成功絆住這項科技的腳步。

上個千禧年末，夏皮羅在綠色和平大會上那場演講有一股尖刻與諷刺。這位孟山都執行長說，前進的道路是對話，而非兩極化的辯論。如果這間企業從他們的研究計畫開始就雙方溝通，與農民和消費者成為夥伴，那麼這個故事可能會不同。然而他們對基改的好處太過肯定，他們的首席科學家稱之為「史上最重大的科學和技術發現」，因此他們認為需要做的就只有說服每一個人。孟山都的管理階層顯然假設，這項技術會被順服的全球公眾接受，但他們對基改在一九九〇年代後期於歐洲引發的反彈十分意外。

歐洲市場對他們關上大門，孟山都急切需要找到消費者，於是他們的注意力便聚焦在發展中國家。他們買下南營國家（Global South）所有的生物科技和種籽公司，公開保證支持貧農和保護環境，設立小農計畫（Smallholder Programme），在較貧窮國家注入資金研究基改作物的衝擊。我們很容易認為這只是公關行動，為了瓦解對這項科技的反對，但孟山都的老闆在歐洲反彈之前，就已經表達要改善貧窮國家。也許大眾的質疑和反對對孟山都有益，將這間企業推向他們的福音派科學家願景，走上更人道的道路。雖然冷嘲熱諷很容易，但正如羅斯林研究所的麥克格魯相信的，基改某些應用最終能夠幫助世界最貧窮的社群。

在孟山都保證協助貧農的同一時間，也慷慨釋出智慧財產權，與公營部門研究稻米基因組的科學家免費分享知識和科技，包括與歐洲的科學家共同研發黃金米。

黃金米的黃金未來？

第一版黃金米由蘇黎世聯邦理工學院（Swiss Federal Institute of Technology）的波特里庫斯博士（Dr. Ingo Potrykus），與德國佛萊堡大學（University of Freiburg）的拜爾博士（Dr. Peter Beyer）帶領的團隊發展出來，一九九九年公諸於眾。黃金米二〇〇〇年登上《時代》雜誌（*Time*）封面，但是十年後卻無法送到農民手中。當時最普遍的基改作物是抗除草劑基改黃豆，然後是抗除草劑與抗害蟲品種的玉米，都是工業化規模的商業作物。為了幫助窮人的基改稻米，是以較慢的速度蹣跚前進。

最初研發黃金米的遺傳學家成功轉移兩個基因，一個黃水仙基因和一個細菌基因進入稻米品種，讓這種植物合成自己的貝塔胡蘿蔔素。二〇〇五年，進一步的基因操控〔由孟山都主要競爭對手，瑞士農業化學與生物科技巨擘先正達（Syngenta）進行〕讓黃水仙基因換成一個玉米基因。產生的第二代黃金米，比前輩製造更多貝塔胡蘿蔔素。

黃金米的發明人將新的基因植入粳稻，不過秈稻才是亞洲種植最廣的品種。為了將「黃金」特徵從基改粳稻傳送到秈稻，稻米育種者採用傳統的育種技術。在二〇〇四和二〇〇五年美國的田野試驗後，二〇〇八年亞洲也進行小規模的試驗，隨後二〇一三年又擴大試驗。印度農業研究員仍在努力將這項特徵培育到印度流行的稻米品種中，但是二〇一六年還是沒有任何種類的黃金米種籽能讓農夫種植。在實驗室看起來如此有希望的先進科技，要轉換成真實世界的作物，證實比原先預期的困難許多。很重要的一點是，培育金黃色這項特徵到其他稻米品種時，會導致產量減少，但是黃金米的擁護者怪罪反基改運動導致進展緩慢，這種作物的發展確實受到間接與直接的阻礙。菲律賓的試驗作物就遭到破壞——不是農民，而是反基改行動分子。

正如我們所見，對黃金米及其他基改作物的反感，來自於對大科學、大公司、工業化農業，以及政府無能辨認風險和保護百姓與環境的擔憂。他們的擔憂包括食品安全、環境衝擊，還有農民主權的喪失。第一個疑慮很容易消除：沒有證據證明基改食物對人類健康有風險。

但第二個擔憂就很真實，野生物種很有可能受到基改作物基因的汙染，而且很難預測會有什麼樣的生態衝擊。在墨西哥，跨物種基因從基改玉米流進當地舊有的品種，已經引起眾人非常擔憂。在基改作物最先種植的中國，抗蟲害棉花已經是個成功故事，但那樣的成功卻是因為藐視法規，讓基改特徵「從雷達下」育種進入當地品種。新科技一旦釋放出去，就沒有辦法再收入瓶中。

我們如何處理改造的基因逃脫進入環境，這個議題很大部分取決於基改是否被視為只是傳統育種技術的延伸，伴隨著馴化物種和牠們野生同類之間一直在發生的雜交，還是被視為一種全新的現象。基改的擁護者偏向支持前一個觀點，淡化不同物種之間交換基因的憂慮，而將基改視為植物育種的自然進展，他們認為這就像工業革命的紡織工廠，是簡單旋轉紡織機的自然延伸。儘管如此，其他製造新作物的高科技，例如雷射育種，都沒有激起同樣的憂慮。

反基改遊說者表達很清楚，這項科技將改變遊戲規則，劇烈改變人類與其馴化物種和自然世界的關係。其實兩方說的都有道理，基改從根本上改變了遊戲，或至少在植物育種上會顯著改變規則。不過，農業及之前的狩獵採集，一直都對自然世界有衝擊，幾乎不可能預測這項新科技的長期影響為何。這一向是新科技興起時會有的問題，可能也是最重要的原因，讓政府對種植基改作物如此謹慎，並且採取預防性原則。

第三個憂慮是關於貧窮社群的食品主權，這是嚴肅的議題。科學家、政治人物和記者，通常都提倡基改科技是幫助窮人，但對發展中國家的真實利益，目前證據卻薄弱且缺乏基礎。現有的跨基因作物設計，都是以富有國家工業化農場為主，但執行研究的地方則在較貧窮國家，即使能為發展中國家帶來經濟益處，但不代表就是由貧窮農民在小農場中種植。舉例來說，阿根廷大部分的基改作物都是純商業作物，種植在大片工業化的農場中，主要是為了產生收益，而非為了餵飽當地人民。

儘管如此，基改作物還是在一些地區爭取到立足之地，即使有疑慮的風險，但一旦禁令解除，基改作物就會快速被採用。二〇〇一年，南非讓種植基改白玉米合法化，不到十年，那裡種植的白玉米就有超過百分之七十是基改白玉米。二〇〇二年，印度允許農民合法種植基改抗蟲棉花，十二年後，這個國家種植的棉花百分之九十都是基改棉花。二〇〇三年，巴西政府合法化基改黃豆，八年後，該國境內生產的黃豆超過百分之八十都是基改黃豆。同樣的，菲律賓的黃玉米、中國的基改木瓜和布吉納法索的基改棉花，合法化後基改作物都在該國快速擴張。如果產量是新品種能夠克服的問題，如果經濟上確實有效，黃金米的未來應該一片光明。然而有一件事讓黃金米和其他基改成功的故事有所區別，甚至可能破壞其潛力，那就是黃金米是糧食作物。

工業化作物，例如作為動物飼料的玉米或紡織業用的棉花，我們感受的風險和利益與糧食作物十分不同。儘管歐洲政府、零售商與消費者都設下障礙，防堵將基改食物提供給人類，但動物還是被餵食基改玉米與大豆，這點令人玩味。將近百分之九十的歐洲動物飼料，是從美洲進口的基改作物。基改食物必須標示，卻沒有要求標示吃基改飼料的動物產品。

人們對基改糧食作物會影響健康的焦慮其實沒有事實根據，卻會削減對農民與經濟的潛在好處。二〇〇二年，印度政府允許種植基改抗蟲棉花，但二〇〇九年卻禁止使用稱為ＢＴ基改茄的基改抗蟲茄子。茄子的基因特徵與棉花一模一樣，奠基在植入一個單一的細菌基因，這個基因的生成物對昆蟲的幼蟲有毒。反對ＢＴ基改茄的聲浪，主要就是圍繞在沒有科學證據的擔憂，認為這種殺蟲的蛋白對人類也有毒。儘管有來自印度與全球科學家的異議，印度環境部長還是堅持他的信念，停止基改茄子的種植。這聽起來令人訝異，但故事並非總是如此。從一個國家到另一個國家，從一種作物到另一種作物，政治、社會和經濟氛圍都在變化。二〇一三年，孟加拉合法化種植BT基改茄。目前為止，成果看起來很有希望，減少殺蟲劑的使用，產量也有增加，但爭議依然持續延燒。

研究指出，如果基改食物對消費者的好處更加明顯，也許消費者會改變想法。在紐西蘭、瑞典、比利時、德國、法國和英國的路邊水果攤做一項實驗，提供傳統有機未噴灑農藥的基改水果，發現只要價格公道，消費者很願意買基改水果。如果基改水果代表另一種沒有殺蟲劑的替代品，價格又比有機水果便宜，就會是消費者很好的選項。

如果企業基改作物，例如BT基改茄或黃金米進入我們的農業，結果對生產力、經濟和人類健康都有明顯好處，那就必須與風險衡量：跨種基因無可避免會逃脫進入環境中，對社會也有影響。但富有國家大聲嚷嚷反對基改的人，需要更謹慎考慮他們的反對，會如何影響發展中國家的農民是否要種植基改作物的選擇能力。正如政治科學家赫林（Ronald Herring）和帕伯格（Robert Paarlberg）說的：「大部分發展中國家的農民，仍然無法使用（這些）新品種的糧食作物……除非富有國家的消費者改變對基改作物的想法。這並非歷史上第一次，由富人的品味來驅使窮人的福利。」

孟山都想將基改黃豆引進歐洲的不幸嘗試，緊接在狂牛症醜聞之後，成為基改反對陣營的避雷針，一如綠色和平組織梅爾謝特的預測。近二十年過去了，我們開始理解基改作物可能會有的衝擊。只有時間能說明黃金米究竟能否被接受。也許農民很快就能取得，而且作為一個便宜有效對抗缺乏維他命A的方法，其前景能如研發者一向希望的受到試驗。

之後我們就能知道，這些年的等待是否值得。

全球超級作物的卑微起源

現在稻米到處都是。如果你想解決全球普遍缺乏維他命的問題，最好的方式是將稻米植入新基因。不過馴化稻米的起源，也充滿爭議。

栽種稻米有兩種，光稃稻又稱非洲稻，栽種於西非小片區域，南美也偶有栽種。亞洲稻又稱水稻，分布較廣，包括兩個主要的亞種：粳稻和秈稻。粳稻品種穀粒較黏較短，是一種高地植物，種在乾燥的田地中。秈稻不一樣，米粒長而不黏，在低窪淹沒的田地生長繁茂，例如農夫廖中普蜿蜒的水淹梯田。秈稻幾乎只長在熱帶，粳稻則有熱帶與溫帶兩種形式。兩個品種都與野生稻物種密切相關，它們是祖先與後代的關係，還是源自於不同的起源？

稻米的野生祖先野生稻是一種濕地植物，生長範圍橫跨亞洲大片地區，從東印度通過東南亞，包括越南、泰國、馬來西亞和印尼，到中國東部和東南。但是考古學和植物學線索指向這個範圍中的一個特定區域：中國，為馴化稻米的起源地。這個起源地也馴化黃豆、紅豆、小米（粟）、柑橘屬水果、甜瓜、黃瓜、杏仁、芒果和茶。作物馴化最早的考古學證據（稻米也在這些最早的馴化植物中）可追溯到約一萬年前。

二〇〇〇年，遺傳學家帶著他們的證據面對稻米起源的問題，考古學證據和基因標記顯示同樣的故事，秈稻的單一起源是在中國南方，粳稻則是比較晚發展出來的陸地適應品種。但並非大家都同意這個說法，有些遺傳學家爭辯，秈稻與粳稻之間的差別太大，不可能在這麼短的時間內演化出來，暗示兩個品種是獨立馴化。稍後的研究支持雙起源模式，但還是有個小問題：這兩個亞種基因組有些區域看起來過於相像，不應該如此。而這些區域與關鍵馴化特徵相關，包括減少碎裂、長得筆直挺立、比較少四散亂長的旁枝，和稻殼從黑變白。如果粳稻和秈稻來自分別的起源，是來自野生稻兩個不同的亞種，這些基因就不應該都一樣。

這個故事的展開看似跟隨類似的軌道：早期基因研究只看少數標記，導致單純單一起源的提議，然後更廣泛的基因研究提出多地區多個起源。基因組好幾個部分提供了與過去事件相抵觸的證據。

二〇一二年，中國遺傳家再度處理這個問題，在《自然》期刊發表他們的發現。他們對一系列野生和栽種稻米品種進行基因組的研究，再次發現基因組有些區域，特別是與馴化特徵有關的，暗示著最近有一次分化——因此栽種稻米是單一起源。然而，其他區域卻揭示更深層、更古老的故事，指向多個起源。這是栽種品種與長在分隔的地理區域中不同野生稻米品種，它們的相似讓遺傳學家能夠解開這個謎題。不論秈稻或粳稻，在基因組五十五個與馴化特徵密切相關的位置，都與中國南方一個特定族群的野生稻最為相似：野生稻的祖先也是馴化稻米的祖先。橫跨整個基因組，粳稻仍與中國南方的野生稻最相似，秈稻則和東南亞與南亞的野生稻比較親近。如果稻米最初是在中國南方馴化，然後粳稻往西散布，途中與當地野生稻品種雜交，這樣就有道理。當然，稻米不是自己遷徙的，就像在近東，中國的新石器時代導致人口擴張，農民也在移動。現代西藏人的Y染色體含有一波移民的證據，約在七千到一萬年前。漸漸的，來自東方的馴化粳稻與幾乎已經馴化的秈稻接觸，且與玉米相同是單一馴化再擴張，一路牽涉到與其他野生品種或馴化原種雜交。

思考馴化稻米的起源之時，我回想在農夫廖中普狹窄蜿蜒浸水的梯田中，他交給我種植的那一把毫不起眼的秧苗，每一把都連著根，只有少少幾片草葉。這種草類物種怎麼會變成重要的同盟？就和小麥、玉米一樣，一開始以稻米作為食物，看起來似乎是個神祕謎團。在馴化開始進行前，在重要的不碎裂花軸出現之前，在稻穀大小增長讓產量變大前，很難想像為什麼會有人以這種不起眼的草類，和它稀疏的堅硬穀粒來填飽肚子。

部分答案就在飲食的複雜和馴化長而緩慢的過程，雖然從現代的觀點來看，稻米非常重要，但一開始它只是很次要的作物。小米是早期穀物中很重要的作物，馴化可追溯至一萬年前，而且它的散布看似先發制人，壓制稻米的散布。然而就某些方面而言，小米讓稻米的馴化更令人驚訝。野生版本的小米，穗上種籽的產量令人印象深刻，這會吸引狩獵採集者。但要理解為什麼會有人給稻米機會，就比較難以想像。不過稻米並非突然從沒什麼希望的野草，一躍成為重要的日常主食。一開始，它只是中國南方人民採集食用的一系列食物中之一小部分。東亞早期的農夫種植多種作物，包括像山藥和芋頭一類的澱粉根莖類，還有非食物的植物，像是葫蘆或黃麻。正如靠近黃河流域，位在現今河南省有八千年歷史的賈湖遺址，顯示當時的人也吃大量野生食物，像是蓮藕、荸薺和魚，不過稻米也混在其中，後來它的重要性逐漸增長。

講到稻米馴化究竟是在哪裡發芽這個問題，考古學家與遺傳學家大致上同意——但只是大致上。基因和考古學路徑都引領至中國南方，不過這片地方很大。最初發表單一起源然後雜交模式的中國遺傳學家，認為珠江河谷中游，也就是現代的廣西省是馴化稻米的家鄉。在龍勝著名的梯田上那種千古不變，或至少深埋在過去時光的感覺，可能不只是個浪漫的想法。（我在想，廖中普會不會是最早期種稻農夫的直系後裔之一？事實上他很有可能就是，還有其他每一個中國人都是。當你追溯那麼多代時，那正是人類層層包裹起的家族樹本質。）

基因辨認珠江河谷為稻米馴化家鄉的問題在於，那與考古證據相抵觸，馴化稻米最早的痕跡是在更北方的長江流域被發現。追溯到一萬至一萬兩千年前，在這條江較低窪的地方有證據顯示，人類越來越著重採集野生稻米，是延續更早期較零星的食用。長江流域的洞穴與岩石避難所，有找到石磨板和野生稻殼，年代超過一萬年前。還有看起來是馴化稻米的稻殼，在浙江省上山遺址的新石器時代陶器中找到，那顯然是混入黏土以增添韌性。陶器的年代約在一萬年前。年代在九千年前的湖西遺址附近發現的稻米小穗，顯示不會碎裂特徵的清楚跡象，這是馴化的一個重要標記。野生與栽種的稻米植矽體不同，被用來顯示稻米大約從一萬年前開始轉變為馴化物種。到了八千年前，長江好幾個考古遺址都含有馴化稻米的證據，奠基在穀粒本身的特色。接著，約七千年前稻米開始轉向，馴化種類數量開始超過野生種類。

當然，永遠都有一個可能，來自長江的早期信號只是人工製品，只是因為研究員比較長久檢視那裡，或在那個區域比較幸運，而珠江河谷比較早期的遺址尚未發現。因此有一群考古學家不靠多個遺址，而是以更精細的研究方法，盡可能利用整個亞洲所能得到最多的考古證據，產生稻米散布的電腦模式。這些模式也預測稻米在長江中下游區域的單一起源，或更有可能是兩個緊密相連的起源。儘管我對龍勝美麗的景色有浪漫的偏好，但如果現在要我打賭，我會賭長江。

寒冬來了

稻米開始馴化的時間很重要。同一時間，在亞洲的另一端，人們開始種植生長在那裡的野生穀類，裸麥、大麥、燕麥和小麥。在一萬一千到八千年前，肥沃月灣那些穀類成了日常主食，並且從野草轉變成馴化作物，與在遠東的小米和稻米一樣。

這看起來太巧合了。位於亞洲兩端的狩獵採集者，同時發展出對野草的偏好，且變得越來越倚賴這些野草，最終栽種它們成為作物，這當中肯定有些什麼，聯結人類一模一樣的行為變化。某種在肥沃月灣和在長江河谷，兩個之間相距四千英里的地方都有效的因素，那個因素最有可能就是氣候改變。

在最後一次冰河時期寒冷乾燥的巔峰，野生稻米會被限制在比較潮濕的避難所，也就是東亞的熱帶區域。當氣候從約一萬五千年前起溫暖起來，受到大氣中增高的二氧化碳刺激，野生稻就會擴散開來。密集叢生的野生穀類上面滿是穀粒，呈現給亞洲的狩獵採集者可靠又容易取得的食物。在這些有利的氣候條件下，野生稻和粟可能比現今看起來更有前景。正如我們對玉米的懷疑，有些植株的特性比較接近後來在馴化過程中會培育整個族群的植物，也就是有比較大的穀粒和比較少的分支，這是很好的食物來源，也比較容易採集。

但約在一萬兩千九百年前，新仙女木期來襲，寒冷乾旱持續超過一千年。面對日漸縮減的野生食物供應，人們可能受到驅使去控制那些資源，開始栽種人類倚重的野草。發生在新仙女木期之前的人口增長，代表資源在緊接而來的氣候急凍下，受到更大壓力。對西亞的小麥和東亞的稻米，可能還有中美洲的玉米而言，新仙女木期可能是個關鍵因素，推動這些物種趨向人類，這種影響將會持續好幾世紀，甚至上千年的聯盟。作為可靠的資源，穀物在人類飲食中變得更重要，甚至成為日常主食，於是下一步就是栽種。

然而就算穀類栽種在西亞和東亞的發展，某方面算是受到氣候改變的驅使，這片廣袤大陸兩端的新石器時期卻以十分不同的方式演化。在西方，農業的發明在陶器發明之前，有一段很長的陶器前新石器時期，從將近一萬兩千年前一直延續到約八千年前。在東亞，陶器先出現，比最早的農業證據更早出現在考古紀錄。沒有陶器前新石器時代，但有新石器時代前的陶器，年代可以一直往更早以前回溯。

日本發展精細的狩獵採集繩文文化，他們的陶器年代可追溯到將近一萬三千年前，長久以來一直被認為是世界最早期的陶器。但過去十年，更早的陶器傳統證據在亞洲出現，俄羅斯東部和西伯利亞的遺址發現，可追溯到一萬四千到一萬六千年前的陶器證據。分析陶器碎片與中國南部道縣一個山洞的遺物，出現的年代早到令人目瞪口呆，約在一萬五千到一萬八千年前。那個研究在二〇〇九年發表，其年代甚至回溯到更早。二〇一二年《科學》期刊刊出一篇論文，在江西省仙人洞發現的陶器碎片年代可追溯到兩萬年前，就在最後一次冰河時期的高峰。所以在中國，陶器在農業發展前約一萬年前就已出現，但那是用來做什麼？洞穴中也發現鹿和野豬的骨頭，還有稻米的植矽體。就算在冰河時期那麼久遠以前，狩獵採集者還是會吃米，與其他植物食物和肉一起食用。目前還沒有陶器碎片殘餘分析的報告，但是陶器碎片外側的焦黑痕跡，暗示那些人在吃晚餐，看起來江西採集者的陶器內確實在煮某種東西。考古學家報告這些早期的陶器碎片，談到了從烹煮澱粉食物和肉類能獲得的能量，但我認為有時候我們太著重於像這樣的抽象想法，以致於錯失更明顯的益處。遠在冰河時期高峰，熱食必定是在嚴寒中辛苦打獵採集一整天後，一種值得期待的東西。

其他史前陶器則顯示被用來貯存和準備食物（別忘了做乳酪的人），還有釀造酒精飲料，這項科技在中國比農業發展還更早出現，也許也導致社會朝向複雜、階級化，和長久定居的生活方式。故事的細節各有不同，但我們又一次見到農業促使複雜社會發展的舊想法受到了動搖。然而我們必須謹慎，因為定居社會的來臨和農業遠在中國最先使用陶器的證據之後出現，中間可是相差了成千上萬年。

因為江西仙人洞陶器碎片的發現，讓舊有的陶器、定居和農耕一體之「新石器套裝」的看法遭到質疑。到了人類開始在像上山遺址那樣的村莊居住，用陶器處理稻米時，他們已經轉換到定居生活，既採集也栽種食物。但是兩萬年前仙人洞的陶器製作者，是流浪的狩獵採集者。

稻米的行進

在中國發現的新石器早期遺址約在九千年前（西元前七千年），能讓我們窺探這種將會改變人類、地貌和稻米的新生活方式。這些古老的村莊含有群聚的長方形屋子，有些長達十四公尺，人們仍然使用老式的石器時代工具，大部分是大石塊敲下的石片，但他們已經有鏟子可以鋤地，有斧頭可以砍樹，還有石磨可以將種籽磨成粉。他們用陶器貯存、準備食物和飲食，仍然是狩獵採集者和漁夫，但稻米將會變得越來越重要。

到了六千年前（西元前四千年），在南至長江、北至黃河的一大片土地，稻米開始與粟一起栽種，然後往南擴散，在五千到四千年前，珠江河谷已經很明顯有廣泛栽種。稻米栽種在中國也往北擴散，並且到達韓國和日本，早期稻米栽種在日本約於四千年前開始，這正是稻米種籽印紋出現在繩文陶器的時候。這個時候稻米可能還是次要的作物，在比較重要的作物，例如粟和豆子旁邊栽種數量相對較少，但是我們知道重要性會一直增加，現在很難想像日本烹飪中沒有稻米。

印度北方有早期使用稻米的證據，考古學家認為那裡存在一個分別的馴化中心。在恆河（Ganges）區域的拉胡拉德瓦遺址（Lahuradeva），燒焦的稻穀顆粒年代測定為約八千年前（西元前六千年），但是野生稻。這有點難以區別，不過野生稻穀從花軸上分離的斷點，邊緣偏向於圓滑、圓形的切口，而馴化稻穀的斷疤通常是腎形，比較粗糙。已確定的馴化稻米證據是四千年前開始，那就是印度東北馬哈拉（Mahagara）新石器時代遺址的稻米小穗，這些小穗已經發展出不會碎裂的特徵。這是粳稻從東方抵達的時候，隨之帶來馴化的基因。其他東亞作物，像是杏、桃和大麻，還有類似在中國比較古老的遺址中發現的石製收割刀子，也在這個時候進入北印度。考古學家認為是透過一個連接東亞和南亞文化的交易網絡抵達印度，也就是絲路的先驅。

有研究者主張，粳稻從東方抵達印度的時候，與尚未發展整套馴化特性的印度栽種品種雜交，但是移入的馴化品種與當地馴化品種原型雜交，應該會產生有益特徵與適應當地氣候的作物，也就是變成秈稻。可是最近在印度西北部考古遺址的研究，挑戰了這些事件的時序。有四千五百年歷史的馬蘇普（Madsudpur）一號和七號遺址，百分之十的稻米穀粒顯示為馴化種類。這看起來太早了，來自東方的粳稻還無法將馴化特徵育種遷移進來。考古學家認為，這增加了北印度確實有個雖然較晚，但是獨立的馴化中心之可能性，但這與基因資料不符。現今秈稻的馴化對偶基因，與不會碎裂的特徵、白色殼和大顆穀粒有關，全部都來自粳稻。

這有兩種可能：若非秈稻一個早期品種已經演化出來，有自己的馴化對偶基因，後來被粳稻的對偶基因取代，產生現在稻米的標記；就是（也許更有可能）粳稻早於四千年前就已經抵達北印度。確認這個問題的唯一方法，就是分析來自馬蘇普稻穀保存下來的古老DNA（如果確實有的話）。

以上的爭議也聚焦在栽種和馴化之間的不同。栽種是人類對植物做的事情：播種植物、照顧植物、收割植物，馴化則是當品種由人類與該物種互動，所產生的刻意或非刻意之特定選擇壓力下，所發生的基因和表型改變。就算北印度稻米與東方引進的品種接觸前，不是真正的馴化種類，北印度仍然可能是一個獨立的農業中心。對其他作物而言這點很真切：有很好的證據證明，例如綠豆和一些小種籽草類的當地植物，在作物從其他地方被帶來之前，就種植在恆河平原。不論稻米開始在印度栽種時發生什麼事，到了西元前一千年，這種作物已經生長在次大陸了。

西非馴化稻米的起源就沒有這樣的爭論。那裡的稻米約三千年前（西元前一千年），從一個完全不同的野生祖先，在一整片分隔的農業中心馴化。西非的新石器時代始於牛、綿羊和山羊的引進，漸漸的這些動物定居在這片土地上，並且開始栽種稻米、高粱和珍珠粟等穀物，還有山藥。尼羅河早期農夫栽種野生短舌稻（Oryza barthii），並演化成馴化物種光稃稻，又叫非洲稻。非洲稻基因組的分析顯示，是衍生自一個隔離性相當高的單一起源，而非多個分別的馴化中心。這些研究也揭示馴化過程引人入勝的一點，遺傳學家檢視野生和馴化非洲稻的基因組，尋找受到人工選擇影響的區域，並假設應該與被選擇的表型特徵有關。他們想了解這些特徵和基因，且與亞洲稻被選擇的特徵和基因做比較。他們檢視每個物種的同型（或說對等）基因，這些基因非常類似，都繼承自遠在馴化之前非洲稻和亞洲稻的共同祖先。他們發現好幾個與馴化特徵有關的基因有重要的改變，包括稻殼顏色、碎裂和開花。不過，變化本身在這些馴化物種中彼此不相同，例如在控制碎裂的特定基因上，馴化非洲稻和其野生祖先相比，顯示為遺失了一段ＤＮＡ。在馴化亞洲稻對等的基因中，與野生亞洲稻相比，則多了一段ＤＮＡ。這些基因密碼完全不同的改變，在非洲稻削減一段密碼，在亞洲稻植入一段基因，卻有一樣的效果，兩種改變的基因都與減少碎裂有關。所以亞洲和非洲農夫，都在他們種植的稻穀中選擇同樣的特徵，那股選擇壓力導致同型基因構造不同，但都有功能類似的改變。這個證據不只顯示類似的特徵，非洲和亞洲的早期農夫都同樣偏好，而且證明非洲稻完全是另外的馴化。不像秈稻，馴化對偶基因是從粳稻培育而來，非洲稻（光稃稻）則有自己獨特的馴化基因。

濕腳和旱田

許多植物厭惡浸滿水的土壤，其他則在田地淹水時茁壯。稻米碰巧喜歡，而這個祕密在新石器時代時就被發現。第一個證據是來自長江下游河谷的水田，那裡找到古老的灌溉系統，年代可追溯到西元前三千年。也有植物學的線索：考古學家篩檢座落在長江支流的八里崗，新石器時代遺址的古老沉積層，找到來自濕地雜草的種籽，還有海綿針骨和矽藻，那是有矽質細胞壁的微小水藻，一切都說明了在四千到五千多年前，田地經過充分浸水。許多考古學家相信，這種做法散布開來，韓國和日本約兩千八百年前開始以水田種稻，反映了有早期農民移民過去。

淹水的田地會帶來關鍵的好處，就是抑制野草和增加稻米產量。人類最初怎麼發現這個祕密？我認為就是最常見的發現方式：意外。也許有一年特別潮濕，導致洪水淹沒田地，農夫必定十分煩惱……但結果收穫卻超乎尋常。一旦發現這個祕訣，很就快散布開來。稻米文化的證據逐漸興起於書寫歷史中，在考古發現也如此。據信《詩經》寫成於西元前八世紀，就有提到引陝西河水灌溉稻田。西元二世紀，中國歷史學家司馬遷寫道：「江南火耕水耨」，推斷就是指用火清空田地，並以水淹田地抑制雜草。

不論栽種在乾或濕的田地，稻米都被證明是有用的穀物，而且正在擴張。但我們很容易落入熟悉的學術陷阱，抽象的討論一切。人們開始種植和吃稻米，並非因為那是好的卡路里、蛋白質和其他營養素的來源，他們會開始吃稻米，當然是因為很美味。我喜歡看烹飪節目，觀看全世界的飲食文化，並從中學習。我們不該低估新石器時代的祖先，他們也有自己的烹飪，應該很享受如何結合不同的食材，做出新奇且更好吃的食物。他們肯定會把握機會，將新東西融入飲食，如果因此成了很好又可靠的食物供應，就更好了。這正是成功聯盟的祕訣：結合吸引力與用處。

到了西元前一千年，粳稻已經在熱帶東南亞栽種，秈稻稍後也抵達那裡。在那一千年的後半段，馴化稻米也透過陸路向西擴散。波斯帝國的商賈和軍隊，亞歷山大大帝（Alexander the Great）的馬其頓王國，都協助將稻米引進東地中海。金字塔也曾發現炭化的稻穀顆粒。

但是稻米引進歐洲，尤其是西班牙，依然含糊不清又具爭議。它是沿著地中海北部海岸擴散抵達嗎？還是抄近路，從北非飄洋過海？有些人宣稱，稻米在西元一世紀時已經種植在瓦倫西亞（Valencia），其他人則認為是摩爾人〔羅馬人認知為茅利塔尼亞（Mauretania）的北非土地〕引進稻米，與番紅花、肉桂和肉豆蔻一起進入西班牙，是在更晚的十七世紀。畢竟，西班牙文的稻米「arroz」來自阿拉伯文「al arruz」。

不論是如何引進西班牙，稻米都被其他西歐人視為是給幼兒的食物。但是西班牙人欣然接受這種食物，體認到其烹飪潛力，並且以之作為一道西班牙最著名的菜之基底：西班牙海鮮飯。在西元十三到十五世紀之間，稻米栽種從西班牙擴散到葡萄牙，然後到義大利。西班牙是世界上第二大的稻米生產國。

哥倫布發現之旅後，馴化稻米變成跨大西洋大交換（great Atlantic exchange）的一部分，從舊世界橫越到新世界。對現今住在熱帶國家的拉丁美洲人而言，稻米是繼糖之後，單一最重要的卡路里來源。稻米和豆子的組合如此具代表性，在加勒比海烹飪中尤其重要，但那是較晚近的合夥關係，只能追溯到幾百年前，被稱為「全球化的早期菜餚」。不過其根本概念是，結合草與豆類的種籽卻有古老的傳統，這可以追溯到農業開始之前。這些食物在味道和口感上彼此互補，但其實還有更重要的：它們補足彼此缺少的營養素，合在一起創造了完整的一套蛋白質，包括人體必需卻無法製造的氨基酸，也就是建造蛋白質的「磚塊」。

在每個馴化中心，包括東亞、肥沃月灣、西非、中美洲和安地斯山，早期農夫馴化至少一種原生物種的草類，和一種原生物種的蔬菜或豆類。現在，那些穀類與蔬菜奠基作物的後代，餵養全球大部分人口。在肥沃月灣，早期農夫與二粒小麥、一粒小麥和大麥一起，種植小扁豆、豌豆、鷹嘴豆和苦味野豌豆。長江河谷的農夫種黃豆與紅豆，同時還有稻米和粟。撒哈拉以南西非分隔的農業中心有扁豆，和豇豆與珍珠粟、穇子及高粱的馴化與栽種，時間在五千到三千年前。在美洲，菜豆〔又叫四季豆，有人謬誤稱法國豆（French beans）〕和皇帝豆與玉米一起種植。

跨大西洋大交換看到新舊世界的作物彼此交換，而好幾世紀的奴隸制度，也在農業上留下痕跡。西班牙殖民者帶著稻米到美洲種植，作為賴以活命的作物。美洲原住民本來就會採集和食用當地原生野生稻，但是亞洲稻比較軟也比較可口，在玉米無法生長的潮濕低地長得很好。移植來的稻米，會在拉丁美洲和加勒比海發展成日常主食。到了十八世紀，南卡羅萊納（South Carolina）已經大規模栽種稻米，大部分是為了出口。

非洲奴隸帶了高粱和非洲稻來到新世界，不過亞洲稻產量比它的非洲表親大，成了占優勢的主要作物。因此加勒比海著名的稻米和豆子，真的是一道世界主義的菜色，通常結合亞洲米和木豆，是最初在印度馴化，通過非洲抵達美洲。這道簡單食物的歷史深度驚人，從長江河谷和印度最早的農夫一直延伸到歐洲與新世界，還有橫跨大西洋的奴隸貿易。全球化與人類互動最好和最壞的部分，都銘記在這道菜。

歐洲對非洲的殖民，在那裡的作物也留下印記。約五千多年前，葡萄牙殖民者引進亞洲稻到西非，因為產量較大，大量取代非洲稻。現在非洲稻只有小規模栽種，作為自給自足的作物，但對有些人而言，一直具有特別的文化意義，塞內加爾的喬拉人（Jola）特別種植非洲稻用在儀式。亞洲稻雖然有些方面表現勝過非洲稻，在其他方面卻一敗塗地，它抑制雜草的能力不如其非洲表親，而且極度乾渴。不能算是適合非洲氣候的作物。而非洲人口正在上升，稻米產量卻沒有跟上腳步。一九六〇年代，撒哈拉以南的非洲，出產的稻米勝過其所需。到了二〇〇六年，那裡出產的稻米少於消費稻米的百分之四十。

一九九〇年代，植物育種者開始生產適合非洲環境的稻米新品種，努力用非洲稻和亞洲稻雜交，目標是結合水稻的高產量特徵和非洲稻的抗旱性，這個計畫被稱為「給非洲的新稻米」（New Rice for Africa），簡稱為ＮＥＲＩＣＡ。稻米育種者設定想要的雜交有點麻煩，畢竟他們嘗試將兩個不同的物種結合在一起。非洲稻和亞洲稻自然無法育種，所以科學家利用植物版本的試管受精，產生的混種胚胎經過小心照顧，且種植在實驗室的培養組織終於成功了。數以千計的混種新品種創造出來，並且已經在幾內亞、奈及利亞、馬利、貝南、象牙海岸與烏干達栽種。結果看起來前途無量，至少ＮＥＲＩＣＡ的通報是如此：混種的產量比它們的親種大，蛋白質含量更高，也比水稻品種更加抗旱。但是ＮＥＲＩＣＡ也不是沒有詆毀者，他們視為又一個由上而下、強加在貧窮農民身上的方案，沒有適當的保證。他們擔憂會促進單一栽培和貶低當地種籽系統，但又沒有實踐其承諾。

ＮＥＲＩＣＡ混種稻米帶我們繞了一整圈，回到黃金米身上，讓我們再次檢視一些對基因改造哲學性的反對。將分別的品種一起育種所創造的混種，在農業上被視為是可以接受的，而跨越物種界線，移動個別或一套基因則會激起焦慮。

ＮＥＲＩＣＡ也展示保存多樣性的重要，有些物種和世系如此成功，似乎可以取代其他物種，但我們看到愛爾蘭碼頭工人馬鈴薯的危險，容易感染疾病，以及隨之而來的飢荒。我們馴化物種和它們野生對應物種的多樣性，代表變異的廣大貯藏室，貯存在不同的時間與不同的地方，在馴化的情況下或在野外，已經證明有用的適應。改善既有物種仍有空間，而活生生的檔案庫呈現了機會讓我們這樣做，不論是透過古老的育種還是基因改造的新科技。人類需求會改變，正如氣候和環境會改變。有些現在看起來沒那麼有前景的品種，也許未來會揚眉吐氣，但它們必須先存在才行。

不過ＮＥＲＩＣＡ提醒我們，不論多麼好心的意圖，也不管促進農業進步使用的是哪種科技，科學家與農民必須密切合作。進步的農業科技，只有讓真正在土地上工作的人參與，而非只解決抽象的問題，才能發揮潛力改變生命、拯救生命。像農夫廖中普和他祖先，耕地、種田、收割，與他們的社群分享豐收已經好幾世紀，甚至好幾千年。讓他們參與發展，不只是道德上的要求，農民才能幫助我們做出更好的決定，他們在馴化和作物改善方面，已經執行好幾千年。

第八章

TAMED

馬

喔，我屬於你，而你屬於我，屬於我們的是無邊無際的平原，
北地的風，我的駿馬，拂亂你黃褐色的馬鬃……

——德羅蒙，《士達孔拿的馬》（William Henry Drummond, 'Strathcona's Horse'）

一匹叫佐利塔的馬

佐利塔（Zorrita）當我的夥伴只有三天，我們非常親近，被安排彼此相伴，但我們幾乎馬上就能互相理解。在那段很短的時間，我們相互照顧，我非常喜歡牠。牠成了堅定的朋友。道別時，我知道可能再也見不到牠。

見面第一天，我們有點隔閡，但我很快學會與佐利塔溝通，牠也能理解我想要什麼。我們

一起跋涉山谷、越過河流，登上山頂。牠一路載著我，聽從我指揮方向，但牠也會選擇最好的路徑，穿越灌木叢，爬上陡峭光禿的山脊。

我第一次見佐利塔是在賽羅吉多牧場（Cerro Guido ranch）的馬廄，位在鵝卵石河谷（Las Chinas Valley），靠近南智利的青塔山（Torres del Paine）。一位名叫路易的高卓牧人將我介紹給這匹馬，他穿著寬鬆的黑色亞麻褲，皮革長靴，紅色上衣和棕色背心，戴著綁有紅色繩索的黑色帽子。他蓬亂的黑色長髮從後面露出，充滿鬍渣的臉龐與雙手呈現棕色且布滿皺紋。我猜他約五十歲，但也有可能更年輕一些。他顯然大半輩子都和馬在一起，他不說英語，而我不會講西班牙語，但他仍然找出辦法問我以前有沒有騎過馬，我說有。他告訴我，佐利塔是很特別的馬，是一隻冠軍馬。我上馬鞍時很興奮也有點害怕。

我以前學的都是英式騎馬，雙手執韁，腳牢牢套在馬鐙，快跑時身體抬起來，不要緊坐馬鞍。西部風格的騎馬很不一樣，你要單手握拳抓住馬韁繩，只有腳尖套在馬鐙，快跑時深坐馬鞍。過去我有機會體驗這樣騎馬，但已經是好幾年前的事了，一開始就要這樣騎還是有些陌生。但我很快就習慣了，而佐利塔也能馬上理解牠的新主人。幾分鐘後，牠已經完美調整到我要的狀況：我要牠去哪裡、速度多快。我們離開馬廄，進入長長的河谷，遠方是白雪皚皚的山脈。經過一小時走路和小跑步，路易騎到我身邊。

「還好嗎？」他問道。「非常好！」我回答。「快跑？」他問。在我回答之前他已經踢了一下馬肚快跑離開，我沒什麼選擇，只能同樣對待佐利塔，牠從我們離開馬廄時就想跑了，我們很快就飛奔到河谷，馬蹄飛越在草皮上，令人振奮。

騎了三小時之後，我們抵達目的地，在河邊搭起帳棚。我和一位叫勒皮（Marcelo Leppe）的智利古生物學家在尋找恐龍化石，他的駐點就在我們上方高山上，隔天我們騎馬上山。前半段爬坡非常陡峭，而且地面滑溜，長滿草與青苔。當我們爬得更高，植被消失了，我們變成騎在更陡峭、充滿沙土和岩石的山坡上，上坡斜度有四十五度。我看著遠遠走在我前頭的路易，他的馬很不穩的高踞在陡峭且充滿岩石的山坡上，我騎著佐利塔隨他而上。牠一開始有點小心翼翼，落蹄在岩石上時會先測試。然後牠憑自己判斷，挑了一條狹窄的路徑，這裡其實沒有真正的路。牠的馬蹄踢落一些石頭，翻滾飛落山坡下，我努力不隨著石頭往下看。轉過了一個角落，我發現位在一片比較平緩的坡地上，也是蓋滿植被。這還不是真正的山頂，我們還有好些路要走，才會抵達山頂的化石挖掘地點，不過最險峻、最危險的部分已經通過了。我鬆一口氣。我想，在這段困難的上坡中，大部分時間我都半屏住呼吸。

我們抵達挖掘化石的地點，雖然花了幾個小時但成果豐碩，我們在已經融化的冬季冰雪與冷風的地表上尋找古老遺跡，發現一塊鴨嘴龍的脊骨，是六千八百萬年前有像鴨子嘴巴的古老恐龍，還有幾塊已經變成化石的智利南洋杉，保存得很好，樹皮顆粒和樹輪都很清晰。

趁黑暗籠罩之前，我們決定下山回營地。下坡比上坡更令人可怕，現在不可能不往下看了，我踩著馬鐙，坐在馬鞍上努力向後傾。如果佐利塔腳步打滑，我們兩個都會跌下山底。我可以下馬走下坡，但我信任牠，而牠也平安帶我下山。

多棒的一段與另個物種的合夥情誼，這段情誼仰賴人與馬之間好幾世紀的互相了解，想出辦法溝通並建立信賴。這是建立在馬有與生俱來的傾向，也就是牠們跟狗一樣可以進入跨物種的合夥關係。牠們天生就是群聚動物，不論我們路上停在哪裡，佐利塔都想要靠近其他馬匹。當我們準備出發時，牠會輕推其他馬，用牠的頭去抵別匹馬的側翼或肩膀，或用鼻子碰牠們的鼻子。別的馬也會這樣對牠。我們留下幾匹馬綁在營地，佐利塔只要下山回來看到牠們，就會興奮嘶鳴，牠們也會以嘶鳴回覆，顯然牠們看到彼此都很高興。

高卓牧人每天晚上都會帶馬回馬廄，隔天早上再騎著牠們上河谷我們的營地。有一天晚上，我們聽到他們抓到在鵝卵石河谷流浪的一匹野馬。在那裡的最後一天，我們拔營騎馬下山，我在圍場下馬，將佐利塔綁在一根欄杆，拍拍牠的肩膀，輕聲向牠道別。遠征隊其他人逐一抵達時，牠平靜的站在那裡，其他馬匹也都被綁在那排欄杆。

那頭野馬站在一個角落，綁在遠離其他馬的地方，身上套著韁繩。牠的黑色馬鬃和尾巴很長很美，看起來牠像是好奇而非害怕，不過牠的野生動物生活已經結束。牠的野性將會被馴化，為馬廄中再增添一匹好馬，這點我看得出來。牠在那裡將受到保護，不受美洲獅襲擊，並有大量乾草餵養，但我還是忍不住為牠感到遺憾。

當我走出去關上門，佐利塔發了一頓脾氣，我很樂意想成那是因為我要走了。牠直立起來，力道大到將牢牢插在地上的欄杆整根拉起，接著是一陣喧鬧的騷亂，馬的嘶鳴聲夾雜馬蹄翻飛，但是高卓牧人很快跑來拉住繩子，安撫這些疲累的馬匹。佐利塔很幸運沒有弄傷自己，很快就平靜下來。牠很溫馴，不過內心依然狂野。

新世界的馬

智利野馬看似屬於那片尚未馴化的土地，和野生羊駝、美洲獅、狁狳與兀鷹一樣，是這個野生自然國家的一部分。然而，高卓牧人在鵝卵石河谷捉到的野馬，祖先在那裡只有幾百年歷史。西班牙和葡萄牙人抵達前，數千年來美洲並沒有馬。這裡的野馬祖先是馴化馬，牠們不是真正的野馬，只是野化了。

回到更久遠以前，的確有眾多馬和早期像馬的生物在美洲大陸漫遊。事實上，這個族群與牠眾多分支的起源，就是在北美洲。馬和同類動物的演化史，包括一棵古老家族樹的枝葉繁茂與分化，還有嚴苛削切掉許多分支，直到這個古老輝煌的多樣性，只剩下小碎片留存於現今。

馬在分類上是奇蹄目（Perissodactyla，有蹄動物），奇怪的不是牠們的腳趾，而是牠們只有一個腳趾，一個很奇怪的數目。犀牛和貘也是奇蹄目，但有三個腳趾。包括現代馬的馬科動物化石紀錄，可追溯到五千五百多萬年前，從北美體型大小如狗的曙馬（Eohippus）開始。這些早期的馬科動物，每隻腳仍有好幾根腳趾頭：前腳三趾，後腳四趾。隨著時間過去，牠們會失去所有的腳趾，只剩下一根。出土的化石，讓解剖學找到逐漸失去腳趾的證據，在生物學教科書被奉為演化典範。

海平面低的時候，早期像馬的生物可以自北美走出，穿過白令陸橋進入歐亞大陸。小型吃樹葉的馬科動物，約五千兩百萬年前有一次擴張，走出美洲進入亞洲，不過那些先驅的後代後來滅亡了。馬的家族樹在中新世（Miocene）瘋狂亂長，這段地質時期從兩千三百萬年前持續到五百萬年前。北美充滿一系列不同型狀、不同大小的類馬動物：有些吃嫩枝樹葉，有些吃草，全都能快速奔跑。到了五百萬年前，馬科動物化石紀錄合併超過數十種不同屬（物種群）的類馬動物，包括三趾的草原古馬屬、上新馬，最早的單趾馬星馬屬和恐馬屬（現代馬的祖先），這還只是其中一些。又一次，有些如中華馬屬和三趾馬屬擴散出去，穿越白令陸橋進入亞洲。

中新世初，南北美洲被一大片叫做大美洲水道（Great American Seaway）的水體分離。中新世中期，水道底部的火山創造出一系列島嶼，散布在美洲之間，海島周圍的沉積物逐漸堆積，直到創造出巴拿馬地峽。這段陸橋的出現讓動植物能夠從北美擴散到南美，反之亦然。遷徙約在三百萬年前達到高峰，後來被稱為南北美洲生物大遷徙（great American interchange）。馬也是其中的一部分，從北美洲南下擴張到南美洲。第一種抵達的是屬於南美原住民馬屬（Hippidion），一個分離的、現在已經滅絕的世系。牠們是看起來很好笑的小馬，腿短短的。到了一百萬年前，真正的馬（Equus caballus）會加入南美原住民馬，就和我們現今馴化的馬是同一物種。

馬科的故事是嚴格修剪，也是急速成長增殖的故事。在中新世那些分化的屬當中，只有一個世系存活到現代。所有現在存活像馬的動物，都屬於那個屬，也就是馬屬，從真正的馬到驢子（非洲野驢的馴化後代）和斑馬都是。遺傳學家能從一塊育空地區永凍土中找到的馬骨，萃取出DNA並加以排序，這塊馬骨年代可追溯到七十萬年前，是目前最古老的基因組。根據那段古老基因組與現代馬科的不同，遺傳學家推論，馬屬世系產生約在四百到四百五十萬年前，然後馬與斑馬、驢約在三百萬年前分化。

約兩百萬年前，一波美洲往外的擴張，看到現代驢子和斑馬的祖先抵達亞洲，擴散到歐洲再往南到非洲。然後在七十萬年前之後的某個時間，現代馬的祖先也穿越白令陸橋，從北美進入東北亞，牠們很快擴散到歐亞大陸。兩種馬科物種的化石：驢子和古代的馬，都在沙福郡（Suffolk）帕克菲爾德（Pakefield）一個中更新世（Middle Pleistocene）的遺址發現，年代可追溯至少四十五萬年前，在索塞克斯郡（Sussex）的博克斯格羅夫（Boxgrove）也有發現，年代約五十萬年前。

馬屬源自北美洲，擴散到南美洲和舊世界之前，馬屬最終會在自己家鄉滅絕。三萬多年前，當冰蓋往南覆蓋到北美洲，當地特有的高腳馬（stilt-legged）從這片土地上消失。在南美洲，南美原住民馬屬和古野馬一同撐了較久時間，直到最後一次冰河高峰之後。如果我能回到鵝卵石河谷，在一萬五千年前可能會在那裡見到真正的野馬，也許馬屬和南美原住民馬屬兩個物種都有。不過牠們不會存在太久，對牠們不利的並非只有氣候。

約在最後一次冰河時期的高峰，海平面降低，獵人能夠穿越白令陸橋，進入北美洲最北端的地區。育空的藍魚洞穴（Bluefish cave）發現屠宰的馬骨，年代約兩萬四千年前，但前往更南方土地的路徑被大片冰蓋阻擋。到了一萬七千年前，冰蓋邊緣消融，足以讓人類從白令陸橋遷徙到北美洲的東北角，南下到這片大陸的其他地方。到了一萬四千年前，有足夠的證據顯示人類占據整片北美洲，並且南下到南美洲，這些人帶了一些很厲害的狩獵武器。

馬骨頭偶爾會在北美考古遺址中出現，與人類占據或活動有關。在加拿大亞伯達省（Alberta）西南部聖瑪莉河（St Mary River）上游的瓦力灘（Wally's Beach），因風蝕而暴露出冰河時期末的古老沉積物。在古老泥層中保存下來的，有美洲滅絕的哺乳動物腳印和活動痕跡，顯然這是一條經常使用的狩獵小徑。與這些早就消失的哺乳動物一起被發現的還有牠們的骨頭：馬、麝牛、滅絕的美洲野牛和馴鹿，有些馬和駱駝骨頭顯然受過屠宰。這個遺址也挖出石片形式的人類工藝品，可能是用在屍骨上的工具，瓦力灘的證據包括八個屠宰場。

考古學家認為，這些屠宰場幾乎是同一時期，有可能是同年、同季，甚至可能是在同一趟狩獵之行中，在這些分別的地點屠宰動物。但這些真的是狩獵的證據嗎？或是那些遠古印地安人只是撿拾其他掠食動物殺死的屍骨？在屠宰地點並沒有找到狩獵武器，但是附近有發現一些石尖或矛頭。考古學家測試這些石尖，發現兩股馬匹蛋白質的痕跡。

石尖是很漂亮，仔細打磨成薄尖的矛頭，屬於克洛維斯類型。北美克洛維斯文化最早的可靠年代，起源於約一萬三千年前。瓦力灘的石尖缺乏脈絡，導致不可能直接找出這些矛頭的年代，在屠宰地點發現骨頭一些距離之外找到，屠宰地點年代在一萬三千三百年前。這樣就有兩種可能：若矛頭有馬蛋白質反映，表示約在一萬三千年前之後由克洛維斯人進行的馬匹狩獵，或是克洛維斯文化比先前所想的要再早一、兩個世紀。儘管如此，石尖確實提供北美古代人類狩獵馬的證據。

南美原住民馬屬的最後一個物種，樣本在巴塔哥尼亞（Patagonia）發現，年代在一萬一千年以前。南北美洲的古野馬可能撐了稍微久一點，但牠們的日子也屈指可數了。北美洲真正的野馬最後的蹤跡不是來自骨頭，而是來自保存在阿拉斯加沉積層中的DNA，年代在一萬零五百年前。究竟是氣候還是人類終結原生的美洲馬，專家依然雄辯滔滔。人類抵達美洲和馬的消失，二者之間有數千年的重疊，因此獵人鐵定不是以暴力瘋狂濫捕，橫衝直撞穿越大陸。另一方面我們可以確定，他們有在狩獵這些動物，就算只是偶爾，對本來就日漸稀少的族群一定有衝擊。雖然氣候與改變的環境可能是主要的罪魁禍首，但人類可能也加速美洲馬的滅絕。

到了十九世紀，美洲古代馬的記憶已經完全消散。許多人堅持，馬是舊世界的動物，由西班牙人引入美洲。一八三三年十月十日，來自英國的一艘船帶來自然學家，在聖菲（Santa Fe）附近的海岸探索，紀錄地理和任何他所看到的化石。當他在調查一個巨大且已經滅絕的犰狳化石之時，突然在同一層紅色的沉積層中發現一塊看起來像是馬的牙齒的化石。與現代馬的牙齒相比，那看起來有點奇怪，但絕對像馬沒有錯。

這名自然學家就是達爾文。他在田野筆記中紀錄，這顆牙齒可能是從比較晚近的堆積層沖刷下來，但他最後的結論認為這不大可能。達爾文發現了第一個證據：牠的牙齒非常古老，是原生於美洲古老的馬。

達爾文返家後，在《小獵犬號造訪國家的地理和自然歷史研究日誌》（*Journal of reearches into the geology and natural history of the various countries visited by H.M.S. Beagle*）寫下他的發現，這本書後來被改寫為《小獵犬號航海記》（*The Voyage of the Beagle*）。接著，他在《物種起源》再次記述那顆馬的牙齒：「當我發現……這顆馬的牙齒和乳齒象、大地懶、箭齒獸，還有其他滅絕巨獸殘骸埋在一起……我目瞪口呆。」

十九世紀卓越的解剖學家歐文（Richard Owen，他後來成為達爾文頭號對手），詳細描寫小獵犬之行所蒐集的哺乳動物殘骸化石。看了來自阿根廷的牙齒之後，他承認達爾文是對的，他寫道：「……從聖菲山麓沖積扇彭巴斯草原（Pampas）的紅色陶土看來……色澤和狀態與來自同一地點的乳尺象和箭齒獸殘骸一致，關於有這顆牙齒的馬是同時代，這點我毫不懷疑。」他繼續寫道：「這個屬先前存在，但在南美洲滅絕了，然後再度被引入那片大陸的證據，不是達爾文先生古生物學發現最無趣的果實之一。」

那是個有趣的果實，難怪達爾文會目瞪口呆。但也揭示：當西班牙人在十六世紀初帶著馬到美洲時，他們是在重新引進一個在新世界已經滅絕好幾千年，卻源自那裡的世系。達爾文接著用他來自聖菲的馬牙齒化石，在《物種起源》中說明他對於滅絕的想法，證實古代馬一度奔馳過南美大陸，然後在哥倫布發現之旅前就消失了。

舊世界的馬

當馬在美洲的數量逐漸減少，最終完全消失，牠們的親戚馬、驢和斑馬，卻在舊大陸存活下來。大群野馬持續漫步在北西伯利亞和歐洲，牠們在美洲的表親則面臨滅絕。

馬在更新世末於美洲滅絕，卻在歐亞大陸存活下來，看似很奇怪，但牠們在兩個地方都面臨類似的壓力：氣候改變和人類掠食。而且馬在歐亞大陸感受到人類狩獵武器的逼迫，時間遠比在美洲來得久。我們自己的物種「智人」，在二十多萬年前源自非洲，至少到了四萬年前已經擴張到歐洲和西伯利亞。但遠在那之前，馬就比最早的人類族群更早抵達，這可以追溯上萬年前。在索塞克斯郡的博克斯格羅夫，一塊五十萬年前、有矛傷的馬肩胛骨，顯示出早期人類（可能是海德堡人（Homo heidelbergensis））在狩獵馬匹。在最後一次冰河高峰，受到冰寒氣候與舊石器時代獵人的矛致命攻擊，西北歐洲的馬族群急速下降。

冰河時期西北歐洲的居民很熟悉馬，這些動物也成為壁畫的題材，這些畫像在好幾千年後被發現，而且令人好奇。在南法韋澤爾谷（Vezere Valley）靠近蒙提尼亞克鎮（Montignac）著名的拉斯科洞窟（cave of Lascaux），嬌小圓肚的馬匹就與牛、馴鹿一起被畫在牆上，推測約在一萬七千年前。然而我最愛的冰河時期馬匹繪畫是來自另一個洞穴，約在拉斯科以南一百公里的佩赫梅爾（Pech Merle）。這個洞穴的繪畫據信更古老，約兩萬五千年。我很幸運在二〇〇八年造訪這個洞穴和其他少數幾個人，當時我寫下：

一級石階領路而下……我通過（一扇門）進入石灰岩洞穴，深深埋藏在丘陵之下。我走過這些宏偉的石室，裡面有巨大的流岩創作，龐大的石筍和鐘乳石，其中有些在中間相遇，形成粗大的石柱。洞穴開向一個寬廣的石室……在那裡，我左邊穴壁上罕見的平坦部分有兩匹黑線描繪的漂亮馬匹，彼此面向不同方向，牠們的臀部有一部分互相重疊，身上覆蓋黑色的斑點，漂浮在牠們四周的背景中，彷彿牠們某種程度上有保護色。還有赭褐色的斑點，在左邊那匹馬的肚子上，與另一匹馬的側面。我注意到平坦的岩石牆面左邊形狀很奇怪，就像是馬頭的形狀，好像藝術家從這片岩石畫布的天然形狀，接受了這個暗示……馬匹的呈現比較是寫意而非自然主義。牠們有漂亮的彎曲脖子和小小的頭，圓圓的身體與細瘦的四肢。牠們是真實馬匹的藝術呈現，還是神話中的野獸？

不論那些形象呈現的是即興的想像或真正的馬匹，還是馬靈或馬神。我們可以肯定，歐洲舊石器時代的狩獵採集者，不只知道這些馬看起來是什麼樣子，他們也知道嚐起來是什麼滋味。許多冰河時期的考古遺址都有屠宰的馬骨，因為馬與野牛是考古中最常見的大型哺乳動物。在歐洲和西伯利亞，約百分之六十的冰河時期晚期遺址，含有馬的骨頭。

冰河時期的高峰之後，氣候開始改善，馬的潛在分布區域增加，有足夠的牧場向外綿延，但是牠們的數量持續下降。對歐亞馬匹族群持續施加的壓力，必定是來自人類狩獵。當然到了這個時候，西伯利亞和歐洲的獵人都有狗為伴。

氣候持續變暖，環境也一直在變：草地在縮減，歐洲變得越來越為森林覆蓋。之後，新仙女木期的嚴寒出現，使西歐森林短暫恢復成冰苔原（glacial tundra），但接著溫度就回升。到了一萬兩千年前，冰河時期開闊的草地，也就是我們所知道的猛瑪草原（Mammoth steppe），已經與猛瑪象一起完全從歐洲消失。取而代之的是一大片樹林，北邊主要是樺樹，南邊是松木。從約一萬年前起，中歐低地被更濃密的混合落葉林占據，橡樹是優勢物種。喜愛溫暖、棲息於森林的動物，像是鹿和棕熊，突然優遊自在起來，牠們從南歐的避難所往北擴散。然而馬卻面臨棲息地喪失，到了八千年前，牠們已經從中歐消失。但有其他比較開闊、適合棲息的地區，一直存在到全新世中期，那就是伊比利半島的草原，還有歐亞大草原（Eurasian Steppe），也就是東歐大草原（Pontic-Caspian Steppe）從黑海北部延伸出去，穿過俄羅斯和哈薩克到蒙古與滿州。那些草地應該足以供應啃食，只是也有大批獵人。

歐洲也有一些避難所，就是小片適合的棲息地讓少數馬匹能夠撐下去。有超過兩百個考古遺址在一萬兩千到六千年前，範圍從英國到斯堪地那維亞再到波蘭，保存了野馬的證據。這表示雖然新的森林對猛瑪象和大角鹿這樣的動物過於濃密，導致牠們面臨滅絕，但有足夠的樹叢林地供馬啃食，儘管牠們的族群現在也很小且破碎。松木林常見的森林野火，幫忙創造出林中空地。沿著大河河道，定期氾濫可能會阻止樹林生長，但能創造適合大型啃草哺乳動物的河岸草地。

還有另外一件事，就是協助創造棲息地給野馬。約七千五百年前（西元前五千五百年），歐洲的考古遺址發現馬的遺跡頻率增加。當時馬的增長與歐洲新生活方式相符：農業與新石器時代的開始，當早期農夫砍樹清出空間耕作、養牛養羊時，他們也不經意地清出空間給馬。

對於成為人類盟友與我們合作的物種而言，好處可能更直接且明顯。冰河時期末是一段生態大動盪時期，許多大型哺乳動物在一萬五千到一萬年前滅亡，包括巨大又具代表性的草食動物，像是猛瑪象和乳齒象。掠食者也受到沉重打擊，因為牠們的獵物越來越少。穴獅約一萬四千年前從歐亞大陸消失，美洲擬獅約在一萬三千年前絕跡，劍齒虎在新世界一直撐到約一萬一千年前。狼的族群存活下來，但是仍然深受打擊，當然有一個世系持續極為成功：和人類一起狩獵的狼，最後變成了狗。據估計，世界上有超過五億隻狗，約三十萬隻狼。所以現今狗的數量超過牠們存活下來的野生親戚，比例超過一千五百比一。沒有人願意猜猜看世界現在有多少原雞，但與全球至少兩百億隻的雞族群相比必定失色，每一個人約有三隻雞。至於牛（已經沒有原牛了），估計有十五億隻。

野馬的生存也同樣危險，喪失棲息地與人類狩獵，導致族群數量降低。新石器時代清除樹林，可能提供小片的棲息地與暫時的復甦，但數量仍然持續下降。野馬（Equus ferus，家養馬的野外近親）族群在二十世紀減少到無，蒙古最後一匹野馬屬於另一個物種：普氏野馬，在一九六〇年代還能看到，不過之後牠們被重新引進，現在約三百隻活在野外，約一千八百隻在圈養。命運古怪的轉折，也是人類活動衝擊的另一個預期外的挑戰，原來野馬和麋鹿、鹿、野豬、狼、鸛、天鵝與老鷹，在車諾比爾（Chernobyl）周遭的隔離區活得很好。將人類從該區域遷移，反而讓這些野外物種生活更愜意。

當然並非所有的馬都保持野生狀態。你也許從未見過野馬，但我想像你見過很多馴化的馬匹，甚至還有騎過。牠是不是柔順的站在那裡讓你甩腳上馬，坐上馬鞍？應該是。

我不會形容佐利塔的柔順，不過牠非常樂意讓我跳上馬背，任何時候都沒有嘗試摔我下馬。你能想像，如果我試圖登上一匹野馬的背上，會發生什麼事？牠不會接受我，牠的野生祖先也不會。不論我們多麼驚訝人和狼變得如此親近，但這表示人類信任牠們不會用利齒對付我們。同樣的，儘管馬輕易就能以後腳站起，或是猛然跑開，把你摔在地上造成嚴重傷害，但人類信賴高大的哺乳動物，這點亦令人驚奇。

馴化

想像你是史上第一位捉到野馬。你帶牠回家，牠又咬又踢。你把牠綁起來，餵食牠。你的家人認為你瘋了，他們要你宰殺牠，畢竟那能餵飽大家好幾週，但你想留著這隻年輕的野馬。即使大家都認為你瘋了，但你喜歡牠且有自己的想法。

這匹野馬越來越習慣你，讓你靠近牠輕撫鬃毛、摸牠的脖子，接著你抓住鬃毛一躍而上到牠背上。牠不高興，用力拉扯綁牠的繩子，彎背猛跳，想把你從背上弄下來。你趴下抱住牠的脖子，牢牢黏在馬背上。牠漸漸冷靜下來，你放開緊抱牠脖子的雙手，改成緊緊抓住鬃毛。

過一陣子，趁牠呼氣跺腳但沒有嘗試擺脫你時，你一隻手移下去抓住牠脖子的繩子，然後輕輕解開繩結，當繩子落地時牠知道自由了。牠左搖右擺，馬蹄用力踏入潮濕地面，然後奔跑。馬蹄翻飛，你聽到牠的呼吸與腳步節奏相符，你緊緊抓住以免摔下。你撐在馬背上，牠快跑的節奏讓你上下顛簸，喘不過氣來。牠急轉彎，試圖甩你下馬背但你撐住了。牠一直跑一直跑，你已經離家很遠了。

最後牠累了，喘氣仰頭，鼻涕噴得你滿身都是，現在牠慢慢小跑，兩側和脖子滿是汗水。你的手和牠的鬃毛糾結在一起，牠小跑幾步，開始行走，然後站定。你們兩個靜靜待著，慢慢調整呼吸。快跑很累、很可怕……但很愉悅。

你輕輕拉牠的鬃毛，想要牠掉頭，牠也這麼做了。營地就在某處，沿著河谷在山丘的左邊。你能請牠帶你回去嗎？

你把重心稍微往前移，輕撫牠的鬃毛，雙腳夾一下牠的兩側，牠開始快步走了起來。你努力不要箍住牠的脖子太緊，如果你能稍微往後坐一點就能拉牠的鬃毛，往其中一側或另一側能指引牠的方向。你和這隻野生動物建立驚人的連繫，你們踏入河中再回到岸上，繞過丘陵側邊。你看到營地、帳棚，還有營火的煙裊裊升空。他們看到你騎著雄壯的動物會說什麼？你以一種從狩獵、宰殺和吃掉牠都無法感受的方式捕捉牠的靈魂，感受牠的力量。你的兄弟姊妹與父母叔伯阿姨以及表親和朋友，都跑過來迎接你，你覺得自己像是眾人的神。

你快到營地了，牠放慢速度試圖遠離人類。你催促牠繼續走，現在牠是你的了。

營地一隻狗跑出來，在牠腳邊嗅來嗅去，牠前腳站起來猛踢，左搖右擺把你摔下來。你的身體高高飛起再背部著地，害你幾乎無法呼吸。你肋骨的疼痛會持續一陣，但最終會治癒。你手中有一團黑色粗硬的馬毛，代表你確實曾經和牠一起旅行。現在牠跑掉了，但你會永遠記得這次狂野的騎乘。

在那之後，你所有的朋友都想試試，最後變成一種比賽。誰敢去抓並且騎馬？那是令人興奮的愚蠢行為，卻是年輕人的玩意。沒多久，就有一小群人不只騎馬還養馬。於是部落形成一股力量：不受管束的年輕人成為菁英階級。

幾年後你成為部落長者，此時到處都是馬，於是你會講起故事：「牠們曾經是野生，現在成為我們同盟的動物。」你是第一位嘗試無法想像的事情，儘管你的第一匹馬跑掉了，但你已打破魔咒，人們也看到什麼是可能的。你一生變化這麼大，馬也帶來這麼多東西：肉和奶，還有運輸、交易和突襲，還有聯結更廣闊的地域：你們開始與生活在遠處，只聽過他們故事的人接觸。所有這些你兒時看似不可能的事情，現在都是日常生活的一部分，彷彿一直以來都是這樣。旅行三、四十英里去看表親，根本是小事一樁。到遠處去突襲其他營地，偷取他們的銅器和動物也不算什麼。

你的孩子是騎馬長大的，彷彿事情本來就如此自然。那令人振奮的第一次騎馬不過幾十年前，但現在不只你的部落有人騎馬，而且這個想法就像野火一樣蔓延。你曾經將馬作為禮物送給三個部落的領袖，確保他們的友誼和聯盟。而年輕女子離開部落遠嫁其他部族時，她們也帶著馬嫁過去。橫跨整個草原，人和馬的連繫就像漣漪一樣往外擴散，並且留存下來。更多野馬被捉來馴養，每年都有新生幼馬會來馴化母馬。

最初的馬

沒人知道，馬最初是如何又為何被馴化，但考古學提供我們線索。馬馴化的地理反映大草原的範圍，儘管大部分歐洲都被森林覆蓋，這些啃草動物仍然在那裡繁殖。在北部的歐亞大草原，人類和馬共享一片土地好幾萬年。約在五千五百年前，這段關係（先前是獵人和獵物）已經準備好要改變，而馬的命運和人類歷史的軌跡，也變得深深交纏。

考古遺址的廚餘有非常多資訊，我們能從廚餘中找出人們當時究竟吃什麼。在歐洲的中石器時代和新石器時代遺址，馬的骨頭只占動物骨頭的一小部分，但在草原，這樣的考古遺址卻含有大量馬骨，約百分之四十。生活在那裡的人類倚靠這些動物，而且遠在他們捉到並馴化馬之前已熟悉牠們。

馬的馴化比牛的馴化要晚，到了約七千年前，牧牛群已經抵達東歐大草原。聶伯河（Denieper River）周遭的採集者，一路移動到黑海北岸，開始與農民有了接觸，這些農民正在往北與往東擴散，帶著他們的牛及豬、綿羊、山羊。

但牧牛人可能持續狩獵野馬，而非馴化牠們。人類學家安東尼（David Anthony）認為，寒冷的氣候可能是驅動力。牛與羊無法挖掘雪地，找到底下的食物，尤其雪上又結著一層冰時。

牠們也不會挖破冰雪取水。但馬會用牠們的蹄做這些事，牠們是非常能適應寒冷草地的生物。安東尼表示，六千兩百到五千八百年前的氣候急凍，可能造成牛群很難熬過寒冬。也許正是這一點，驅使牧牛人去抓草原上的馬科動物。或者也有可能，馬的馴化是自然興起的獵馬文化。也許人們狩獵馬已經好幾個世紀、好幾千年，他們懂馬也捕捉且騎馬，以便狩獵其他野馬。但這種說法聽起來太刻意也太有策略。當然，第一個跳到野馬背上的人一定是青少年，彼此挑戰欠缺考慮、愚蠢且大膽的事情。

在新石器時代早期，哈薩克北部的人仍然是採集者，生活在暫時的營帳。他們狩獵多種不同的野生動物，從馬、短角野牛（short-horned bison）、高鼻羚羊和赤鹿。但在一個叫做波泰（Botai）的遺址，一九八〇年代挖掘時揭示了一個轉變，發生在約五千七百年前，人們變得更專精於獵馬。在此同時，後來被稱為波泰文化的人已經適應半定居生活。他們確實不像游牧民族跟著野生馬群跑，定居程度也比游牧民族高。

波泰大部分的動物骨頭，以及年代在西元前四千年的類似遺址，發現的骨頭都來自馬。很明顯，波泰人吃很多馬肉。這個證據顯示，波泰人不只能設陷阱捕捉整群馬，還能將動物整頭運回家，這是馴化拼圖中很關鍵的一塊：那些馬並非如瓦力灘的馬當場宰殺，而是被帶回到定居地點。考古學家辯稱，波泰人必定騎馬狩獵，並且利用馬作為交通工具。但當更多證據出現，對於波泰與相關遺址的詮釋就開始改變。在波泰遺址的考古遺骸中，矛頭很少，但有大量看起來像是皮製品的裝置：骨製工具顯示出典型的微磨損紋。這些線索暗示波泰人不只獵馬，還有養馬且騎馬。

馬科不同物種的骨頭形狀，以及野馬和家養馬的骨頭形狀，只有很細微的差異，但腳下半部的掌骨，被認為是能提供信息的部分。因此考古學家比較波泰遺址的馬，和其他地點、時期的馬的後足骨形狀，發現波泰馬骨很細長，類似在比較晚遺址中找到的家養馬的骨頭。它們的細長也和現代蒙古馬的後足骨類似。

於是考古學家將注意力轉向波泰馬的牙齒，發現有一點很不尋常。他們在一顆前臼齒邊緣發現磨損帶，也就是牙齒琺瑯質被磨損穿過，一直到象牙質。如果你有看過馬的嘴巴，你會注意到牠的前齒和後齒之間有一個空隙，被稱為馬的齒齦（'bars' of the mouth），或叫做齒隙（diastema）。唯一能在牙齒上造成這種磨損的，就是有東西一直被放進波泰馬嘴裡的齒隙中，並造成磨損。這顆有明顯馬具跡象的牙齒，放射性碳定年為四千七百年前。在那個牙齒間隙中，其他四塊下顎骨表面也有骨質增長，就在那東西放在馬嘴裡的位置。

最後，考古學家將注意力轉向波泰遺址的陶器，他們分析陶鍋碎片內側表面的殘餘，發現不只有馬脂肪，特別是還有馬奶脂質的證據。當泌乳的母馬被殺時，野生馬獵人一定會嚐到馬奶，但那些陶鍋上的馬奶指向更經常性的食用。遠離肥沃月灣的綿羊、山羊和牛的馴化與乳製品中心，歐亞大草原的人獨立發明他們自己的酪農業形式。那確實是一種生活方式，也是一種經濟。一直到現今，哈薩克人著重馬肉和馬奶已持續很長一段時間。阿爾泰山脈的牧人繼承那種古老的生活方式，以馬奶酒形式出現的發酵馬奶，在歐亞大草原仍然是很流行的飲品。

三股分別的證據上演了帽子戲法，腿骨、咬合磨損的清楚跡象，以及馬奶的使用，全都指向同一件事：古哈薩克的波泰人到了西元前四千年，就已經會給馬上轡繩、擠馬奶並且養馬。但那並未標示任何事物的開始，而是被考古學家稱為「最晚可能日期」（terminus ante quem）。到了這個時候，馴化已經發生了。

咬合磨損顯示波泰馬有上馬具，可能用馬勒來駕馭牠們，但更有可能是用來騎牠們。除了這個養馴化馬的特定證據，波泰文化可追溯到五千五百年前，騎馬有可能更早於此。東歐大草原可追溯到六千五百年前的墓穴，有馬的骨骼殘骸與跟牛與羊骨埋在一起，這些動物顯然有象徵性的關聯。因此考古學家提出，人類可能在那個時候已開始騎馬來趕其他動物。

其他線索在多瑙河三角洲（Denaube Delta）出現，就是現在的羅馬尼亞和烏克蘭，有馬首外觀的石頭權杖和庫岡古墳（kurgan），正是典型的草原文化，年代在六千兩百年前。這強烈暗示來自大草原的騎士正在往南移動。在庫岡古墳，死者戴著貝殼或齒珠項鍊下葬，還有斧頭和青銅做成的編織項圈與螺旋手環，這是他們與多瑙河周遭古歐洲城鎮的人交易換來的。他們帶來次新石器時代（Aeneolithic），也就是青銅時代，這種閃亮具可塑性的金屬成了威望的象徵。草原人民這次早期的擴張可能和馬一起帶來他們的東西，他們可能說著原始印歐語，往更南方移動後會演化為安那托利亞語。

因此看起來，馴化和騎馬可能始於波泰文化興起前的一千年，也許早至西元前五千年。到了西元前四千年，也就是五千五百到五千年前，馬骨在高加索周遭已經變得更常見，那是橫亙在黑海與裏海之間，草原以南的山地區域。同樣的事情也發生在多瑙河三角洲，直到黑海以西。到了五千年前，馬骨在德國中部某些遺址出現的頻率，已經提升到占所有動物骨頭的百分之二十。其中的聯結很明顯：騎馬與馴化馬正在擴張，而且很快。馬和騎馬也擴張到高加索南部。到了五千三百年前，蘇美文化開始興盛之際，美索布達米雅也常發現馬。

騎馬不只幫助牧馬發展，也讓放牧其他動物更有效率。一個人靠雙腿和一隻好狗幫忙，可以趕兩百隻羊，騎馬帶狗卻能控制五百隻羊，而且範圍更大。擴張的領土肯定會為牧人彼此之間帶來衝突，建立聯盟和送禮就變得很重要。考古紀錄中青銅與黃金的增長，暗示著人們開始尋求地位，並且以前所未有的方式展現財力。但這一切都有代價：磨光的石製權杖（有些是馬首的形狀）這時候開始出現。儘管在這樣早的階段，騎馬與戰爭看起來就已經密切相連。正式的馬術可能要到約三千年前的鐵器時代才會出現，但騎馬突襲、從其他部落偷走動物，以及與此一起發展的致命性衝突，可以追溯到開始騎馬的最初。

西元前第四個千禧年來到尾聲，草原上的牧人變得更有行動力。該千禧年中前幾個世紀氣候改善，但隨後急轉直下，大批動物群現在需要漫步在更廣闊的地區，才能啃食足夠的牧草。這看似刺激了新生活方式與新文化的興起，牧人再也無法承受像在波泰那樣半定居狀態，他們需要與動物群一起移動。解決方案就是馬車。這些有輪子的運載工具，最初約在五千年前出現在草原。聽起來很精確，但運載工具在地面上留下的痕跡這麼少，考古學家究竟怎麼敢這樣說？車轍通常不會保留超過千年（而且在發現它們的地方，也無法和雪橇車轍區隔。）

答案就在這些草原人民的墳墓，他們仍然在製作庫岡古墳，而在那些土丘之下埋葬他們的菁英（主要是男性），與他們的馬車。這些非凡的墓葬裡有遺體與拆解的馬車，在整個歐亞大草原都有出現，年代介於西元前三千到兩千兩百年。這些墓葬儀式給這個新文化名字，雖然是那些人都不知道的名字：顏那亞，俄羅斯文的墓穴。

輪子可能並非草原上的發明，據信有輪子的運載工具這個概念是傳布過來的，若非來自西邊的歐洲就是從南方，來自美索布達米雅。已知最早的輪車形象來自一個波蘭的遺址，年代約西元前三千五百年，而土耳其則有一個黏土馬車模型，年代約西元前三千四百年。以牛拉的篷車作為移動的家，牧民可以在這片土地上跟隨大群動物遷徙，當然他們仍然騎馬。考古學家提出，一年的循環中，春夏牧民會來到開闊的大草原，冬天則會在河谷紮營。關鍵的是，那些河谷四周的樹木能提供燃燒與修理篷車的木材。雖然這種騎馬乘篷車紮營，並且建造庫岡古墳的文化延伸整片歐亞大草原，但牲畜與食用的植物種類也有地區性的差異。東方越過頓河（River Don），人們主要養綿羊與山羊，只有少數牛和馬以提供必要的移動性。除了羊肉，他們也吃採集的鱗莖和藜的種籽，那是一種與藜麥非常相近的植物。在西部草原，人們定居性比較高，他們放牧牛和豬，並且種植一些穀物。

但是，就像西元前五千年早期騎馬的游牧民族，顏那亞人沒有停留在草原上。到了約西元前三千年，他們開始往西擴張進入多瑙河河谷，推進到匈牙利大平原。草原牧民也往東擴張，和中國的早期農民接觸。在西方馴化的動物與作物往東擴張，青銅冶煉的想法也有可能是從西方傳到中國。在顏那亞人之後，有好幾波草原人民往東西兩方擴張。五千年來，這齣劇碼一再上演，歷史上最後一次紀錄是十三世紀的蒙古入侵。

草原游牧民族的史前擴張，顯然對東西方既存的社會有非常不同的衝擊。在中國，游牧民族看似與定居社會融合，但在西方他們卻侵占原本由其他游牧、放牧民族占領的土地，而且引起連鎖反映，將其他游牧民族更往西推。

顏那亞人擴張進入歐洲有深遠的文化影響，迴響至今仍然存在。遺傳學家和比較解剖學家利用現代生物之間的相似與相異模式，也與可取得的古生物相比，重建種系發展史，也就是代表演化史的家族樹。語言學家利用比較文法與字彙，也能做相同的事情。許多古老與現代的語言，從英文到烏爾都語（Urdu），梵語（Sanskrit）到古希臘文，在印歐語系家族中全都是同一族群。語言學家已經追蹤聲音的演化到很久以前，直到我們最接近的原始印歐語言，約有一千五百個分別發音的形式。很難測試他們是不是真的找到古老語言的軌跡，但是歷史語言學家發現的西臺文和麥錫尼希臘文都不知道的字彙，那些字彙給我們一些基礎去相信他們的重建。

原始印歐語言的碎片含有指涉水獺、狼和赤鹿的字彙，還有蜜蜂與蜂蜜、牛、綿羊、豬、狗和馬。換句話說，這種根源語言顯然是興起自新石器時代，當時說這種語言的人已經有字彙指涉馴化動物，不過仍然不清楚指「馬」的字，是不是指馴化馬。但還有其他線索。重建的原始印歐語（Proto-Indo-European）也含有指涉輪子、軸和馬車的字彙，看起來草原上騎馬乘篷車的游牧民族顏那亞人所說的語言，將會形成現今我們在歐洲和西南亞仍然持續在說的印歐語言之基礎。想像我們使用的語言，仍然含有對草原上古老文化的微弱迴響，這種感覺真的很棒。

近親與替代歷史

闡明家養馬的起源確實非常困難。就像狼和早期的狗、原牛和早期的牛，很難察覺野生馬與家養馬的骨頭之間有任何差異。那些來自波泰遺址的掌骨，和野馬的骨頭只有細微的差異。事實上，任何屬於馬屬（Equus）的物種，骨骼只有非常小的差異。如果你拿斑馬的骨骼和驢子的骨骼相比，會很難辨別誰是誰。又一次，遺傳學在此發揮作用。了解家養馬起源之前需要先確定，我們是否已經理解現今所存好幾種馬科物種之間的差異。有些是最近才被發現，其間的差異比我們原先所想的還要小。

之前我們認為馬屬動物的分類是透過基因分析，但有些馬屬動物只是分離的族群，傳統上卻被視為是分別的物種，但實際上牠們的關係更加親近。例如草原斑馬和絕種的斑驢，傳統上是基於牠們的外觀而被標示成分別的物種，但依據現代遺傳學，牠們根本是同一物種。相類似的，美洲絕種的高腳馬的基因就是古野馬，也就是現代家養馬血緣相近的表兄弟。但是當馬的家族樹從內部崩解，分枝減少，基因上的關係也比原來設想的還要親近。家族樹中的關鍵部分是沒有爭議的，那就是家養馬和牠們的野外祖先與親戚野馬，與中亞草原上存活下來的真正野馬：普氏野馬，關係十分相近。這些小而結實的馬，有土黃色或紅棕色的毛皮，口鼻部與肚子顏色偏淡，粗硬的鬃毛，背部則有一條斑紋。

基因分析讓重建古野馬，也就是馬的家族樹歷史成為可能，並且定出年代。馴化馬的野生祖先在四萬五千多年前成為一支分別的世系興起，在當時與普氏野馬的祖先分化開來，遠在馴化發生之前。然而儘管有那樣的分化，少量的混種仍然持續，雙向的基因流動在今天的基因組中展現得十分明顯。大部分的混種發生在很久以前，遠在兩萬年前最後一次冰河高峰之前。在冰河時期之後，仍然有一些普氏野馬的基因輸入到家養馬的祖先，甚至在馴化之後仍然持續。到了二十世紀之初，還有另一個基因流動的證據，從現代馬進入普氏野馬。家養馬基因最後一次注入到普氏野馬，時間正好是普氏野馬開始被圈養與繁殖的時候。

這兩種馬的族群有雜交的能力令人驚奇，牠們的型態與基因區別都很大，足以被視為是分別的物種。而且牠們染色體數目也不同，這通常被視為是雜交的完全障礙。家養馬有六十四個染色體（三十二對），普氏野馬則有六十六個（三十三對）。當哺乳類的卵或精子製造出來時，只會有身體其他細胞整套基因的一半。受精時，來自卵子的基因和來自精子的基因結合起來，再次創造出一整套基因。每個來自卵子的基因必須與來自精子、數量相對的基因成對相配，然後受精卵才能分裂並且形成胚胎。如果家養馬與普氏野馬交配，受精卵就會一邊有三十二個染色體，另一邊有三十三個染色體。但因為某種原因（遺傳學家對此也不甚了解），這些染色體成功配對且產下後代。現代家養馬和普氏野馬的雜交展現了這一點，不只能產生後代，而且牠們的後代也能夠繁殖。

當然，馬科物種的混種很著名。驢騾是公馬和母驢雜交生出的動物，馬騾則是反過來的雜交，由公驢和母馬所生。雖然驢騾和馬騾沒有生育力，但偶爾也能成功繁殖。這又是一件令人驚奇的事，因為驢子有三十一對染色，馬則有三十二對。此外，馬科不同物種的基因組有一個更令人目瞪口呆的功績：有三十一對染色體的索馬利野驢與有三十三對染色體的細紋斑馬，有雜交和基因流動。這樣的發現挑戰了我們對生物如何運作的刻板印象，在基因組學出現之前，物種界線顯然比我們預期的更容易穿透。就算染色體數目不同，關於繁殖也不是我們先前想像的是極大的障礙。

除了解答雜交的問題，遺傳學也讓我們看到古代族群的大小是隨著時間波動。約一萬到兩萬年前的更新世和全新世早期，家養馬的祖先野馬和普氏野馬的族群都銳減。族群數量持續減少，一直到約五千多年前馴化的時候。對馴化馬而言，未來看起來很光明，但當這種馬的族群不斷增長，並且擴散到全世界，牠們的野外表親卻開始變得瀕危。

家養馬的野生近親野馬，又稱泰班野馬，有灰黃色的毛皮，腹部淡色，腿部黑色和短鬃毛，在一九〇九年滅絕。普氏野馬的數量也急遽減少，直至滅亡。這些罕見、害羞的馬匹，是俄羅斯探險家暨地理學家普熱瓦利斯基（Nikolai Mikhailovich Przewalski），在一八七九年橫越中亞大草原的路上看到的。到了這個時候，這些野馬的範圍已經縮減，只有小群的野馬漫步在蒙古草原和內蒙古。當普熱瓦利斯基準備離開蒙古時，有人給他看一匹遭到射殺的馬的皮革和頭骨，他立刻將那帶回聖彼得堡。這些遺骸經過動物學家波利雅可夫（I. S. Poliakov）研究，在一八八一年發表他對這種獨特的馬的描述。波利雅可夫認為，這頭來自蒙古的動物遺骸與馴化馬群不同，可以被視為科學上的新物種，他給這種蒙古野馬一個新的物種名稱，榮耀牠們的發現者。這種馬立刻變成蒐集珍藏品，遠征隊到蒙古為動物園捕捉這個物種，但此舉更進一步耗損了野生族群。最後一匹被抓到的普氏野馬是隻母馬，被命名為歐莉薩（Orlitza），幼年時就遭到捕捉。這些馬在野外越來越罕見，牠們被認定為新物種，也因此注定牠們的殞落。為了滿足動物園收藏的遠征隊，無可避免地殺害一些馬，還驅散其他馬匹。

一九六九年，最後一次有人報告，在蒙古西南方的北疆戈壁見到一隻野生的普氏野馬。野外普氏野馬已絕跡，但有少數普氏野馬在動物園活得很久，且能育種。一九八〇和一九九〇年代，有好幾次企圖將普氏野馬重新引進野外，包括歐莉薩和剩下的十四隻族群。這些嘗試很成功，在一九六〇年代到一九九六年，普氏野馬被認為在野外滅絕，但二〇〇八年牠們又回來了，儘管數量少到仍被評估為極度瀕危。後來數量慢慢爬升，到了二〇一一年，牠們被視為只有瀕危，代表族群數量超過五十隻成熟動物活在野外。

現在估計約有數百隻普氏野馬，生活在圈養的環境之外，這樣小的數量代表族群面對疾病、寒冬等逆境時，依然十分脆弱。但牠們獲得一些協助，在中國新疆的卡拉麥里山有蹄類自然保護區（Kalamaili Nature Reserve），於二〇〇一年野放普氏野馬。這些馬每年冬天都被聚集在一個畜欄中，給牠們額外的食物，保護牠們不必與家養馬競爭。到了二〇一四年，僅這一群重新野放的普氏野馬就有一百二十四隻，被形容是中國最成功的重新野放計畫。

圈養中的族群看起來也很健康，全世界的動物園約有一千八百匹馬，而且數量持續成長。重新引進野外主要發生在中國和蒙古，就在這些馬滅絕之前，最後被看到生活在野外地區的周遭。但還有些普氏野馬，在烏茲別克、烏克蘭、匈牙利和法國，也被野放到自然保護區的國家公園。

這些野馬的故事，讓我們了解牠們被馴化的表親，是馬的另一個歷史。如果這些馬一直維持野生會怎麼樣？無疑的，人類歷史的路徑會有所改變，但馬的命運也會受到影響。野馬成為舊石器時代狩獵採集者重要的肉類來源，但牠們有可能也會被狩獵而絕種，或接近絕種。若不是證明在其他方面牠們很有用，像是載著人類穿越大草原、騎著牠們進入戰場、拉戰車、篷車和大砲，變成在人類社會中地位與威望的象徵。普氏野馬重新引進野外看似是成功的故事，是野化的勝利，但這些馬的全球族群在野外與圈養中，數量最多也只有數千隻，而地球上約有六千萬頭家養馬。有人擔憂牠們的基因多樣性正在降低，品種也在消失，但馬離瀕危物種還有很遙遠的距離。

花豹斑點與馬臉

也許我們已經找到馴化物種的起源，然而儘管馴化馬最早的考古證據來自東歐大草原，這不表示現今所有的馬都來自單一起源。可能有比較晚而獨立的馴化中心，畢竟馬在歐亞大陸分布範圍廣泛，有許多地方的人和馬接觸了好幾千年。在更分散、多區域的模式中，分隔的小馬群之後可能會融合成為一個單一、多樣化的馴化馬族群，持續反映地區差異和當地起源。就和狗一樣，現代馬顯而易見的多樣性，讓人們認為最有可能是多個起源。過去，某些馴化品種與當地野生小馬的相似性，會被用來支持這樣的模式。型態特性研究，也就是研究骨頭形狀和大小，就提出埃克斯穆爾馬（Exmoor pony）、巴斯克自治區（Basque country）的波多克馬（Pottock pony）和已絕種的泰班野馬非常相似。有些人辯稱，卡馬格（Camargue）美麗的半野馬，代表冰河時期壁畫上那些古代真正野生的索呂特馬（Solutre horse）的直接後代，但基因的說法不同，而且更耐人尋味。

二〇〇一年一篇研究發表，分析了來自三十七匹馬一段特定粒腺體DNA。這段DNA的確多變，但代表彼此分化世系的多樣性是在馴化之前還是之後呢？如果是在之前，就暗示現代馬有多個起源，如果是之後，就是支持單一起源。為了回答這個問題，遺傳學家觀察驢子的粒腺體DNA，發現與馬有百分之十六的差異。他們假設驢和馬約在兩百萬年前（正如化石紀錄的呈現）到四百萬年前（根據目前基因的估計）的某個時間點彼此分化開來，這給遺傳學家一個校準：超過一百萬年，你會預計看到基因序列分化百分之四（如果四百萬年前有一次分化）到百分之八（兩百萬年前有一次分化）。遺傳學家可以將這個速率應用到他們在現代馬粒腺體DNA發現的差異，算出來約百分之二點六。這個校準暗示，那些現代馬當中發現的世系，分化的時間必定介於三十二萬到六十三萬年。遺傳學家認為，人類捕捉野馬既用來食用，也用於運輸。之後，野生族群漸漸消失，馴化馬群變得更重要，並且彼此雜交，形成現代馬的基因基礎。遺傳學家將馬的馴化歷史與狗、牛、綿羊和山羊作為對照。首先，那些物種比馬更早被馴化，而且牠們都來自一個受限的起源，然後才擴散出去。反之，馬的馴化過程是一次又一次，而且發生在許多地方，這表示是人類想法、科技的傳播，而非動物的散播。

但那是母馬的故事，公馬呢？牠們有完全不同的故事。人類學家安東尼形容馬是「基因上精神分裂」。透過母系遺傳的粒腺體DNA，現代家養馬來自多樣性很大的野生母馬祖先。馬的粒腺體基因多樣性大得驚人，而且與其他馴化物種相比很不尋常，但父系遺傳的Y染色體，只紀錄非常少的公馬祖先。

粒腺體DNA和Y染色體資料的不一致，也許某種程度反映自然育種模式。普氏野馬和野馬都經營「後宮」，這看似是馬社會的自然狀態：一夫多妻是常態，有一頭優勢支配公馬，管轄一群母馬和幼馬。年輕公馬會離開馬群，加入單身公馬群數年，然後試圖建立自己的後宮，可能是偷走其他公馬的母馬，或是打鬥接管一個既有的後宮。因此現代馬的遺傳學，反映馬族群中自然的社會和繁殖模式。

但這不足以解釋粒腺體DNA世系與Y染色體比較時，顯示出的劇烈對比。這個模式表示馴化的母馬比公馬多很多。公馬天性活躍好鬥、獨立且危險，要找一頭年輕公野馬不會發瘋，把你摔在地上、踢你頭部，是很困難的。母馬天性比較溫馴，所以若你是想要捕捉並馴化野馬的牧人，尋找母馬的機會絕對會比較大。所以歷史上捕捉並馴化的野生母馬比野生公馬多，並不令人意外。然而，雖然母馬比較容易馴化，但至少需要一隻公馬來成功育種，這是基本生物學。

現代馬的ＤＮＡ拼圖卻少了幾片，你不知道特定世系是在哪裡、又是什麼時候加入馴化馬群中，也不知道究竟失去多少多樣性。從古老骨頭中萃取出來的遠古ＤＮＡ，提供這故事更多細節。邁向冰河時期尾聲時，從阿拉斯加到庇里牛斯山，有一大群基因上相關的野馬族群。到了一萬年前，北美的馬消失了，歐亞大草原的族群則與伊比利半島的馬群分隔開來。最新的基因研究揭示，Y染色體的多樣性隨著時間喪失，讓我們有錯誤的印象，以為只有少數公馬受到馴化。

當古老與現代的ＤＮＡ二者相符，都指出馬的馴化始於歐亞大草原西部的青銅時代，那也顯示來自野生母馬的母系遺傳粒腺體ＤＮＡ，在家養馬擴散到歐洲和亞洲的時候，一次又一次進入家養馬群中。在鐵器時代，更多野生母馬被捕捉馴化，中古世紀再發生一次，將牠們的野生基因加入已馴化的馬群。

遠古伊比利半島家養之前的馬，受庇里牛斯山與歐洲其他馬群屏蔽，但少數幾個母系世系還是找到路進入家養馬群，並存留在現今某些伊比利品種中，例如馬利斯梅諾馬（Marismeno）、盧西塔諾馬（Lusitano）和卡巴羅拉車馬（Caballo de Carro）。由於是西班牙人將馬重新引進南美洲，這種古老的伊比利印記也出現在南美品種，例如阿根廷克里奧馬（Argentinean Creole）和波多黎各帕索菲諾馬（Puerto Rican Paso Fino），就不令人驚訝了。但也能在法國馬和阿拉伯馬身上找到，這可能反映了伊比利和法國之間古老的貿易，以及西班牙與北非之間的緊密連繫。在中國，大部分粒腺體DNA世系都指向家養馬從更遙遠的西方散播到東亞，但有加入少數來自當地野生族群的世系。

現在浮現出來的概況是，並非多個獨立的馴化中心，馴化馬群之一是從原始家鄉擴散到草原，但一路上有大量野生母馬加入家養的馬群。所以，不只是人類的想法和新技術的散布，也是馬的散布。

就像其他家養物種，選擇性育種促進特定特徵，壓抑其他特徵。正如狗、牛和雞，由嚴格育種制度帶來的強烈人擇，過去超過兩百年創造出我們認識的現代品種系列。但很久以前，選擇也有發生，例如青銅時代發明的速度快又靈活的小馬，人類偏好用來拉輕戰車。而石器時代的斯基泰人（Scythian）則培育比較大的馬匹，有些是選其耐力，其他則是挑其速度。體重中等的馬被用於戰場上拉馬車，之後則用來拉火砲。到了中古世紀，役馬體型變得很大，重達兩千英磅。

選擇性育種也顯示在現代品種的特徵，在家養之前的馬身上就能發現。奔馳過拉斯科洞窟牆壁的馬是棕色夾雜黑色，很有可能是寫實的毛色。有人認為佩赫梅爾馬匹身上的斑點是象徵性，甚至是迷幻，與馬匹周遭的抽象斑點花紋相符。但另一方面，佩赫梅爾馬匹的斑點很像某些現代品種，例如斑點馬（Knabstrupper）、阿帕盧薩馬（Apploosa）和諾里克馬（Noriker）的花豹毛皮花紋。這些花豹紋的基因基礎很著名，就是在馬的一號染色體上的LP基因型，一個特定變異或對偶基因。遺傳學家篩檢三十一隻來自歐洲和亞洲，家養之前的遠古馬的

DNA，亞洲馬沒有這個LP對偶基因，但西歐的馬有十分之四都有這個變異。佩赫梅爾洞穴的壁畫必定有某種程度的藝術作用，畫裡的馬頭特別小，腿特別細長，但斑點花紋很有可能代表冰河時期馬的真實外觀，直接從自然複製而來。那看似是某些早期馬匹育種者特別偏好的特性，例如在土耳其西部一個青銅時代的遺址，十四匹馬中有六匹有LP基因。

北至北西伯利亞，有人認為雅庫特馬（Yakutian horse）可能曾與當地野馬雜交，將關鍵的型態和解剖特徵遺傳給牠們，讓牠們能在亞北極（subarctic）的條件中存活下來。這些馬小而結實，腿很短，毛特別多且長。但在這個案例中，對古老與現代雅庫特馬的基因研究，揭示了牠們之間沒有特定關係。現代雅庫特馬是在西元十三世紀引進，而且很快就適應寒冷的環境。與毛髮生長、新陳代謝與血管收縮（減少身體表面的熱能喪失）相關的基因有如此快速的改變，對於生存必定十分關鍵。有證據顯示，家養馬有正向篩選的基因，與骨骼、循環系統、腦部，以及行為的改變有關。

長久以來，馬主人可能很熟悉或至少懷疑，馬有一些迷人的行為特徵，但科學研究才剛開始要釐清。證據指出，狗和貓可以透過人類的肢體語言或聲音而理解我們的情緒。例如，狗可以理解快樂的人表情是什麼樣子。馬也能從另一匹馬的臉部辨識牠們的情緒。最近研究顯示，拿人類生氣、皺眉與快樂表情的照片給馬看，牠們看到人類生氣的表情，與看到微笑的表情相比，馬的心跳會跳得更快。如果這表示馬真的能感受人類情緒，對於這個能力有幾個解釋：有可能因為長久以來，馬有能力闡釋另隻馬臉上的表情，因此牠們馴化後也如此理解人類。或者有可能是馬後來學會的，例如將指涉憤怒的信號，與憤怒的人臉連接起來。這可能是馬的野生祖先遺傳下來，能將情緒與臉部表情連繫的固有傾向。

另一個研究顯示，馬不只能闡釋人類的情緒，還會試圖影響我們的行為。例如，馬會擺出一些姿勢來表達牠要傳遞的訊息：馬伸長脖子，頭部指向一籃牠喜愛但拿不到的食物，然後看著實驗者，「指」向籃子，接著再一次看著實驗者。若實驗者走開牠們就會停止，但當實驗者走向牠們，牠們會更頻繁的看食物和實驗者。馬也會以點頭和搖頭來獲取注意，代表馬不只希望溝通，還了解人類能接收牠的信息。馬不大可能馴化幾千年內就演化成能這樣做，但也不大可能是與生俱來的傾向。反之，馬有可能原本就傾向在牠們的社交環境中，透過與其他馬（現在還有人）互動，學習這種行為。所以儘管行為本身不是固有傾向，但像狗一樣發展這種行為是天生的，表示馬是社交動物，適合與另一隻社交動物合作。從青銅時代開始，當東歐大草原的獵馬者變成騎馬者，牠們就是人類很好的同盟。牠們成為人類的旅伴，但載的不只是人。下一章要討論的馴化物種的大流散（diaspora）就是始於旅人的鞍囊，沿著後來成為絲路的西端。裝入鞍囊的是旅人的水果：蘋果。

第九章

TAMED

蘋果

乾杯！乾杯！全鎮都在乾杯，
我們的酒杯是白色而我們的啤酒是棕色。
我們的碗是以白楓樹做成。
用乾杯碗，我們為你暢飲。

——格洛斯特郡祝酒歌（Gloucestershire wassail）

乾杯

一月底，北索美塞特（Somerset）的冷冽夜晚，一小群人聚集在一座果園，裸露的小樹枝往上深入夜空，腳下已有冰晶碎裂，年輕人和老人都穿著大衣，圍巾包住口鼻，戴著羊毛帽子，每吐一口氣都在冰寒的空氣中形成白霧。孩子們有樂器，但很難說有音樂性，只是能製造噪音的東西：沙球、鈴鼓、鐵罐中裝著瓶罐。更多瓶蓋串在鐵絲上，連在分岔的樹枝作為即興的響環。其中一名大人有一把小喇叭。這群人開始移動，變成一道蜿蜒的遊行人群，一路走到樹下敲敲打打，叮叮噹噹，手舞足蹈，非常熱鬧的隊伍。

我們正在叫醒蘋果樹，嚇走邪靈，確保秋天來時有好的收成。這列隊伍停下來，一名男子清喉嚨後便開始唱祝酒歌。人們在公開場合一起唱歌，總讓我感到不自在。那是炫耀，就像看小孩表演當天下午才編出的戲劇。你逃不掉，笑也很不禮貌，必須坐在那裡帶著鼓勵的微笑而非苦笑，之後還得恭喜他們，一點諷刺都不能顯現。但在這個果園，我冰冷的犬儒主義想法稍微融化。這位男士有美麗且動聽的嗓音，而且全心全意投入表演。我感覺彷彿穿越時光，重新演繹、重新唱出好幾個世紀以來一直在發生的事件回音。

然後我們走回屋裡，脫掉羊毛帽、外套與過去，開始和朋友聊天。我們從咒語中被釋放出來，回到現在，但我們仍然拿一杯熱香料蘋果酒，敬祝彼此健康。那又是另一種古老的回音。祝酒歌的傳統可以追溯到中古世紀，但是根柢可能深植於更古老時期。這是大張旗鼓的異教徒儀式，設計來取悅樹靈，確保收成良好。首次提到助酒歌的紀錄是一五八五年的肯特（Kent），年輕男子在果園中唱祝酒歌能獲得獎賞。十七世紀時，作家兼古董商奧柏利（John Aubrey）紀錄一項西南諸郡的傳統，男人帶著酒碗進入果園，到樹邊為樹祈福。十八世紀的助酒歌韻文和歌曲激增，十九世紀卻又大幅減少。二十世紀時，古老儀式的復興程度不一，在威爾斯和英格蘭各郡的塞文河周遭維持最久。在我朋友果園裡唱助酒歌，是為了復甦長久的傳統。

祝酒歌來自古北歐語（Old Norse）「ves heil」，意思是：祝你健康。當我們回到屋內，喝著熱香料蘋果酒祝彼此健康，這是標記新的一年開始，並且希望朋友和收成一切都好。

蘋果是典型的英國植物，祝酒歌是為了強調我們與這些樹和其果實的原始連繫。但是蘋果就像本書提到的其他馴化物種，並非來自這個位於西北歐的小島嶼，蘋果的原始家鄉遠在三千五百英里之外。

在天山側翼

北疆區域以一個古老的蒙古汗國為名，現在大部分包含在中國新疆省，西至哈薩克，東到蒙古，被夾在二者之間。但是舊北疆的東端仍然在蒙古，這裡是最後一匹普氏野馬消失前於一九六九年被看見的地方。北疆南端以天山為界，天山山脈一直往西延伸，直到一塊形成現代吉爾吉斯（Kyrgyzstan）的楔型高地，將北邊的哈薩克與中國新疆省西南部的突出分隔開來。

肥沃的綠洲座落在草原和沙漠之間，天山意指天堂的山，看起來也名符其實。植物學家朱尼珀（Barrie Juniper）形容天山之美：「其鋸齒狀、閃閃發光、白雪皚皚的山峰，覆蓋森林的山坡，隱藏在高山上的草地，春天點綴花苞與水果的花朵，秋天則長滿豐饒的果實，天山就是典型受天神偏袒的古老山上王國。」

一七九〇年，一位名叫席佛斯（Johann Sievers）的德國藥草植物學家，加入俄國一次到南西伯利亞與中國的遠征，尋找特定品種的藥用大黃。但他不大在意尋找大黃，一路找到的植物他都忽略了。在天山側翼，現在的哈薩克西南部，席佛斯發現高大的蘋果樹林，長滿特別巨大又色彩豐富的水果——有些黃綠色，其他則是紅紫色。這些不是中間長有幾顆蘋果樹的混合落葉林：蘋果就是優勢物種，它們也不是我們現代果園矮化修剪過的蘋果，這些蘋果樹長到高達六十英尺。席佛斯從這趟遠征回來後不久就過世，年僅三十三歲，但是他的名字永垂不朽，因為他在中亞天山發現的蘋果以他為名：新疆野蘋果（Malus sieversii）。

十九世紀早期，植物學家和蘋果栽種者努力要理解蘋果屬（Malus）糾纏繚繞的分支。天山周遭大型水果樹林似乎已經被遺忘了。反之，主流的想法認為栽種蘋果馴化是來自歐洲野生蘋果，包括歐洲野蘋果（Malus sylvestris）、樂園蘋果（Malus dasyphylla）和道生蘋果（Malus praecox）。

一九二九年，追蹤小麥起源的波斯考察行十三年後，被廣泛視為世界上最偉大的植物獵人瓦里沃夫，出發跟隨席佛斯的腳步。他跋涉到哈薩克東南部，當時那裡已經被俄羅斯吞併。在阿拉木圖（Almaty）城市周遭，也就是天山山腳下，他探索野生蘋果森林。今日的阿拉木圖是哈薩克最大城市，有將近兩百萬居民，從它的名字可以看出與蘋果的古老關係，阿拉木圖這個名字的俄文版「Alma-ata」，意思是：蘋果之父。文獻上首度記載這個城市是在十三世紀，稱之為阿拉馬淘（Almatau），意思是：蘋果山。

瓦里沃夫寫道：「城市周遭可以看到綿延一大片的野生蘋果覆蓋山丘，形成森林。」他對當地一些野生蘋果樹水果與栽種品種的相似而印象深刻，那些野生蘋果不像又小又酸的歐洲野蘋果，而是豐滿大顆的水果，咬下去滿口香甜。「有些樹木的水果品質和大小，好到可以直接移植到花園。」他充滿熱情的記下。這很驚人，尤其是馴化物種通常和其野生的先驅差異很大，只要想想玉米和大芻草的差異，或是馴化的野生小麥，就可以了解。辨認野生先驅，通常需要相當程度的偵察工作，但蘋果可不是這樣，就算矇著眼睛也顯而易見。這種中亞野生品種與果園中馴化的水果樹密切相關，而且血統相通。瓦里沃夫很肯定，阿拉木圖周遭地區必定是這個水果的誕生地，也就是馴化中心。他寫道：「我用眼睛就能看出，這個美麗的地方就是栽種蘋果的起源地。」

到了二十世紀末，有些植物學家仍聚焦在歐洲野蘋果，認為這才是馴化蘋果（Malus domestica）的祖先，其他人則不是那麼肯定。一九九三年，來自美國農業署（US Department of Agriculture）的園藝學家弗斯林（Phil Forsline）回到哈薩克東南部的森林，與當地科學家著手進行植物學調查，包括測試水果、找出各種不同的味道，從酸到甜，從濃郁堅果香到茴香的味道。他蒐集許多品種的種籽，創造出「種原」（germplasm）資料庫，未來有潛力用於改善作物。最後，他和團隊帶著超過一萬八千顆蘋果種籽回到美國。

就像之前的瓦里沃夫和席佛斯，弗斯林對於有些野生蘋果與馴化品種如此相似印象深刻，但還有另一個原因，阿拉木圖區域代表蘋果的起源家鄉，就是這裡生長的蘋果樹種類多到令人眼花繚亂。瓦里沃夫理解多樣性可以提供地理起源的重要線索，因為在那裡它們有最長的時間累積差異。而大顆水果的蘋果樹看似在天山森林，已經生長演化至少三百萬年。

新疆野蘋果在許多方面都是一種奇怪的果樹。其他種類的野生蘋果，統稱為野生酸蘋果，偏向結小而酸的果子。酸蘋果這個名稱的起源素有爭議，其蘇格蘭語「scrabbe」，表示可能來自北歐字，是指野生蘋果，但是「crab」也有酸的意思。野生酸蘋果通常獨自生長，或是形成小樹叢，沒有任何一種會像新疆野蘋果在天山這樣形成密集的樹林。這個物種另一個奇怪的特性就是變異多得驚人，從個別樹體的大小、花朵顏色，以及水果的形狀、大小和味道。那種多樣性的一個關鍵可能是，這個物種在天山森林發展的時間深度，但它也傾向於蓬勃發展其他蘋果屬物種所沒有的變異。比較之下，野生酸蘋果真的極度保守。

這種大果實的中亞野生蘋果，看似演化自早期小果實的祖先，可能在天山開始往空中聳立時就已經擴散到整個亞洲。當天山開始隆起，就為隔離的蘋果樹族群創造出一片適合棲息的島嶼。一個獨特的地理環境，周遭被不適生存的沙漠圍繞。更新世一再重複的冰河時期，在全球創造了氣候上的波動，可能也促使植物一次又一次進入零碎的口袋狀棲息地。也許野生蘋果變異有如此多樣的傾向，尤其後代與親種大不相同，正是發展自對環境多樣性的有用適應。

中亞野蘋果與西伯利亞野生酸蘋果（Siberian crabapple），也就是與中文俗稱的山荊子有密切關係，它的果實小而紅，鳥不但會吃，而且會藉由種籽通過牠們的腸道而散布種籽。歐洲野蘋果的祖先有可能也是靠鳥傳播的蘋果，但之後它們分化。大果實強烈暗示吸引一種不同的動物，例如哺乳類，來協助散播種籽。看起來蘋果最初是比較大顆的果實，是為了吸引熊的注意，滿足牠們的味蕾與食量。（當然，這樣講是一種捷徑：導致較大果實出現的機制，正是位於演化核心的機制，也就是天擇。當眼前有各種果實，熊偏好比較大顆的果實，結這些果實的樹木就有演化優勢，能將更多它們的基因傳給下一代蘋果樹。）隨著時間過去，一個原本結小果實的樹木世系改變成新的物種，結比較大的蘋果，讓熊無法抗拒。小蘋果會比較沒吸引力，也可能比較無法毫髮無傷的通過腸道，排出後成功發芽。留在蘋果果實內的蘋果籽無法發芽，看起來似乎是多餘的對立，但卻預防新的蘋果在親種植株（parent plant）下方發芽生長，與之競爭。弄碎較大顆的蘋果，暴露出種籽，是發芽的必要步驟。如果蘋果種籽能逃脫被牙齒咬碎，就能完好無缺的通過腸道。當種籽從另一端出來時，將有機會長成一棵新的樹木，也許距離親種植株好幾英里之外。從熊的屁股排出來的種籽，會落在林地的一團肥沃的肥料中。但就算加了熊施予肥料這個因素，也不是最理想的發芽生長位置。幸好還有另一種森林哺乳動物能幫忙埋下蘋果種籽：野豬很會翻攪土壤，增加成功發芽的機會。

儘管在中亞森林，棕熊（和野豬）散播蘋果種籽的表現很出色，但還是需要依靠人類與他們的馬匹帶進蘋果進行擴散，橫越亞洲、歐洲，最終散布全世界。

蘋果考古學

中亞古時候的狩獵採集游牧民族，身後留下的痕跡非常少。幾個遺址的動物骨頭碎片紀錄了牠們的存在，所以我們知道他們狩獵馬、驢和原牛。在天山區域最後一次冰河高峰期前後，都有人類存在的紀錄。當世界溫暖起來，科技有了改變，狩獵技術也變了。藉由考察年代約一萬兩千年前的石器，包括很小的「微」刀刃，必定曾塞在標槍柄或魚叉上才可能使用。大約在七千年前，接近青銅時代起始，因為有牛和馬的馴化，所以人類從狩獵轉變為游牧。到了近五千年前（西元前三千年），青銅時代已經傳到歐亞大草原，最近的研究也揭露當時哈薩克東部有種植穀類作物，包括來自西方的小麥和大麥，還有來自東方的粟。在山上種植這些穀物的人仍然是游牧民族，但他們會回到同一個季節性的營地播種、收割並打穀。從青銅時代的遺址可以發現，東部始自黃河，穿過天山到興都庫什山脈（Hindu Kush），東西方人類的想法已有交流。這個範圍甚至遠到史前時代，沿著內陸亞洲山脈走廊（Inner Asian Mountain Corridor）。到了西元前兩千年，放牧者已經移入天山的高地河谷，帶著他們的綿羊、山羊和馬，還有小麥與大麥一起移動。

從天山往東北到達阿爾泰山，游牧生活可能已經由顏那亞人引進。但究竟是藉由文化擴散，也就是從一個社會轉移到另一個社會，還是藉由牧民往東遷徙，這個議題常受到熱烈討論。人類在阿拉木圖最先定居的證據，可以追溯到四千年前的青銅時代（西元前二〇〇〇年）。就像顏那亞人，青銅時代的阿拉木圖人為死者建造庫岡古墳。由於位在內陸亞洲山脈走廊中央，阿拉木圖很快成為東西貿易路線的重要停靠站，連接中國中部到多瑙河，也就是後來所知的絲路。

小麥和大麥從西方抵達中亞，粟則來自東方，但現在是中亞提供「禮物」給其他地區的時候了。人類和馬沿著絲路旅行，穿越野生蘋果林，旅人在鞍袋中塞滿蘋果，也因此助長蘋果擴散到家鄉以外的地方。畢竟，蘋果樹的果實已經演化為散布種籽的方法。蘋果的美味不是巧合，而是藉此鼓勵人類幫它們傳播種籽。因此，人類和馬就跟熊一樣喜歡吃蘋果，而且馬能做熊和野豬的工作，將蘋果肉與種籽分開，且將種籽放近一堆糞肥中，還能用蹄將種籽踏入泥土裡。

從此蘋果開始它們的大流散，一如自由授粉、天然種下的樹苗，基本上仍然是野生植物，但有了新朋友（人和馬）一路幫助它們。這種水果散布開來就需要一個名字。印歐語系對於蘋果有兩種形式，一個聽起來有點像「阿波」，另一種聽起來像「馬洛」，但有可能這兩類字詞都源自原始印歐語字彙：「薩瑪路」（samlu）。青銅時代和鐵器時代的歐亞大草原騎士，可能稱蘋果為「阿馬爾納」（amarna）或「阿馬納」（amalna），很容易聽出這是古希臘文「梅隆」（melon），以及拉丁文「瑪倫」（malun）。但是到了西方，這個字再度改變，「ㄇ」變成「ㄅ」。（這個轉變沒有特別奇怪。發出「ㄇ」的聲音，然後再發「ㄇㄅ」，然後只發「ㄅ」的音。發音時，這些音都很像「ㄇ」、「ㄅ」、「ㄆ」，都是藉著嘴唇闔在一起或分開而產生。）指稱蘋果的古老字彙，持續分裂且進入個別的語言和方言，但烏克蘭語「雅布魯克」（yabluko）、波蘭語「亞柏寇」（jablko），和俄語「亞柏洛克」（jabloko），仍然保存類似德文「亞波佛」（apfel）、威爾斯語「亞佛」（avall），和康瓦耳語「阿佛」（avel）。不論這個字經過多麼蜿蜒路徑，以各種變化形式出現在我們眼前，都暗示著中亞的起源，以及在最初旅途上帶著蘋果的馬匹。

指稱蘋果的字彙很容易令人誤會，其中最著名的就是神話伊甸園中的蘋果，可能根本就不是蘋果。這樣講傳說物品有點奇怪，但那只是說故事的手段，而且最初的故事所指的並非蘋果。蛇在伊甸園鼓勵女人吃的禁果，其實是「塔普瓦」（tappuah），這個希伯來字並非指蘋果。其實要到很晚近，蘋果才發展出真正能夠在巴勒斯坦又熱又乾的氣候中生長的品種，這個故事很有可能就是源自那裡。學者一直爭辯「塔普瓦」這個字的真正意思，可以是橘子、柚子、杏桃或是石榴，但幾乎可以肯定不是蘋果。

荷馬的《奧德賽》可能寫於西元前九世紀，裡頭有提到蘋果樹是種在阿爾喀諾俄斯王（King Alcinous）的果園，就在神話中的斯科利亞島（Isle of Scheria）：

> 這裡，繁茂的樹木長年蒼翠，
> 石榴和梨子，還有豔紅的蘋果，
> 多汁的無花果與橄欖烏亮光滑。

但這些蘋果與其他希臘神話中的蘋果，例如巴里斯（Paris）給愛芙黛蒂（Aphrodite）的那一顆，或是長在赫斯珀里得斯（Hesperides）花園的蘋果，都可以是任何一種圓形果實。希臘字「梅隆」，儘管與其他印歐語系指蘋果的字享有同樣的字根，意思卻不明確，可以指任何飽滿的圓形水果（包括甜瓜）。

不只早期指蘋果的字很複雜，抵達美索布達米雅的蘋果也被認為變化多端。到了四千年前，當一種和馴化蘋果相近的蘋果首先出現在近東之時，這一區的人已經務農好幾千年。他們懂得自然之道，而且可以控制它們，但無法如此對待果樹。並非水果和堅果不是古代人飲食的重要部分，而是這類植物很難馴化。不像穀物和豆類，木本植物有更多內建的基因變異。蘋果和人類一樣有兩組染色體，而且它們不會自我授粉，被形容為「高度異型接合」，也就是要找到一個特定基因，在一對中的另一個染色體上重複同樣版本很不常見。我們的異型接合性（多美妙又詩意的一長串字）代表小孩會和父母不同。類似的，果樹（蘋果尤其如此）也不會維持原本的類型。如果你是園藝學家，想要培育能夠保持想要的特定特徵，這一招實在很惱人。一棵果實甜美的蘋果樹，後代芽苗所產的蘋果幾乎無可避免的會酸到難以入口，正如自然學家梭羅（Henry David Thoreau）所寫的：「酸到會讓松鼠的牙齒縮起來」。但古代蘋果園藝家最終發現如何讓蘋果維持原型，他們找到方法掌握一棵珍貴蘋果樹的特質，並且將這些特徵傳給其他樹木。西元前三千多年，園丁發明無性繁殖。

有些植物自己就會無性繁殖，它們自然就會這樣做。任何靠在地面或地底下長出走莖，在親株一段距離外長出新苗的植物，基本上都是在複製自己。你可以將這兩株植物的根分開，幼苗會很高興繼續生長。我的玫瑰樹籬就會這樣複製自己，我毫不懷疑如果讓它自由生長，它會繁殖到各處都長出玫瑰苗，讓整座花園變成一叢灌木林。我必須時時修剪走莖和長出來的新生芽，才能讓它維持在原本的地方。但如果我要更多玫瑰就留下那些芽，將它們移植到其他地方，它們就會生根長大。早期的農業學家利用植物這種自然特性，進行對它們有利的無性繁殖。農業學家發現，可以藉由剪枝培養無花果、葡萄、石榴和橄欖複製植株，椰棗的芽苗分離後也能繼續生長。但是梨子、李子和蘋果可塑性就沒那麼大，它們從種籽生長時不會保留原型，而且又很難從剪枝長出根，特別是在近東乾燥的低地。有足夠證據顯示，野生蘋果藉由營養生殖（vegetative propagation）擴散，從根部長出吸芽，或是從地面上被土壤覆蓋的樹枝發芽，但是要讓馴化蘋果如此繁殖比較困難。

樹木可以結合在一起，這可能是極為古老以前的發現。你可以用纖細的活樹木來做遮蔽所，把它們彎成圓頂帳棚架子。就算你切下柳枝製作這樣的結構，它們也可能生根發芽，特別是如果你用柳樹或無花果。隨著時間過去，柳枝會在它們交接的地方彼此融合連接在一起。也許你有見過兩棵野生樹木長得太靠近而融合成一棵，這樣問就不算異想天開：如果我砍下一棵樹，然後連接到另一棵樹，它會不會繼續生長？遠比人類可以移植心臟前好幾千年，我們的祖先就已發現可以移植一棵植物的結果實樹枝，到另一棵生根的樹幹。

有了嫁接技術，表示你可以從單一一棵「親株」（嚴格說那不是父母親，而是完全相同的兄弟姊妹）複製數百棵蘋果樹，還能帶來其他好處。如果你種下一顆種籽，必須等好幾年它才會長大、開花結果，但如果你嫁接一根成熟的樹枝或幼芽，就算是接到一棵幼年的根株上，它依然很快就會開始結果，等於你直接跳過不成熟的階段。任何時候都能在長根的樹上接上新的品種。藉由仔細選擇根株，你也可以影響樹的大小，從一個會長成巨大的品種中種出一棵矮侏儒。有些根株能帶來你想種的品種所沒有的優勢，例如抗蟲害或抗旱。嫁接也能以另一種方式使用，像是拯救一棵年邁的樹。如果根部受到病原體攻擊，或是樹幹已經分裂，你可以在受傷的樹旁種下樹苗，讓它們與較高的樹幹融合，將必要的水分和養分從土壤中帶給樹枝，就像繞道嫁接。

嫁接看似是驚人的先進技術，然而有些跡象顯示蘋果於西元前兩千年抵達近東的時候，這種技術已經施行在其他植物了。這個線索來自蘇美黏土板碎片的楔形文字，年代大約在西元前一千八百年左右，在挖掘位於現代敘利亞的馬利宮殿（palace of Mari）時發現。這段古老的文字寫著：葡萄芽被帶到宮殿重新栽植。大部分人都將之解釋為嫁接，但並不清楚這些葡萄芽是否只是被用作剪接枝條，直接插入地面。葡萄藤很容易就會生根，因此比較可能是這樣。儘管如此，馬利宮殿的其他黏土板，很明確的指出蘋果被運進這個宮殿。馬利國王肯定知道蘋果的滋味，就算他們還沒有為自己種植或嫁接蘋果。

還有另一段文字（或者該說另一批文字）年代稍微晚一點，提供更可靠的嫁接證據。希伯來文《聖經》是一本含有多篇故事和歷史，寫於約西元前一千四百年到西元前四百年，橫跨青銅時代最後幾個世紀到鐵器時代。希伯來文《聖經》雖然沒有直接提及嫁接，但有多篇談到栽種的葡萄藤恢復成野生形式的寓言。帝國延伸到地中海東部，進入印度和西亞的波斯人，有可能已經在他們的果園中使用嫁接，但並沒有清楚提及這種做法。

然而，古希臘文學提供最早且毫不含糊的嫁接證據，年代約在西元前五世紀晚期的《希氏文集》（*Hippocratic Treatise*）有一段是這樣寫的：「有些樹木以嫁接方式移植到別棵樹上生長。它們獨立存活在這些樹上，結出的果實也和被嫁接的樹木不同。」羅馬人在義大利種甜蘋果，和櫻桃、桃子、杏桃與柳橙一起生長。到了羅馬成為全歐洲的強權時，提到嫁接的文獻已經很多。正是希臘和羅馬人透過貿易網絡、殖民地和帝國勢力，將蘋果嫁接的知識散布到整個歐洲大陸。南法聖羅曼昂嘉勒（Saint-Romain-en-Gal）有一幅漂亮的馬賽克圖，年代約在西元三世紀，圖像顯示果園的一年生長，從種植、嫁接、修枝到收成與釀造蘋果酒。對羅馬人而言，栽種蘋果是文明的象徵，在西元三世紀寫作的《塔西佗》（*Tacitus*）紀錄德國人吃「agrestia poma」，也就是農村或野生蘋果，與「urbaniores」相對，是都會、文化、精緻的水果，而羅馬人偏好這種水果。當羅馬文化的影響擴散到整個歐洲，栽種蘋果也成為常態，但栽種蘋果有可能遠在更早之前就抵達英國和愛爾蘭。霍伊堡（Haughey's Fort）是位在北愛爾蘭阿馬郡（County of Armagh）一個青銅時期晚期的山丘堡壘，在挖掘期間，考古學家找到一顆三千年的大蘋果，讓很多人很興奮，但進一步檢視後發現那是一顆已有三千年的馬勃菌。

雖然沒有直接證據證明，西北歐在羅馬人入侵之前就有蘋果，但這是容易理解的，因為古典文明興起之前就有橫跨歐洲的貿易網絡。例如，製造青銅的錫可能來自康瓦爾（Cornwall），西班牙、法國和英國都有凱爾特語的地名，這可能是在鐵器時代或更早以前就存在，表示西北歐在羅馬人之前的遠古時期就有蘋果。從西班牙阿維拉（Avila）到法國的阿瓦詠（Avallon）、阿瓦艾伊（Availles）和阿弗呂伊（Aveluy），再到阿瓦隆島（Isle of Avalon），和蘋果類似的名字表示與哈薩克那些原始的果園有關。但這一切都只是推測，蘋果的名稱可能只是與當地的野生蘋果相關。

羅馬人抵達英國、愛爾蘭、法國和西班牙之時，當地原住民應該已像當時的德國人，已經會採拾酸蘋果。在德文郡（Devon）一個洞穴，考古學家發現一系列燒陶織墜與保存狀況很好的酸蘋果種籽和梗，甚至一整顆酸蘋果，年代是近六千年前的新石器時代早期。位於美索布達米雅的烏爾（Ur），有四千五百年歷史的普阿比王后（Queen Puabi）墓穴也發現酸蘋果圖案的編織繩子。不過，蘋果的蹤跡在更早的蘇格蘭考古遺址中就有發現，年代可追溯至中石器時代。在捷克下維斯特尼採（Dolni Vestonice）的上期舊石器時代（Upper Palaeolithic）遺址，也發現年代約兩萬五千年前的酸蘋果殘骸。從以上證據可以合理推測，我們的祖先會吃野生蘋果。酸蘋果雖然是「史前飲食」的一部分，但它們還有其他用途，例如用於醫療和釀酒。現在有些果園還有種植野生的酸蘋果，是用來協助栽種蘋果授粉，另將果實烹煮後拿來搭配肉或做成醬料與果醬，此外也用來釀造蘋果酒。我的花園有四棵栽種蘋果樹，與一棵會開美麗粉紅色花朵，結黃色酸蘋果的野生蘋果樹。

甜美豐滿的栽種蘋果在青銅和鐵器時代，從近東擴散到整個歐洲，在羅馬帝國保護下，就算不是唯一原因也可以被認為是第一次大流散。隨著羅馬帝國崩解，果園也被遺棄，但是西歐的蘋果樹在修道院花園存活下來，再次隨著十二世紀的熙篤會（Cistercian Order）在歐洲擴散。一九九八年，巴德西島（Bardsey Island）發現一棵結紅金色蘋果的蘋果樹，可能是修道院花園的最後生還者，後來被再次栽種。在東歐，蘋果樹活過拜占庭帝國在第八世紀的衰亡，並且被悉心栽種在穆斯林世界。十六、十七和十八世紀發生第二次大流散，隨著歐洲殖民者開始在美洲、南非、澳大利亞、紐西蘭和塔斯馬尼亞種植栽種蘋果。一八三五年達爾文登陸智利，他發現瓦爾迪維亞（Valdivia）港被蘋果園包圍。塔斯馬尼亞後來成為著名的「蘋果島」，是澳大利亞版的阿瓦隆島。

第二次蘋果大流散，產生大量各種不同品種的蘋果，適合整個溫帶區的多元環境。蘋果在北美洲的成功，看似牽涉到一種「回歸野生」。蘋果由種籽種植，並且受到天擇的力量，靠嚴酷的冬天剔除無法在新棲息地繁盛的個體。新品種從那樣的剔除中興起，而栽種的品種無疑也和當地美洲酸蘋果雜交，借助當地有用的適應特性。於是蘋果能夠重造自身，去適應新的棲息地。就是透過蘋果這一次全球化的擴散，以及再次施展在「實生苗」的選擇剔除，讓我們熟悉的現代蘋果品種開始在十九世紀出現。旭蘋果（McIntosh，蘋果電腦的由來）一八一一年興起於加拿大，考克斯橘紅皮平蘋果（Cox's Orange Pippin）一八三〇年出現在白金漢郡（Buckinghamshire），艾格瑞蒙特棕蘋果（Egremont Russet）一八七二年在索塞克斯郡出現，澳洲青蘋（Granny Smith）一八六八年出現在澳大利亞。二十世紀時，「選擇」變得更加直接、精準和苛刻，多到難以置信的多樣性，被修剪到只剩下少數圈住全球蘋果市場的品牌名稱。然而新的品種持續產出，其中有些會變得極為成功：金冠蘋果（Golden Delicious）一九一四年出現在西維吉尼亞，安保西亞蘋果（Ambrosia）一九八〇年代產生於加拿大，布雷本蘋果（Braeburn）一九五二年、加拉蘋果（Gala）一九七〇年代、爵士蘋果（Jazz）二〇〇七年出現在紐西蘭。

現代的栽種蘋果多樣性受到遏制，但仍然令人驚嘆，尤其與其他物種相比較時。二十世紀晚期和二十一世紀早期的植物學考察隊，證實瓦里沃夫一九二九年造訪阿拉木圖周遭果園後做出的結論：我們在現代蘋果栽種品種所見的巨大變異，都可以追溯到哈薩克的原始果園。

基因真相

樹木形狀和花朵與果實相似，加上歷史記載的線索，都指向天山山腳為馴化蘋果的發源地。一九九〇年代的粒腺體DNA（與遺傳自母系世系的葉綠體DNA）研究，確認了這個假設，亞洲野生蘋果（就是新疆野蘋果），是現代馴化蘋果的祖先。與其他野生蘋果品種雜交，可能一直是栽種蘋果發展的一個策略，但是遺傳學家發現一個看起來完整不間斷、未受汙染的祖先世系，一直追溯到哈薩克的野生蘋果。因此，我們平常吃的蘋果DNA仍然是新疆野蘋果。既然這個野生蘋果品種在野外變異性如此壯觀，因此所有栽種蘋果的變異很可能來自這單一起源。有些植物學家甚至將馴化蘋果和中亞蘋果放在同一個物種分類。

不過，關於蘋果品種的大型最新研究報告於二〇一二年發表，由法國遺傳學家寇尼爾

（Amadine Cornille）率領的團隊，呈現一幅新穎且出人意表的蘋果起源概況。從中國到西班牙，他們調查大量的栽種品種，比之前的調查採用更完整的DNA樣本，揭示了令人驚訝的巨大變異。當大部分馴化物種，只含有野外親戚身上所見一小部分的多樣性時，栽種蘋果卻和野外的蘋果屬物種一樣多元。但是寇尼爾和她的同事徹底鑽研這些變異，並且仔細比較馴化蘋果和野生種類後，他們揭示了蘋果深藏的祕密。遺傳學家發現，栽種蘋果確實來自哈薩克的野生蘋果，但並非僅僅來自於此。他們發現栽種品種沿著絲路擴散時，顯然有與野生酸蘋果雜交。蘋果並非於短暫的時間內興起於單一起源，而是持續演化，並且一千年以來與相近的表親近親交配。在整個蘋果的歷史中，儘管人類使用嫁接來複製，並且在基因上限制蘋果的族群，但透過人類選擇由天然開放授粉所產生的好看蘋果，仍然一直都有改善。野生表親能將它們的貢獻加入基因庫，人類沒有刻意組織那些雜交。

以上所述的野生蘋果近親交配歷程，並非為了馴化蘋果的故事增添情節，而是推翻我們之前的認知。栽種蘋果的原始先驅仍然是新疆野蘋果，馴化蘋果的起源約發生在四千到一萬年前，但是其他野生蘋果，尤其是歐洲野蘋果（也就是歐洲酸蘋果）影響卻很深遠。研究顯示，我們現代馴化蘋果的基因組成屬於酸蘋果，而非原始的中亞蘋果。

這一點十分驚人，但是與其他物種最近的發現相呼應，包括像葡萄和橄欖馴化的木本植物，而且與玉米的故事很相似。栽種玉米基因比較像高地野生品種，而非原始馴化的低地大芻草。

少數植物學家曾提出，榨汁的蘋果可能與酸蘋果雜交產出，以引進人們想要的苦澀味。但寇尼爾的研究顯示，近親相交絕對有發生，卻沒有在現代榨汁蘋果與食用蘋果中呈現差異，兩者的祖先都受到歐洲野蘋果很大的影響。若是一定要找出兩者差異，香甜的點心蘋果受的影響稍微多一點。影響果實品質的基因，是透過遺傳並保存新疆野蘋果的特性。相對的，當地野生品種的基因，則在栽種蘋果從天山森林往外擴散時，讓生長在新環境的栽種蘋果能夠適應新環境。

二〇一二年，寇尼爾的研究也顯示有充足的反向基因流動，從栽種蘋果品種進入野生品種，因此馴化會影響尚未馴化蘋果的演化（就如馬和狼所受的影響）。提出雙向基因流動的證據是不久前的事，農藝學家和保育生物學家仍在努力了解個中原由。栽種基因滲入野生蘋果基因組會帶來威脅嗎？這種DNA交換並非新的現象，必定在馴化之初就有發生。從栽種進入野外的基因滲入都是有害且不受歡迎，但很有可能這些栽種基因也是有益的。我們需要回答這些問題，才能有效的保育野生物種。保育野生物種不僅是道德正確，而且是利他的行為。分析現代蘋果栽種品種的基因，會發現存在親近的危險，因為將基因中罕見的變異集中起來會增加嚴重疾病的機率。與其他馴化物種相比，現代馴化蘋果的基因多樣性似乎很厲害，但是多樣性隱藏許多問題。蘋果的生產是奠基於複製，不同的複製植株之間可能有基因差異，但同源植株卻完全沒有。雖然世界上有數百萬棵馴化蘋果樹，但只代表少數幾百株複製樹，也就是少數幾百株實際的樹木個體。有些是結果實的嫁接枝，有些是作為根部的砧木，這表示蘋果嚴重受到環境變化的影響，例如新病原體興起和氣候改變。

因此，野生蘋果維持健康的基因多樣性就更加重要。野生蘋果也許握有「鑰匙」，能解決某些已經影響我們栽種蘋果的共同問題。造訪哈薩克野生蘋果樹林的植物學家已經注意到，有些樹木不受潰瘍或疥癬影響，顯然對這些疾病有抵抗力。有些也顯示能在極端貧瘠的條件中生長，這種抗旱的特徵對栽種蘋果極為有用。此外，不論實驗室能做什麼，都需要進行野外考察，我們需要瓦里沃夫、弗斯林、朱尼珀這樣的科學家走到那些古老的土地，帶回珍貴的樣本。野外也許存有基因答案，能解決現今果園面臨的問題，甚至是我們還沒想到的問題。

遺傳學闡明許多物種的古老起源，我們從考古學和歷史獲得許多線索，但有時候這些線索可能會誤導我們。證據一向都是不連續的片段，探尋當代或古老的DNA，都能藉由提供對過去的另一種觀點，給我們機會填補其中一些間隔。當排序基因組變得更快更簡單，我們開始蒐集馴化物種的歷史，從馴化狗驚人的遠古起源，到英國早得驚人的小麥痕跡。從辨認低地巴爾薩斯大芻草才是玉米最原始的祖先，到蘋果真正的酸蘋果本質。但最令人驚訝的基因真相，卻牽涉到我們非常熟悉的物種：智人。

第十章
TAMED

人

許多歷史問題，只能以人類與動植物之間的互動來理解。

——瓦里沃夫（Nikolai Vavilov）

一八四八年，英國於直布羅陀巨巖（Rock of Gibraltar）北面富比士礦場（Forbes Quarry）採礦時發現一顆顱骨，交給直布羅陀科學學會（Gibraltar Scientific Society），但沒人能解釋這顆眉骨高聳、眼窩深陷，又粗壯厚實顱骨的來歷，它就被留在架上堆積灰塵。

八年後在德國又找到一顆顱骨，還有在另一個礦場發現的一些骨頭。這些遺骸是在杜塞道夫（Dusseldorf）附近尼安德河谷（Neander Valley）的菲德霍夫洞穴（Feldhofer Grotte）出土，工人在採礦前清除洞穴淤泥時發現這些他們以為是洞熊的骨頭，但一名當地老師認出這是人骨，將它們收集起來。在波昂大學任教的邁爾教授（Professor Mayer）認為，這些骨頭可能屬於一位蒙古大軍的逃兵，死於佝僂病，痛苦得眉頭深鎖，在過程中形成如此深的眉骨。但是同一間大學的薛夫豪森教授（Professor Shaaffhausen）認為，菲德霍夫顱骨和骨頭很正常，而非病態。由於這些遺骸是和已滅絕動物的骨頭一起找到，他推測人類必定很早就居住在歐洲。一八六一年，倫敦解剖學家布斯克（George Busk）翻譯薛夫豪森研究菲德霍夫化石的論文，他同意這顆顱骨可能屬於古老的人類。翌年，富比士礦場頭顱送往倫敦。

一八六四年，布斯克出版《來自直布羅陀的類猿古人》（*Pithecoid Priscan Man from Gibraltar*），他宣稱，與「名聲遠揚」的菲德霍夫化石相似。他主張來自直布羅陀與尼安德河谷的遺骸並非特例，而是代表一個已經遺失的部落，曾經漫遊「從萊茵（Rhine）到海格力斯之柱（the Pillars of Hercules，即「直布羅陀巨巖」）」之間。達爾文也在同一年見到「非凡的直布羅陀顱骨」，但他沒有進一步評論。布斯克的友人弗克納（Hugh Falconer）於同年六月二十七日寫信給他，提議給這個標本名稱：

> 親愛的布斯克：
>
> 對於類猿古人顱骨的名稱，我最近想出一兩個建議，卡比野人（Homo var. calpicus），來自直布羅陀巨巖的古名「卡比」（Calpe），你說呢？
>
> ……走過來！各位先生，各位女士，走過來！來看布斯克教授的直布羅陀類猿古人的顱骨，突顎、深眼、中等頭形、下巴突出、扁脛骨的卡比野人。

——誠摯的友人弗克納

但布斯克動作不夠快，就在他的「類猿古人」發表後幾個月，高威皇后學院（Queen's College, Galway）的地理學家金（William King）就出手為菲德霍夫顱骨進行分類。他認出這個顱骨是一種古代人類，但並非遠古的智人，他認為那種獨特性值得給予全新的物種名稱，提議以發現的德國河谷為名，叫做「尼安德塔人」（Homo neanderthalensis）。因此是金，而非布斯克或弗克納，成為第一位為一種遠古人類物種命名的人。

布斯克後來改為研究滅絕鬣狗與洞熊，弗克納一八六五年過世，富比士顱骨則再度被收到架子上，這次是放在英國皇家外科學院（Royal College of Surgeons）。如果一八六四年進展稍微有點不同，如果布斯克不要那麼謹慎，我們今天討論的就會是卡比野人，而非尼安德塔人。

自從那次首度發現，並且辨認出另一種人類曾經存在之後，化石就一直出現，而且出現的地點常出人意料，接著就越來越多名稱被加到這個古代物種分支，我們也被歸類在一起，合稱「人族」。現在人族有超過二十種命名物種，包括八種存在於兩百萬年前與我們關係相近，可以包括在「人屬」。

第一個被命名的尼安德塔人，仍然是討論人類起源的中心。數以千計的骨骸，在超過七十個不同的遺址中找到，還有看起來是典型尼安德塔人石器的工具，也在上百個遺址中發現。很長一段時間，他們被認為是我們的相近表親。他們的行為與生活和同一時間的現代人相似，會敲打石頭，做出狩獵武器，還有刮泥板和刀子，他們會埋葬死者，蒐集貝殼，用顏料在洞穴牆壁上畫出圖樣。這個「遺失的部落」的另一種人，與現代人類同時存在於地球好幾千年，最後他們就消失了。一直存在的疑問是：我們有相遇嗎？尼安德塔人是另一個祖先，還是只是相近的表親？

多年以來，古人類學家和考古學家一直爭論尼安德塔人的命運，尤其是現代人和尼安德塔人究竟有沒有混合。有些骨骼顯示有雜交的跡象，有典型的尼安德塔人特徵，呈現在比較像現代人的骨骼，但許多專家仍然未被說服。這個問題的解決方法，必須等到科技發展到能夠提供解答的途徑。有了新科技，我們就能夠萃取並排序遠古骨頭的DNA，現在看起來似乎有可能解答這個問題：我們智人的祖先，到底有沒有和尼安德塔人雜交？我們是不是混種？

展開人類起源的故事

沿著一條我們已經很熟悉的道路研究人類起源的歷史，故事從對全球現存人類的研究開始拼湊。在十九世紀有許多討論人性，究竟是不是會因為種族而有所不同，或甚至可以分為不同的物種。如果真的如此，這些人是不是有分別的起源。當發現早期各種人類和原型人類的古老骨頭化石，從直布羅陀和德國的顱骨開始，包括來自非洲更早的化石，就必須也寫入這些故事中。二十世紀期間，最大的爭論持續喧擾：現代「智人」，是起於非洲、歐洲和亞洲的多個起源，還是單一起源？

多地區模式認為，我們在一片廣大的地理區域中，從較早期的物種演化而來，在幾個大陸上遍布著好幾個分隔遙遠的族群，但仍以某種方式透過彼此之間的基因流動而保持統一。相反的，晚近非洲起源說（Recent African Origin），又稱「源出非洲」模式，則提出這些名稱所代表的意義：智人興起於一個比較分隔的地理區域，然後我們的物種擴散到舊世界其他地方，最終抵達新世界。

一九七一年，一位名叫斯金格（Chris Stringer），意志堅決的二十二歲學生，開著他古老的莫里斯小房車（Morris Minor）出發要橫跨歐洲，追蹤博物館裡的化石顱骨。他配備的物件是測量工具：量角器和兩腳規，他寫信給他所知道藏有古老顱骨的機構，有些有回信，有些沒有。斯金格開了五千英里路程，成功蒐集到在比利時、德國、當時的捷克斯拉夫、奧地利、南斯拉夫、希臘、義大利、法國和摩洛哥挖掘出的顱骨化石測量數值。他帶著所有數據回到布里斯托，採用統計學的「多變量分析」處理。他將尼安德塔顱骨和那些較早的現代歐洲人，又叫克羅馬儂人（Cro-Magnons）的數據相比，克羅馬儂人來自約三萬年前。他希望能回答那個問題：是尼安德人演化成克羅馬儂人，還是他們是分別的物種？

斯金格比較這些化石顱骨的測量數據後發現，尼安德塔人確實很像人類家族樹上一個獨立出來的分支，而且他們顯然是在歐洲演化出來。另一方面，克羅馬儂人顯然是現代智人的一支，而且是突然抵達歐洲，而非在當地演化出來。此時已經有些科學家提出，現代人可能曾與尼安德塔人雜交，地點在中東或歐洲，但是克里斯從化石中沒找到任何這兩個物種雜交的證據。

斯金格以此寫出的博士論文，對人類起源的某些大問題做出貢獻，但是他無法從研究的化石中得知，現代人類來自「哪裡」，也就是他們最初從哪裡演化而來。一九七四年，克里斯有機會看到來自衣索比亞奧莫基比許（Omo Kibish）的顱骨，這是一九六七年利奇（Richard Leakey）帶領的團隊發現的。當時，這顆顱骨估計年代約在十三萬年前。那時許多科學家認為，智人作為一種物種，年代大約只有六萬年左右。但是克里斯仔細觀察奧莫基比許的顱骨後認為，並不像古老的物種，它的眉骨纖細，腦殼如圓頂狀，這顆顱骨看起來很現代，很適合當作歐洲克羅馬儂人的祖先候選人。

接下來十年，越來越多證據支持我們的物種是單一非洲起源。一九八七年遺傳學加入研究，一篇開創性的論文在《自然》期刊發表。三名加州大學遺傳學家斯通金（Mark Stoneking）、肯恩（Rebecca Cann）和威森（Allan Wilson），檢視來自世界各地一百四十七人的ＤＮＡ，從數據建立起一棵種系發展史家族樹，這棵樹的根很堅定地紮在非洲。接下來的二十年，基因數據越來越多，而且都指向非洲起源。非洲大陸含有最多的基因多樣性，占全球百分之八十五，這是一個好跡象，顯示那就是我們的原始家鄉。奧莫基比許顱骨重新定年，更往前推到約二十萬年。根據現代人基因組中的差異，包括活著的人和古老的祖先，遺傳學家認為在二十六萬年前已分化。二〇一七年夏天，又在摩洛哥耶貝勒厄爾胡德（Jebel Irhoud）找到人類化石，年代被定為二十八萬到三十五萬年前。這個遺址挖出好幾顆顱骨，腦殼形狀雖然很古老，又長又低，腦殼下的臉卻很小且往後拉。這是現代人決定性的特徵。

過去四十年，隨著利奇對奧莫基比許顱骨的發現，以及過去三十年從最初對於人類起源的粒腺體DNA研究，浮現出來的概況是：橫跨非洲有一片廣大的起源地，也許稍微超出一點，但還是沒有以舊世界為基礎的多地區起源論廣泛。不過接下來，在十萬年前之後的某個時間點，現代人開始擴散走出那片家鄉，移民到全球。他們走出非洲，首先進入阿拉伯，然後從那裡沿著印度洋周遭移動，直到約六萬年前，澳大利亞已經有現代人。介於五萬到四萬年前之間，現代人往西擴散進入歐洲。

但我們的祖先不是最先住在歐洲或亞洲的人，直立人、前人（Homo antecessor）、海德堡人、尼安德塔人都在我們的祖先出現之前，就已經在那裡生活數百年，甚至數千年。現代人出現前其他物種已經滅絕，但尼安德塔人沒有消失，雖然受到最後一次冰河時期高峰前兩次嚴峻的氣候惡化打擊，導致人口減少，但是他們堅持下來，從化石紀錄看來約在三萬到四萬年前才消失。

一九九〇到二〇〇〇年代，關於現代人與尼安德塔人究竟有沒有雜交，一直都有爭論。有些史前人類學家推出少數化石，作為混種的證據，但這個領域的大部分專家仍然未被說服。雖然從化石仔細的定年呈現，現代人與尼安德塔人確實存在於同一段時期與同一個大致的區域（就在中東與歐洲），可能有數千年的重疊，但這兩個族群一直都是分隔開來，甚至是很奇怪的分隔。從尼安德塔人化石萃取出的粒腺體DNA，與現代人不同，估計分化年代約在五十萬年前。早期對尼安德塔人染色體細胞核DNA的研究，提出現代人與早期歐洲人最後一個共同的祖先，年代大致相似，而且從那次分化之後，這些族群並沒有混合。

二〇一〇年，一群在萊比錫馬克斯普朗克研究院（Max Planck Institute）研究演化人類學的遺傳學家，發表驚人的研究報告。他們萃取並分析來自克羅埃西亞一個洞穴，年代超過四萬年前的尼安德塔人骨頭碎片DNA。這一次，他們更全面的研究細胞核基因組，而且將組合起來的尼安德塔人基因組草圖，與活著的現代人基因組相比較。這個比較揭示了有些活著的人，是來自歐亞祖先的人，比起非洲祖先的人，與尼安德塔人有更多共通性。這種不一致最有可能的解釋是，我們有些人的祖先與尼安德塔人有雜交。這種研究報告具有煽動性，於是許多科學家提出反論，但當更多古老的DNA從化石中被取出，並且與活人的DNA比較，要拒絕雜交的證據就越來越難。正如稻米往西傳播的旅途上，粳稻與原生秈稻有雜交。哈薩克飽滿的蘋果擴散到歐洲時，與歐洲野蘋果雜交。我們現代人的祖先，也和歐洲與西亞的原住民有雜交：就是尼安德塔人。

分析粒腺體（以及植物的葉綠素）內DNA與在染色體內DNA的方法，這種新基因工具讓我們能夠理解過去，卻也限制我們對過去的理解。或至少，早期的研究極具限制性。粒腺體DNA和葉綠素DNA提供一個對歷史簡單與單一根植的路徑：兩種都只透過母系遺傳，雖然在一些方面確實能提供有用的信息，因為兩種都等同於一個單一的基因標誌。這樣看歷史的觀點，很有可能無法代表全面的景象，因為奠基於細胞所包含的一小段DNA。在我們取得分子生物圖書館蘊藏的豐富歷史知識之前，我們需要追溯每個基因的演化歷史，以及介於它們之間，每段會影響基因如何被解讀與表現的DNA。基因分析的歷史，已經迫使我們以一個特定的路徑，去理解許多物種的起源如何展開，包括我們自己的起源。

因此以下是我們所知道的（雖然有些會隨著更多資料出現而改變）：我們的物種起源自非洲，也許是在一大片廣闊且相連的區域（也許延伸進入西亞）。雖然有多次的早期遷徙，但主要的遷徙始自十萬到五萬年前，導致人類移民到全球其他地方。而且，我們的祖先絕對有與其他古老的人類物種或族群雜交。因此，雖然現代人類起源於非洲這個想法成立，但還是有些模糊的地方。

以上所提只是大概，細節會更吸引人。

我們的物種沒有一個定義明確的起源中心，而是可能起源自一大片四散至整個大陸、某種聽起來更像多區域的地方，但沒有到全球的規模。很像一粒小麥和二粒小麥的起源，有一陣子在土耳其西南部的卡拉賈山，然後又將中東包含進去。我們想像現代人的家鄉，最初僅在非洲一片獨立分隔的區域，然後又拓寬到整個非洲，甚至包含一點亞洲。許多證據（基因組與古生物學都有）被提出來論證現代人有一個起源，在東非、中非或是南非，但我們不需要在它們之間做選擇。現代特性是以類似馬賽克、碎片的方式興起，再擴散到整個族群，由基因流動聯結而橫跨整個非洲，然後再往外稍微擴張。非洲DNA含有複雜的歷史回音，有橫越撒哈拉以南非洲的古老遷徙痕跡。此外，遠古的族群之間也有分化，但也彼此混合。數萬年來，智人大致上限制在非洲大陸，但接著開始向外擴散。

最新、最全面的基因組分析顯示，五萬到十萬年前單一一次遷徙出非洲，移民到全球其他地區。離開非洲之後，我們的祖先分化成兩批，一批往東，沿著印度洋沿岸移動，最終抵達東南亞和澳大利亞。另一批往西北方走，進入西亞和歐洲。往東的移民者也許有遇到現代人，他們的祖先在一次更早的遷徙中興起於非洲，一路抵達澳大利亞與巴布亞，由於南亞與東南亞的化石紀錄如此缺乏，不可能排除非常早期一次往東遷徙的存在。

與歐洲原住民尼安德塔人雜交的年代，估計約在五萬到六萬五千年前，就在現代人離開非洲散布到各地之後沒多久。非洲人之外的人類，含有一小部分尼安德塔人的ＤＮＡ，平均約占百分之二，而遺傳自非洲的人，其基因組中只有一點點或完全沒有尼安德塔人的ＤＮＡ。我檢驗過自己的ＤＮＡ，有百分之二點七的尼安德塔ＤＮＡ，所以我不是「純種」智人。（沒有人是「純種」智人。整個物種和亞種「純種」的概念是假象，是十九世紀的概念，已被現代遺傳學推翻。）東亞人比西亞人與歐洲人多了一點尼安德塔人ＤＮＡ，這有幾個可能的理由：東亞人的祖先與西方歐亞族群分開後，可能與尼安德塔人雜交。此外，尼安德塔人的ＤＮＡ從最初抵達現代人基因組中開始，受到篩檢時就是劣勢，因此有可能東方與西方族群的祖先，一開始混合數量相同的尼安德塔人ＤＮＡ，但西方歐亞人基因組因為天擇篩除較多尼安德塔人ＤＮＡ。最後一點，西方歐亞人可能與沒有尼安德塔人ＤＮＡ的族群雜交而產生稀釋效果，那個族群可能來自北非。

但我們現代人的祖先不是只和尼安德塔人廝混。來自東亞、澳大利亞和太平洋西南方美拉尼西亞島嶼現代人的基因組中，有與另一種古老族群雜交的痕跡。美拉尼西亞人的基因組有百分之三到六的DNA來自另一種祖先，但這個證據只從西伯利亞的丹尼索瓦洞（Denisova Cave）出土的一根手指骨和兩顆牙齒得知。我們不知道這些人看起來是什麼樣子，因為化石證據非常單薄，但從那根指骨與牙齒萃取出的DNA，我們確實知道他們不是現代人，也不是尼安德塔人。化石證據有足夠的資訊給這些人一個物種名稱，目前我們只知道他們是丹尼索瓦人。現代人與丹尼索瓦人的雜交，可能發生在亞洲，在澳大利亞與太平洋島嶼有人居住之前。也有可能在非洲與其他古老（目前尚未被辨認出來）的人種雜交，就算我們沒有化石證據，但現代非洲基因組含有這些古老人類的記憶。

研究整個基因組的基因組學（而非只有包裹在粒腺體中片段的DNA，或是顯示在染色體中個別基因的科學）十年前已揭示我們不知道但豐富又複雜的歷史：我們的祖先與差異性大到足以被視為另一個物種的人相遇，並且與他們雜交。美國史前人類學家霍克斯（John Hawks）在部落格寫道：「值得注意的是，我們有每一種人族雜交的證據，現代人有來自他們部分人的DNA，有些則沒有。」遺傳學家暨作家瑞瑟福德（Adam Rutherford）形容現在所知的人類起源時說：「一次巨大且有數百萬年古老的群交」。正如瑞瑟福德精確的言語，人類一向是「既好色又具移動性」的動物。

基因組除了提供智人起源與最初移民歐亞大陸的線索，以及與其他人類物種雜交證據，也含有史前時代比較後來的事件之痕跡。深藏在我們DNA中的，是數不清的旅程與遠征記憶。即使那些紀錄密集的被重新改寫，但是遺傳學家還是設法從檔案庫中找出一些細節。

在歐洲，基因有三波主要遷徙。第一波代表舊石器時代移民者，雖然是最早的移民，但約四萬年前抵達歐洲西端的不列顛時，卻僅留下非常稀少的基因痕跡。他們的族群必定在最後一次冰河時期高峰時罹難，但當冰蓋消退之後，南部地中海地區避難所的生還者重新移民到北方。這些狩獵採集者雖然仍是流浪民族，卻在氣候改善時變得定居性比較高，正如我們從約克夏斯塔卡的中石器時代遺址了解的那樣。很快的，第二波遷徙進來的移民就加入這些人，也帶來一套新的生活方式。源自中安那托利亞的農民擴張到整個歐洲，而且可能在七千年前搭船抵達伊比利半島，到了六千年前已經定居在斯堪地那維亞和英國，也就是在索倫特海底那粒小麥留下基因遺跡的兩千年後。他們並非完全取代當地的狩獵採集族群，相反的，基因研究揭示那些農民加入他們的行列。當新石器時代到來，有些地方的採集者從狩獵採集變成定居下來務農。在其他地方，例如伊比利半島，人們除了務農也持續狩獵。約五千年前銅器時代早期，就是顏那亞族群擴張並且進入歐洲時，第三波移民帶著他們的馬匹和新語言抵達。如果你有明顯的歐洲遺傳，你的基因組中可能有那些古老的騎馬游牧民族的DNA，儘管之間隔了這麼多世代與DNA稀釋，還是會存有一點顏那亞人基因。但這不代表你天生就和馬匹親近，有與生俱來精湛騎術，這些都是需要學習的技能。

大草原上騎馬的牧民也往東推進，取代西伯利亞南部的狩獵採集族群。而亞洲另一波由西往東的移民，發生在約三千年前。時間回到更早之前，基因研究回答了關於美洲移民的問題。在低海平面時期，東北亞與北美洲由白令陸橋相連，人類移民者穿越陸橋，於最後一次冰河時期高峰前抵達育空地區，但是他們被困在那裡，直到覆蓋整個北美洲的大片冰蓋於一萬七千年前開始消融。然後他們開始往南方移動，也許是搭船沿著太平洋海岸定居，最遠在一萬四千六百年前到達智利，正如綠丘遺址顯示的那樣。我們是從考古學得知這些事情，但這個故事也受到挑戰。有些早期美洲人的顱骨顯示出型態上與波里尼西亞、日本，甚至和歐洲族群有關。這表示有一次早期的遷徙進入美洲，而且這個族群後來被來自東北亞與白令陸橋的移民者取代。但當古老的ＤＮＡ從那些骨頭中萃取出來，又證明與現存的美洲原住民最接近。族群取代的想法終於能確定，第一批移民者是從東北亞來的，從北美洲到南美洲整片大陸。然而，有顯著的基因痕跡顯示，後來一次來自很北方的移民，也就是極地附近人民的往東擴張，從東北亞到北美洲冰天雪地的北端進入格陵蘭。第一批是史前愛斯基摩移民，約在四千到五千年前，隨後是四千到三千年前的因紐特人（Inuit）擴張。

在非洲，現代人的基因組也帶有族群大更替的證據，也就是古老的擴張和遷徙。七千多年前，蘇丹放牧者遷徙到中非與東非。五千年前，衣索比亞的農牧者擴張進入肯亞與坦尚尼亞。然後一次主要的擴張是在四千年前開始，講班圖語的農民從他們在奈及利亞和喀麥隆的家鄉往西南擴散且取代採集者，將他們推到邊緣的棲息地，在那裡我們找到最後留存的狩獵採集者，例如納米比亞（Namibia）的布希曼人，在現今的世界中勉力求生。

陽光、山上與細菌

人類擴散到全世界的期間，氣候忽冷忽暖，他們面臨了新挑戰。我們的祖先以多種方式適應，有些適應是生理上的，其他則牽涉到基因改變，也就是真正的演化。這些改變讓人類在備受考驗的環境中存活下來。當人類一路走向更北方的緯度，他們會發現自己進入隨著季節改變的地區。夏季有長長的白晝，冬季卻白天很短，陽光很少見。但講到人體，陽光「真的」是必須品。陽光照耀的日子不僅提振精神，也提供我們代謝上的益處，因為當你在外面曬太陽時，皮膚會忙著製造維他命D，或在皮膚裡轉化一種以膽固醇為基底的化合物，成為「幾乎是」維他命D的東西，然後肝臟與腎臟執行最後一個步驟，加入氫和氧來活化維他命。

維他命D對身體的重要性，在二十世紀初期就已經闡明，當時研究員努力理解和尋求治療導致兒童骨骼畸形的疾病：佝僂病。歐洲工業化儘管在科技上往前跨一大步，人類的生活也進步了，但一路走來還是造成許多死傷。擁擠的城市、在工廠工作、煙霧瀰漫的天空，都在工業革命時期的孩子身上留下印記，他們無法好好成長，柔軟的骨骼彎成笨拙的曲線。佝僂病一直是麻煩的疾病與謎題，直到一九一八年一位名叫梅蘭比（Edward Mellanby）的英國醫師發現，如果將狗一直關在室內餵牠們飲食，狗就會得到佝僂病。只要給牠們吃鱈魚肝油，就能減緩這種疾病。隔年，一位名叫胡辛斯基（Kurt Huldschinsky）的德國學者發現，讓罹患佝僂病的兒童照紫外線光就能治療疾病。其他研究發現，照過紫外線光的食物，包括蔬菜油、雞蛋、牛奶和萵苣，都能對抗這種疾病。雖然還不知道原因，但研究員已經將這些食物中的膽固醇與植物固醇，轉化成維他命D前導物。最後，這個必需化合物的化學性質終於揭曉，化學家可以開始人工合成維他命D。佝僂病終於有藥醫了。做出這個突破的德國化學家溫德浩斯（Adolf O.R.Windaus），一九二八年因為他的努力獲得諾貝爾獎。

然而這個物質如何對骨頭施展魔法，卻還是不清楚。二十世紀接下來的數十年，研究員專注在追尋這項化合物在身體裡的旅程，揭示了維他命就像荷爾蒙一樣作用，一旦由腎臟活化之後，透過血管運輸到腸胃，就會出現「吸收鈣」信息。維他命D這個小小化學物質到了一九八〇年代已經很明顯，除了在鈣代謝與製造骨頭上很重要，也在免疫系統上扮演關鍵角色。缺乏維他命D就比較有可能出現自體免疫疾病，包括糖尿病、心臟疾病和癌症。只要一點點，約每毫升血液中三十毫微克的維他命D，就能提供身體健康運作所需的最低量。雖然透過飲食可以獲取一些，但大部分人所需維他命D約百分之九十都是由陽光製造而來。

當然陽光也有潛在的傷害，特別是紫外線。人類皮膚含有好幾種化合物，能作為天然防曬，包括黑色素。如果你比平常多照一點陽光，你的皮膚就會製造更多黑色素，然後你就會曬黑。不僅膚色淡的人如此，膚色深的人也會曬黑。在陽光充足的地方，你需要更多黑色素避免曬傷，因此很容易看出為何在赤道地區，天擇會偏好比較深色的皮膚。在熱帶地區，足夠的紫外線輻射能穿透大氣，讓皮膚光合作用製造維他命D，但在陽光比較少的地區（假設深色皮膚能過濾紫外線），皮膚就不可能製造足夠的維他命D。缺乏維他命D的害處，從免疫系統損害到佝僂病，都會代表一種正在作用的選擇壓力：膚色較淺的人，在生存與繁殖上比較有可能占優勢，比較有可能將基因傳給下一代。因此只要有機會，造成黑色素變化與產生淺色皮膚的突變，就會傳播到整個族群。當你越往北走，人類膚色就變得越來越白，北歐人和北亞人都經過這個適應低度陽光的過程，但透過不同的突變。這是匯聚演化的經典案例，以不同方式達成類似的結果。

這個「維他命D假設」，是假定白膚色是為了適應較北緯度缺乏陽光演化而來。這看似很有道理。觀察英國與北美深色皮膚的人，比起他們淺色肌膚的同儕，更容易缺乏維他命D。然而，仔細測量現代人身上維他命D的濃度，卻擾亂了這些研究。追蹤維他命D濃度與曬太陽的研究，產生有趣且出人意料的結果。研究發現，曬太陽程度增加，維他命D濃度也會增加（到一個程度）。穿上衣服遮蔽，血液中維他命D濃度就會較低。然而，擦上防曬油保護不要曬傷，卻沒有顯示會減少維他命D產生，即使膚色較深的人也不會。反而令人驚奇的是，暴露在同樣的陽光下，深色皮膚與淺色皮膚維他命D增加的程度卻沒有差別。

這項研究暗示了膚色較深的人與膚色較白的人，能同樣有效的生產維他命D。乍看之下，這些新發現可能推翻我們對人類膚色的演化理論，但仍然有些實地的觀察需要解釋：越往北邊的原住民，膚色「確實」越來越淡，深色皮膚的人到北方國度也「確實」較容易缺乏維他命D。

第一項觀察讓我們了解，「改變」在演化中如何發生這個問題，而且它們並非總是因為特定突變賦予好處而發生。有時候，「改變」在「選擇壓力」中幾乎是中立的突變，再散播到整個族群，也就是所謂的遺傳漂變（genetic drift）。這本質上是一個隨機的過程，很大部分是基於機率。也許當我們的祖先去到北方，所發生的事情是對深色皮膚強烈的選擇壓力（例如能對抗曬傷與皮膚癌）減輕了，而白色皮膚的突變可能發生了但未被剔除，而且可能最終透過遺傳漂變擴散。況且從赤道到北方高緯度地區，人的膚色並未穩定逐漸變淡。白膚色演化（也許很晚才發生）只有發生在居住歐亞極北地區的人身上，歐亞其他地區充滿著膚色與緯度無關的人。維他命D假設另一個問題是，在工業革命之前，並沒有很多骨骼有佝僂病的證據。

但是現今英國和北美，深色皮膚的人和維他命D缺乏的問題，又是怎麼回事？對現代人的研究發現了線索。藉由人們詳細填寫問卷，說明他們在出太陽的日子做些什麼。結果皮膚顏色淡的人，偏好在太陽出現時出門曬太陽，而深色皮膚的人，比較常待在室內。在一個有充分陽光的地方，也許是個好方法，但是在陽光沒那麼充足的北方，你需要利用出太陽的日子（特別是冬天）外出走走。對早期現代人，也就是舊石器時代流浪的狩獵採集者而言，一整年每天花時間待在戶外（或者在帳棚外），是不可避免的事情。深色皮膚可能代表在赤道地區對強烈太陽的適應，但淺色皮膚是為了在較北緯度的適應，證據是很薄弱的。北歐人基因組中，含有能增加體內維他命D前導物濃度的突變，而深色皮膚的人則含有其他突變，能夠促進維他命D在體內吸收和運輸。若是將流行疾病的嚴峻與基因數據也納入考量，以上的論述就會受到質疑。近幾年，人類適應不同緯度的故事變得更有趣也比較不明確。你可以說，並不是非黑及白。

緯度變化與人類某些代謝的適應有關，高海拔也有類似情況。一個稱為ＥＰＡＳ１的特定基因變異，與有些人能夠面對高海拔低氧氣的能力有關。這與減少血紅素生產濃度有關，十分適合氧氣貧瘠的環境，且伴隨著血管網絡比較緊密。ＥＰＡＳ１變異清楚顯示西藏人受到選擇的跡象，但它的起源卻是個謎，與人們開始住在較高海拔的地區時，一個既有變異突然甦醒的模式不符，也不像是一個偶然的新變異。它從哪裡來？所有為了「千人基因組計畫」（'1000 Genomes' project）提供基因樣本的人都缺乏這個變異，那個計畫在二〇一五年達成，但缺乏兩種中國人基因組，卻存在丹尼索瓦人的基因裡。所以現代西藏人基因組中的ＥＰＡＳ１變異，是遺傳自丹尼索瓦人祖先，經過正向選擇而保存下來。就像蘋果需要藉由與酸蘋果雜交獲得新的適應，我們的祖先也學會當地的基因知識。

新環境或變化中的環境，最顯著的挑戰之一就是新病原的存在。我們不斷與微生物對抗，而這場演化武器競賽的歷史就鑲嵌在我們的基因組。現代人基因組的基因變異，有些來自尼安德塔人與丹尼索瓦人祖先，他們應該在特定時間和地點，賦予我們對抗特定感染的保護力。

一個遺傳自尼安德塔人、牽涉到對抗病毒感染的基因，每二十個歐洲人只會在一個人身上出現，但卻出現在超過半數巴布亞現代人，這表示當地受到強力選擇。其他與免疫系統相關的基因也來自尼安德塔人，而且在某些族群中比其他族群受到更強力的選擇。就是在這樣的模式中，我們看到「偶然性」在演化中的重要：一個基因變異，只需要賦予一些抵抗力對抗病原體，如果族群暴露在該病原體之下，這個變異就會受到選擇。如果沒有受到選擇，那個變異也許會消失，或至少在基因庫中出現的頻率會降低。

我們的基因組有一整叢緊密相關的基因，全都牽涉到協助身體辨認外來侵入者，以及對它們發起攻擊的重要任務。它們也牽涉到自我辨識，也就是會編碼蛋白質，就像旗幟一樣插在我們的細胞表面，因此免疫系統不會誤認這些細胞為外來病原，這叫做人類白血球抗原基因（HLA gene）。根據估計，現代歐亞人超過一半這些基因，都是遺傳自尼安德塔人或丹尼索瓦人。

然而，我們從這些古老人類身上遺傳的基因也有一些壞處，雖然過去證明它們很多時候有用，但有些對偶基因現今卻與中毒效應（deleterious effect）有關。有些白血球抗原基因的變異，可能容易發展出自體免疫疾病的體質，是這些白血球抗原基因自我辨認角色的失效：那些旗幟看起來很奇怪，讓免疫系統警覺以為是外來者，導致免疫系統最後對自己的身體細胞發起攻擊。遺傳自尼安德塔人的免疫系統基因白血球抗原B五一，與發展出貝賽特氏症（Behcet's disease）的發炎症狀較高風險相關，貝賽特氏症會導致口腔與生殖器潰瘍，還有眼睛發炎，最後可能導致眼盲。在英國很少見，但在土耳其約每兩百五十人就有一人罹病。貝賽特氏症也被稱為「絲路之病」，但其起源比人類布料貿易更古老。遠在絲路作為貿易路線前上千年，那些路線對移民和殖民都很重要。也許現代人在很古老的時候就沿著那些路線穿過亞洲走廊，並與尼安德塔人雜交。

一個與脂肪代謝相關的特定基因變異，很奇怪的在現代墨西哥人中極為普遍，顯然最初也來自尼安德塔人。也許與過去特定飲食相關，賦予他們某些優勢，但與現今不同種類的食物攝取互動後，卻增加罹患糖尿病的風險。此外，從這個「失去的部族」進入我們基因組的基因變異，則與不同膚色和髮色有關。十個現代歐洲人就有七人擁有一個特定源自尼安德塔人的基因，這與身上的雀斑有關。其他遺傳自古老族群的基因，則比較不清楚它們在現代基因組中功能上的顯著性是什麼。另一方面，許多古老的DNA已被淘汰，最有可能是因為與減弱生育能力有關。

與失去的部族雜交，代表我們的祖先有一個豐富的基因變異儲存庫，可能因此獲得對當地環境有用的適應能力，包括適應該環境的病原。這是對於演化改變機制一個重要且新穎的觀點：基因變異的引入和散播，可能以一個新的變異開始，或是一個原本就存在於族群中的變異，突然證明有用。但也可能來自另一個親密的族群，透過雜交獲得。從蘋果到人類，我們的基因組都帶有混種起源的證據。

但現今在我們身上留下印記的，不只有與我們雜交且關係相近的人類物種，我們也在其他物種身上找到堅定的同盟，包括本書介紹的九種動植物。藉著與這些物種聯盟、馴化它們，或是提供它們機會「馴化自己」，人類歷史的進程也深深受到影響，而且很難全盤理解。新石器時代的影響穿越幾世紀，甚至幾千年，層層波盪至今。

新石器革命

是後見之明與地理、考古、歷史和遺傳學，提供我們又深又廣的觀點，讓我們能理解這樣宏大的敘述。在整個大陸上繪製數千年來發生的事件，與我們祖先的個人經驗和每日生活之間，有如此巨大的鴻溝。但另一方面，我們越來越接近一個匯集：炭化的穀粒、磨光的石頭鐮刀、陶器碎片上的牛奶痕跡、來自古老狼隻的DNA，和真正古老的語言中對「蘋果」這個詞彙的回音，每一項都提供我們對細節的驚鴻一瞥。

正如我們詳盡闡述物種起源的故事，隨著新證據曝光，添加了更多面向與複雜度，新石器時代的故事也隨著時間，變得更加難以估量的複雜。這並非由人類意圖所驅使，沿著一條線性、可預測的行徑路線，新的結盟與伴隨而來的新技術，這些發展是以更偶然的方式興起。從狩獵採集的流浪生活，轉變為農業的定居生活，隨著人口增長，無可避免會來到新石器時代。不過那個軌道會因地區不同，及外在因素而有巨大影響。當冰河時期在全世界開始消融，農業在分別的地區獨立發展，每一次都點點滴滴的興起，然後是概念、技術和新馴化的物種，從起源地往外層層掀起波瀾，帶著餵養人口擴張的力量。

約一萬一千年前，農業在西亞與東亞近乎同時興起，這不僅是巧合：儘管相隔千里之遠，但全球氣候的改變正在影響人類及草類。一萬五千年前之後，全球大氣中二氧化碳濃度增加，必定促進植物生產，野生穀物草地就在那裡等著人類去採擷。到了一萬兩千九百年到一萬一千七百年前，容易收穫的果實和莓果變得稀少，採集者得倚靠他們的後備資源，包括難以採集但充滿能量的草類種籽：西方是燕麥、大麥、裸麥和小麥，東方則是高粱、小米和稻米。讓採收更有效率，以及能夠將堅硬種籽磨成麵粉的技術，例如納圖夫的鐮刀和石磨，遠在馴化與農業之前就已經出現。到了氣候開始改善時，這種對穀物的依賴已經發展成原型農業。

那些早期的馴化中心影響力非常大，寬廣的美索布達米雅「農業搖籃」，提供歐亞大陸西部新石器時代的奠基作物。幼發拉底河與底格里斯河周遭肥沃的土地，長出最初馴化的豆子、小扁豆、苦味野豌豆、鷹嘴豆、亞麻、大麥、一粒小麥和一粒小麥。黃河和長江周圍生長出粟、稻米和黃豆，但世界上還有很多地區的馴化還在發生。到了新仙女木期尾端，非洲南半部的人往北遷徙，移民到蒼翠富饒的撒哈拉。他們是狩獵採集者，靠水果、塊莖和穀類，及他們狩獵的動物維生。從一萬兩千年前起他們就使用磨石，可能也很快在那裡栽種當地原生的高粱和珍珠粟。但撒哈拉的農業在約五千五百年前，因為季風南移，將曾經肥沃的土地變成一片沙漠，導致整個抹滅。甘蔗於九千多年前在新幾內亞馴化，大芻草則於差不多時間在中美洲馴化變成玉米。

我們越探究，就越能發現許多馴化中心。肥沃月灣很迷人，但常導致我們忽略其他同樣重要的新石器時代。瓦里沃夫辨認出七個馴化中心，賈德．戴蒙在全世界推斷出九到十個。更多最近的研究提出，馴化中心多達二十四個。物種馴化發生過許多次，在許多地方有好幾個發生馴化的環境，正如瓦里沃夫指出是在山地區域，這些環境富有多樣性，自然條件會隨著高度變化。但對任何潛在的馴化物種而言，與人類天性「相符」及時機，都必須對了才行。人類會干涉反映正面影響的物種，但人類也願意開放去改變他們的生活方式，因此這些關鍵結盟就形成獲勝組合，很少受到有意識決定的影響。

「人擇」這個詞彙隱含中介、有意識的意義，但實際並非總是如此。雖然我們現代的選擇性育種計畫，代表了仔細計畫過的干涉與極度思慮過後的選擇，但並非總是這樣，尤其是在馴化之初。長在打穀場周遭的小麥並非刻意栽種，但卻為第一片農田作了準備。分隔天擇與人擇，也許本身就是一種人工分別。人類不是唯一影響其他物種演化的物種，我們本身的存在取決於互相依賴。窺看基因組，也許能夠理解我們做了什麼，但蜜蜂也影響花的演化，正如我們影響狗、馬、牛、稻米、小麥和蘋果的演化。它們不像人類會思考這件事，但實際上它們也影響我們。自從達爾文用「人擇」這個詞彙來建立他的論述之後，我們所謂的「人擇」只不過是人類居中傳達的天擇。

在許多案例中，馴化是以無意識的過程開始發生：物種彼此接觸、彼此碰撞、逐漸接近，直到它們的演化歷史交纏在一起。我們太習慣於認為人類是主宰，其他物種心甘情願當我們的僕人，甚至是我們的奴隸，但我們與這些植物和動物的互動方式，各不相同又很細緻：是有機演化成共生和共同演化的狀態。最初建立這段合夥關係時，背後很少有經過思慮的意圖。人類學家和考古學家形容三個馴化動物的主要路徑，但從來都不是「事件」，反而比較像一段長期且持續的演化過程。一個路徑牽涉到動物選擇人類，向我們借用資源。當牠們靠得越近，就會與我們共同演化，遠在人類引導的選擇發生之前就已經馴化，就像最近幾世紀創造出各種狗的品種。狗和雞都是這樣變成我們的同盟。第二條路是獵物路徑。就算一開始沒有馴化動物的意圖，只有管理牠們作為資源的用意。這條路徑是給中型和大型草食動物，例如綿羊、山羊和牛，最初作為獵物被獵捕，然後管理作為狩獵動物，最後作為家畜牧養。最後一條路徑是最刻意的：人類一開始就決定要馴化而去捕捉動物。通常這些動物被視為對一件事情有用，而非只是作為肉食，馬馴化成我們的坐騎就是最好的範例。

就算有意識的意圖確實會有影響，一如農夫和育種者藉由剔除他們不要的個體、選擇特定特徵，但仍然不是特別長遠的目標。達爾文就認知到這點，他寫道：「卓越的育種者有系統的選擇，也有明確的目標」，其他只會專注在下一代，「不期望能永久改變這個品種」。儘管如此，那些選擇經過數十年或好幾世紀，仍會導致對一個品種或栽種品種「無意識的改變」。達爾文認為，就算「野人」和「野蠻人」（對現代讀者而言，他有時候真的極端政治不正確）也可以藉由「比較」沒有意識的選擇，修改他們的動物：只要在飢荒時留下他們最愛的動物不被吃掉就好。

對於人類自視為大自然主人的觀點，只要仔細思考就會發現我們成功招徠作為聯盟的物種，數量其實非常少。正如自然作家波倫所言，許多物種「選擇不加入」。一個物種要變成人類的聯盟，必須具有特定特質，也就是當機會來臨時，能夠作為人類馴化物種的先天素質。沒有狼的好奇、母馬服從柔順的天性、草發展出不會碎裂花軸的潛力、中亞野生蘋果的飽滿，我們也許不會有狗、馬、小麥和栽種蘋果。

儘管如此，我們對其他物種的馴化仍然有全球性的深遠意義。新石器時代的主要想法，也就是其他物種互相依賴的概念，成為人類文化的一部分，最終證明非常成功，注定要擴散到全世界。與一些動植物建立特定關係後，我們的祖先可以移動這些物種，並且改善當地環境以適應它們。這是極為成功的策略，就算其起源只是純然的機緣湊巧。

現在，狩獵採集是數量越來越少人的生活形態。在非洲還有少數的狩獵採集族群，包括納米比亞的布希曼人和坦尚尼亞的哈扎人。他們生活在比較不宜居住的地方，農夫無法耕作的半沙漠地帶。他們抗拒新石器革命直到現在，但他們的生活方式正受到威脅，而且恐怕在本世紀就會消失。

共同演化與歷史進程

如果與我們互動的物種和現在不一樣，人類的歷史恐怕會以不同的方式展開，例如若無法捕捉或馴化，整段歷史就會失落。有時候我們看待歷史和史前史，彷彿人類就是自己命運的主宰，外力幾乎沒有扮演角色。但任何物種的故事，都無法單獨隔離講述，存在於一個生態系統的每一個物種，我們全都彼此相連也彼此依賴。而機緣巧合和偶然意外，都在我們交纏的歷史進程中被交織成所有的互動。

數千年來，我們與其他物種形成的聯盟，已經改變人類的歷史進程，以一種最早的農民、最初的狩獵者和他們的狗，還有第一批騎馬的人不可能想像的方式進行。栽種穀物所提供的能量和蛋白質讓人口擴張，遠超過採集野生食物能夠支持的潛力。

來自中東馴化中心的小麥，提供燃料讓人口迅速擴張，溢出成為移民，使新石器時代的農民擴張到整個歐洲。很早就被牧民馴化的綿羊、山羊和牛，提供貯存蛋白質和能量的關鍵方法，成為「行走的食物櫃」。與後來作為候備食物的植物，還有曾經是獵物的動物結盟，人類開始為自己取得一點緩衝，不受氣候波動的立即影響。有了更牢靠的能量和蛋白質來源，以及更安定的生活方式，家族可以成長得更大。聽起來像個成功故事，但新石器革命的現實有點違反直覺，反而拴住人類必須辛勤生活，並以每位女性、男性和兒童的健康為代價。

安納托利亞中部一個時間橫跨一千多年，介於九千一百到八千年前的考古遺址，提供我們有關那段過渡時期人類的驚人紀錄。加泰土丘（Catalhoyuk）早期的農業社群居住在以泥磚緊密堆疊砌成的房屋，最初只有幾個家庭住在那裡，然後這個村落規模急遽增大。那裡的農夫主要種小麥，但也有大麥、豆子和小扁豆，他們還養綿羊、山羊和幾頭牛，同時還會狩獵原牛、野豬、鹿和鳥，並且採集野生植物。他們的田地座落在聚落南方幾英里，但也會為了狩獵和放牧動物而大範圍移動。加泰土丘已經挖掘超過六百具人的骨骸，這些骨頭都有故事可說，有大量幼兒和許多新生兒的骨頭。表面看起來，這些嬰兒與兒童死亡率特別高，但其實比較像是代表一開始有超乎尋常大量的嬰兒出生。以年代來爬梳這些數字，出生率隨著從採集轉變成早期農業而升高，接著又因轉變到更密集的農業而再次增加。當然，村落的屋子數目也隨之增長。

透過嬰兒骨頭氮同位素的分析，嬰兒約十八個月大的時候就有進行剔除。在這樣的族群中，早期剔除與嬰兒出生間隔較小有關，這表示正在開始人口成長。

但並非一切都很美好。與早期的採集社群相較，加泰土丘呈現生理壓力和健康問題都在增加。吃穀物的飲食提供足夠的能量，卻缺乏身體成長所需的蛋白質和維他命。雖然在其他遺址找到成長率減緩的證據，但加泰土丘並非如此。儘管如此，那裡還是有足夠的低度生理壓迫證據，包括骨頭感染，以及可能與高澱粉飲食有關的高蛀牙率。

現今農業工業化代表農業的艱苦，很大部分已經由機器而非人類承擔，但我們都被這個食物生產鏈鎖住，因為我們把狩獵採集祖先的候備食物穀物當成主食，正如在加泰土丘一樣。我們現在有全球化的食物供應，能夠自其他來源獲取重要的維他命（現在甚至能以基因編輯將它們注入穀物中），但我們的牙齒仍然受到新石器革命影響之苦，其中影響最大的是玉米的糖衍生物：高果糖玉米糖漿。這是新石器遺下最好與最壞的食物，雖然是很棒的能量來源，但對健康卻是隱患，而我們才剛開始認知它。玉米在人類歷史占了很大部分，提供印加和阿茲提克文明動力，在哥倫布（也有可能是卡伯特）抵達新世界之後成為全球化糧食。現在，我們生產玉米遠超過其他穀物，但栽種量遠超過人類食用的四倍，大多用來餵食家畜與當作生質燃料。馴化物種對人類歷史的衝擊很容易理解，只要我們想像沒有它們會發生什麼事，就像遺傳學家藉由淘汰法找出一個特定基因有何功能。然而我們無法以同樣方式測試歷史，但我們能透過思考而理解，若是沒有各式各樣的物種，我們的世界會多麼不同。

如果沒有馴化穀物，我們現在會在哪裡？新石器時代將會以令人陌生的方式展開，單靠畜牧無法支撐人口擴張，人類、家畜和穀物也就無法從中東擴散到歐洲。中東的蘇美人、遠東的黃河與長江文明，還有中美洲的馬雅人，這些早期文明會誕生嗎？也許不是以相同方式，但歐亞大草原騎馬的游牧民族提醒我們，文明也能在移動中演化。在一個沒有穀物的世界，我們會不會仍是游牧民族，居住在蒙古包而非房子裡？還是像馬鈴薯那樣充滿澱粉的塊莖，能夠彌補這個空缺？當我們考量每種馴化物種的缺席，就變得越來越難想像一個世界裡沒有我們所熟悉，且如此倚賴它們的那些物種。

那麼蘋果呢？我想任何文明若沒有蘋果應該不至於傾頹，雖然能夠貯存過冬的水果十分稀少，但缺少蘋果作為候備食物，可能會有一些衝擊。我們仍然會有蘋果酒，因為可以用野生酸蘋果釀造，而且現在還是如此，但我們的文化將會缺少關於蘋果的美妙神話。

若沒有狗幫忙打獵，也許歐洲和北亞的現代人在兩萬年前，會受到最後一次冰河時期嚴寒氣候嚴重的打擊。沒有狼狗幫助我們獵殺最後一隻狼，那些掠食者也許現在還會出現在英國和愛爾蘭。若沒有人狗聯盟對牠們產生致命殺傷力，歐洲冰河時期的大型動物會不會有些能夠存活到當今？若沒有狗，也許現在還有小群的猛瑪象漫步在西伯利亞北方。

雞是晚近才加入這個群體，牠們在銅器時代才馴化，但後來居上成為地球上最重要的農場動物。若沒有雞，我們永遠不會有德瑪瓦明日之雞選美皇后，也不會有鬥雞，法國足球隊得另外想隊徽，全世界的烹飪將會缺少雞肉和雞蛋。當然還有其他馴化鳥類，但沒有一種像雞如此經得起考驗、如此成功。當然，如果有人發起「明日之鴨」競賽活動，也許一切都會改變。

想像如果沒有馬匹，歷史會如何困難展開。從一開始，馴化馬就有深刻的經濟衝擊，大大擴展牧民在草原上照顧牛群的範圍。沒有馬匹，草原人口還能像他們過去那樣，既往東也往西擴張嗎？

馬匹在歐洲史前史中，扮演不可或缺的角色。騎馬民族從大草原外的歐洲東端過來，講著至今仍然聽得到的語言。語言並非他們唯一的貢獻，典型隆起的庫岡古墳和西伯利亞與東歐大草原，以木材建造墳墓的文化也隨之傳入歐洲。地中海東部銅器時代的人民，接受從草原發展而來的想法，也開始在巨大的墳塚下埋葬他們的國王，伴隨著供來生使用的奢侈陪葬品。這些菁英的墳墓裡通常有兩輪馬車，有時候還有馬匹的骨骸。對馬的崇拜，無可避免的與社會階級有關，一直持續到鐵器時代甚至到現代世界仍有此文化。

馬匹也用來拉車，最初有輪子的車輛可能源自大草原，戰車則肯定約在西元前兩千年源自那裡。接著，戰車往東擴散進入中國，往西傳入歐洲，戰爭在西元前兩千年左右轉變成軍隊在馬背上打仗，騎術持續在戰鬥中扮演關鍵角色，一直到第一次世界大戰。沒有馬匹，世界戰爭史將會大不相同。牛可以用來拉車，但不能用於騎射。

現在，儘管馬匹已經被有輪子的車輛取代，但牠們仍然受到景仰，因為速度、力量和美而受到珍視。牠們持續與我們對地位崇高的想法交織起來，馬術運動與高貴一直被拴在一起。

從我們的歷史中刪去牛隻，看起來似乎衝擊沒那麼大，但牠們其實一直都很關鍵，不只是因為肉和奶，而是因為運輸與農業。幾世紀以來，牛都在拉貨車和犁田。遠在馬馴化之前，牛從新石器早期就和人類在一起。但和馬一樣，牠們在文化上變得十分重要，遠超過牠們作為負重駝獸與食物來源的功能。在冰河時期結束時，許多像牛一樣大或更巨型的動物都滅絕，但牛占據人類神話重要的地位，雖然已經馴化，但仍象徵力氣、力量和危險。克里特島對牛的崇拜，形成了牛頭人身怪的神話靈感。這個神祕的宗教專注在密特拉斯（Mithras）身上，他殺了一頭巨大的公牛，和羅馬人一路旅行到英國。沿著哈德良長城（Hadrian's Wall）的堡壘之一，就曾發現密特拉斯的形象雕刻在石頭上。但牛不只找到方法進入人類的神話，牠們還影響我們的DNA。

牛奶和基因

新石器時代可能是為了牛的肉而飼養（記住牛縮小之謎），但人類飲用牛奶卻可以追溯到西元前七千年。牛奶是很棒的食物，含有絕佳的必須營養素，包括以乳糖形式存在的碳水化合物、脂質和蛋白質，還有維他命與礦物質：鈣、鎂、磷、鉀、硒和鋅。不過對於成年哺乳類，乳汁卻不是一種尋常的食物，大部分哺乳類成年後都無法消化乳汁。雌性哺乳類生產乳汁給幼仔飲用是牠們的特性，而身為哺乳類，我們人類在嬰幼兒時期有能力喝奶與消化乳汁，我們生來就預期要喝母乳維生。但是消化乳汁（特別是乳糖）的能力，通常到了哺乳類成年就會消失：包括人類。因為「乳糖酶」的基因被關掉了。但歐洲大部分人都能開心的喝牛奶一直到成年。

牛（和綿羊與山羊）的馴化不只影響人類歷史和文化，也影響我們的生物學。藉著養動物取得乳汁，我們改變了自己的環境。藉著我們稱為「人擇」的人類居中之天擇而改變牛的DNA，但藉著喝牛乳，我們最終改變天擇對「我們」的作用。正如我們一直在改造其他物種，以適合我們的需求、品味和慾望，牠們同時也在改造我們。

其實，喝新鮮牛奶對我們的祖先是一個挑戰。對大部分勇於挑戰喝牛奶的人，都會導致脹氣、胃痙攣和腹瀉。這是因為沒有能力消化乳糖，所以乳糖留在腸道中被細菌發酵，導致不舒服的腸胃症狀。有一個方法能繞過這點，就是減少牛奶中的乳糖成分。你可以藉由將牛奶發酵，或是做成硬乳酪來做到這點，這兩種方式都能讓牛奶保存為可飲用或食用的形式。

正如埃弗西德和他的團隊的研究，藉由分析來自波蘭陶瓷碎片上的乳脂，新石器時代的農民已經在做乳酪，可能早在西元前六千年使用牛奶。母馬的乳脂比牛奶含有更大量的乳糖，但發酵乳飲品的發明將母馬的乳脂轉化成人人都能安全飲用的食品。歐亞大草原的馬奶酒是一種含乳汁與酒精的「乳汁啤酒」，現在仍在飲用，很有可能也是非常古老的發明。

即使遠超過我們必須依賴母乳維生的初生數月，但我們有些人已經演化成能夠舒適的飲用並消化新鮮乳汁。我們「耐乳糖」的特性來自於擁有一個對偶基因，或說基因變異，代表我們即使成年也能持續生產乳糖酶。能夠持續製造乳糖酶的歐洲人基因變異，估計約有九千年。在中歐，新石器時代早期的族群沒有這個變異，到了四千年前，這個變異開始以低頻率出現。但現今西北歐高達百分之九十八的人都能持續製造乳糖酶，或說都耐乳糖。這表示他們的祖先歷經千辛萬苦，消化新鮮乳汁（不只是貯存、發酵過的乳製品和乳酪）的能力可能代表生與死的區隔。飲用新鮮乳汁對沒有持續製造乳糖酶的人腸胃的影響，在西元前一世紀就為大眾所知，羅馬學者瓦羅（Varro）寫道：母馬的乳汁能當作好的瀉劑（如果那是你追求的效果），然後是驢子奶、牛奶，最後才是山羊奶。即使在兩千年前的義大利，耐乳糖都還不是很尋常。儘管現在西歐人大多能耐乳糖，但在哈薩克仍然只有百分之二十五到三十的人能持續生產乳糖酶。

非洲酪農的後裔最終也有類似的適應，約五千年前產生非洲人的基因變異，然後擴散到整個族群。這些年代與牛馴化和擴張的考古證據十分相符。相反的，大部分東亞人因為沒有酪農業的歷史，所以大部分人喝了新鮮乳汁後會引起嚴重的腸胃副作用。

持續生產乳糖酶，是人類基因組除了與疾病抵抗力有關的改變，也是最近適應與演化改變最顯著的跡象之一。現在有些人流行「史前」飲食，但新石器革命轉變了古老的生活方式後，我們祖先的生理機能並非一成不變。不僅是我們馴化的物種改變了，牠們也改變我們。這些聯盟開始的方式很不一樣，有些開始非常隨意，像是置放在堆肥中的蘋果籽長成樹木。有些可能由其他物種煽動：最初是狼先與人接觸，然後才導致牠們當中某些個體馴化成狗。其他也許是人類比較刻意，像是捕捉馴養馬和牛。但無論如何開始，每一個聯盟都發展成共生的生態關係，成為共同演化的實驗。馴化是一種雙方面的過程。

但人類馴化的動物與我們之間有另一種奇妙的聯結，我們也展現一些動物受到馴化時所展現的特徵。就像狗和貝拉耶夫的銀狐，我們變得下顎和牙齒較小，臉變得比我們的祖先要平，以及減少雄性攻擊性。這一系列相關的特性，被稱為「馴化症候群」。

自我馴化的物種

人類是高社交、高容忍度的生物，我們有時候會忘了這點特質，當看到網路、政治，甚至是日常相遇的人所做的壞事，或者更糟的犯罪、暴力和戰爭，都讓我們看起來更像是好戰到無可救藥的物種。但歷史顯示，現在的我們比上個世紀，以及之前好幾個世紀更不暴力。我們學著更加和平的一起生活，因為還有很長的路要走。

如果我們與最親近的親戚黑猩猩及倭黑猩猩相比，我們真的非常好。在其他猿類中，大型社會群體傾向於自我分裂，碰到不熟悉的同物種成員，恐懼與壓力是本能反應。我們碰見陌生人時較能平靜面對，較能與他人合作共同計畫。我們身為獨特的成功物種，能發展非凡的文化，這些都是依靠合作和互助的能力。為了達到這點，我們也馴化了。

我們的物種在二十萬年前起源於非洲，有藝術與用語言溝通的能力。智人很可能一開始就有此能力，而且是從我們和尼安德塔人共同的祖先就會了。在考古紀錄中的象徵性行為，例如穿孔的奇怪貝殼、打磨的古怪赭石，在五萬年前開始大量出現。從那時起，我們見到人類製造大量不同類型的物品，他們製作的藝術品有些一直存留至今，例如象牙雕刻的動物和小人偶，以及洞穴畫像。究竟是什麼原因解放這些創造力，研究文化傳布到塔斯馬尼亞和大洋洲的人類學家握有線索。如果類比成立，很有可能是冰河時期隨著人口大量增長，人類的行動力與連繫性增強，人們的想法多樣且散布、演化，文化也隨之傳布綻放。

然而，人口密度增長對任何物種都會出現挑戰。更多人代表更多張嘴要養，對資源的競爭也越多。有人主張「現代人行為」的興起，也就是所有累積和文化複雜性，只有在社會容忍度高得出乎意料時才有可能。當我們比較不害怕、比較不敵對，對他人的溝通比較開放時就會學習容忍。

從銀狐到老鼠等其他動物身上，我們發現選擇剔除具侵略性的傾向，導致牠們行為的改變。正如你期待的，牠們變得較友善。但是由荷爾蒙傳達的行為改變，也伴隨著體型上的改變，特別是頭臉的形狀。馴化的銀狐，除了毛皮呈現大片白色，犬齒和頭顱都比較小，口鼻部比較短。馴化的成年銀狐看起來就像野生的幼年銀狐。

過去二十萬年，人類顱骨也改變了，變得比較沒那麼粗大，眉骨沒那麼突出，整體骨架變得較纖細。男性女性的犬齒大小差異也縮小，看起來就像銀狐和其他馴化動物的模式。這種改變也許和睪固酮濃度減少有關，那既影響骨頭生長也影響行為。睪固酮在不同的發展階段會產生特定效果。在子宮中經歷較高濃度睪固酮的個體，傾向額頭較小，臉部較寬，下巴較為突出。睪固酮濃度高的男性，在青春期傾向發展出較長的臉型和較密的眉毛。這樣的臉龐比較有男子氣概，被視為比較具支配性。

早期現代人的化石，他們的眉毛比後來的人高聳，但有可能知道這個改變何時發生嗎？

一位美國演化人類學家組成團隊決定找出答案，他們測量顱骨樣本，有些年代在二十萬年和九萬年前，有些來自八萬年前之後，還有比較近代的樣本，年代在一萬年前以內。他們發現，和後來的樣本相較，超過九萬年前的顱骨眉脊較突出。較古老的樣本，臉部高度也比較長。臉型「女性化」一直持續到全新世，有可能這些臉型的改變是由睪固酮濃度居中調節。如果真的如此，那麼比較優雅、女性化的顱骨（兩性都是）可能是隨著人口增長，天擇選擇社會容忍度的一個副產品。要想像這些選擇壓力如何運作十分容易，正如遺傳學家瓊斯（Steve Jones）的描述：演化是「兩張考卷的檢視」。只存活下來還不夠，你必須要能繁殖，將你的基因傳給下一代。如果你是社交棄兒，你會發現要通過第二次考試有點困難，甚至無法參加考試。如果侵略性比較低的男性容易成功性交，那麼這個特徵就會快速傳布到整個族群。隨著人類社會演化，我們的祖先也開始住得更加密集，並且仰賴大規模的社交網絡生存，此時人類已經不經意的馴化「我們自己」。

馴化動物並與人類共同生活有另外一個特色：我們傾向於發展緩慢。現代人類比野生同類像小孩的時間要久一些，或說比像小狗更久一點。嬰幼兒和幼童比起成人更容易相信人，比較友善也比較愛玩，學習接受度也比較高。只要想想人類能夠容忍的事情或是當我們飼養小動物，牠們會習慣與人類生活，也會和我們合作共事。如果每一代的成長速度比較慢，維持高接受度較久的個體就比較有可能持續與人類聯盟，因此我們就能看出馴化如何（十分偶然的）施行選擇壓力，讓動物有較長時間維持「比較年輕」。

因為「馴化」我們自己，最終人類也改變天擇對自己的影響：偏好維持比較年輕，或至少維持年輕的行為比較久的人。這是一個單純的轉變。以前的假設認為，「幼態延續」（neoteny）在此是關鍵：一種發展停止，讓成年生物在身體或行為都保持更像幼年。生物學（尤其是遺傳學）更細緻分析，徹底推翻這項假設。然而事情沒有那麼簡單。幼年的改變是其中一部分，但不是整個解釋。我們才剛開始理解自己的基因、荷爾蒙與環境之間的關係，而環境中還包含別的物種。儘管如此，還是有個「東西」也許能聯合所有改變，包括神經、生理和解剖學上的改變，在不同動物身上的「馴化症候群」都可看見。那個「東西」就是胚胎中一群特定細胞，後來變成身體中一整個系列的組織：從腎上腺細胞到皮膚中製造色素的細胞，還有臉部骨骼的一部分，甚至是牙齒。這些稱為神經脊細胞的胚胎細胞，有各種不同的命運，看似太過完美的標誌出這個症狀的特色。如果必須預測一兩個與神經脊有關的基因缺陷，你可能會說那會影響特定荷爾蒙和行為、臉的形狀和牙齒大小，還會導致膚色改變。目前只是假設，卻是很好的假設，因為做出的預測可以用實驗測試。馴化動物胚胎中應該有比較少的神經脊細胞，如果我們找一些與馴化相關的突變，且會影響胚胎中的神經脊細胞，那就能解釋整個症狀，以及為何不同的哺乳動物在馴化之下展現類似的改變。

十八世紀哲學家盧梭（Jean-Jacques Rousseau）認為，文明人就某方面而言是退化的：由野蠻人最初高貴的狀態，變得蒼白軟弱。其他哲學家則視人類「馴化」為正向的進步，移除比較殘暴的祖先狀態。關於人類自我馴化的討論，在政治和道德解釋上陷入了泥沼。生物學的想法一直都被這樣誤用，但是演化沒有道德面向。發生的事情就發生了，因為天擇偏好在那個時刻、那個特定環境，表現出良好的適應，因此會過濾剩下的。對我們祖先好的，現在對我們不一定好。從道德觀點而言，他們既沒有比我們差，也沒有比我們好。我們能比較親近的與其他人一起好好生活，單純是因為那樣「有效」，不是因為在道德上比較崇高。我們不會提議，狗在道德上比狼崇高、現代牛比原牛好，或馴化小麥比它的野生表親優秀。

隨著時間過去，在人類身上看到的身體變化，看似反映侵略傾向的消滅與容忍度的增加，並且與在家養動物身上所見的相呼應，不過也與野生物種間的差異一致。倭黑猩猩也是黑猩猩的近親，但牠們侵略性遠低於黑猩猩，也更愛玩。與黑猩猩相比，牠們的發展也延遲了：倭黑猩猩嬰兒比較不可怕，比較依靠牠們的母親。倭黑猩猩兩性間顱骨的形狀與犬齒大小，沒有像黑猩猩那麼大的差異。很關鍵的是，這些解剖學上的改變是為了選擇而偏向社交性的意外副產品，正如馴化銀狐身上所產生的一樣。看起來偏好「自我馴化」的過程，事實上在哺乳類演化上廣為擴散：提高社交容忍度，證明了對成功的演化有用。

儘管有些哲學家談過人類的自我馴化，代表某種逃脫演化的一般規則，尤其是逃脫天擇，但其他（未馴化）動物身上也一套類似的特性，表示這種說法是錯的。就算是偏好選擇善意社交、非侵略性與合作行為，但天擇的作用仍然存在。因此，人類並非我們想像的是特殊案例，一般規則仍然適用人類。

人類馴化動物，也許只是恰巧幸運。我們藉由馴化部分動物而確保與牠們同盟，以便駕馭自然潛能。那種潛能在某些動物身上也許比其他動物發展得更多，這取決於牠們的社會，以及牠們和其他物種如何互動的演化。這也解釋了為什麼馴化狼比狼獾容易，馴化馬比斑馬容易。猿類是社交動物，但人類一直都準備要自我馴化。因為人類生活在比較密集的群體，我們變得更加社會化，沒有什麼能阻止我們。人類比其他物種，更會做出像小狗、維持年輕、好玩又信任的事情。在新石器時代，人類因為具有支撐人口擴張的潛力，我們的祖先就在自己製造的環境中興盛起來。當人口迅速增長，人們便住得比以往更加接近，對社交容忍度的選擇也變得更強烈。現在，人們住在巨大密集的城市裡，因為我們社交容忍度很高，也因為我們馴化了自己才有可能如此。當然，我們改變的不只是「我們的」環境。

新石器時代的遺產

人類對物理環境發揮的深遠影響，不只是地區性且是全球性。傳統的觀念是，人類造成氣候變化是始於十八、十九世紀工業革命期間。從那時起，我們就一直在燃燒越來越大量的石化燃料，導致大氣層的二氧化碳濃度越來越高，造成地球暖化。但事實上，我們對全球氣候的衝擊在更早之前就開始了，可追溯到新石器時代。南極冰芯提供古代大氣中二氧化碳和甲烷濃度的紀錄顯示，過去四十萬年的大部分時間，這些氣體濃度都以可預測自然循環波動，但之後這個模式改變了：八千年前二氧化碳改變，然後五千年前甲烷改變。這些氣體濃度本該下降，卻開始上升，時間點與東西亞新石器時代開始、農業擴張，以及密集化相符。從採集轉變到農耕，對土地有深遠的衝擊，因為森林被清除出來開闢農地，二氧化碳被釋放到大氣中，這很有可能延緩原本應該覆蓋北半球的冰蓋結冰。然後，在這段氣候穩定期間，人類的文明開始成長繁榮。但現在我們不僅改變全球氣候，還造成嚴重傷害，而且我們不全然理解長期後果。如果幾千個有石器裝備的人類，非刻意就能暖化氣候而延遲冰河時期，那麼現在全球超過七十億人口會造成怎樣的傷害？

人類導致的氣候變化，代表一個明確的現存威脅，不只影響我們，也影響其他物種。但與減少溫室氣體排放迫切需求相對的，是如何餵飽全世界人口的需求，因為人類數量持續增長。新石器時代之前，全球人口只有大約幾百萬，農業出現後人口開始快速增長。到了一千年前，估計全球約有三億人口。到了一八〇〇年，人口數已經提高到十億。

二十世紀期間，人口從十六億急速成長到六十億，因此需要大量生產食物，也確實以綠色革命的形式達成。從一九六五到一九八五年，平均作物產出增加超過百分之五十。人口增長的速度在一九六〇年代達到高峰，現在正在減緩，地球人口數於本世紀中期將穩定在九十億左右。但預期到了二〇五〇年會多出十億張嘴必須餵飽，那已經足夠激起溫和的馬爾薩斯恐慌（Malthusian panic）。

我們需要另一次「綠色革命」，因為第一次綠色革命不算是永續的解決方案：生產力的促進來自很高的代價。天下沒有白吃的午餐，現在農業已沒那麼「綠色革命」了，而且更耗費能量，也更依賴石化燃料。約占三分之一的農業是透過清除熱帶森林，而且全球排放的溫室氣體從甲烷到家畜排泄物，還有水稻田中微生物排放的氣體，以及施肥後的土壤飄散出的一氧化二氮。還有其他問題，包括更昂貴的種籽和越來越著重單一栽培與現金作物，都威脅貧苦農民的生計。重度使用農業化學藥劑，也對人類健康與野生動物造成傷害。土地使用的改變，加上殺蟲劑讓昆蟲族群銳減，肥料引起的氮汙染對環境與健康的代價，有些人估計已經超過農業的經濟收益。但同樣重要的是，雖然綠色革命促進食物生產，卻從未解決飢餓的問題。這件事變得複雜且有高度政治性，因為我們已經生產足夠供給每一個人的糧食，只是不在正確的地方，也不是以適當的價格供給。食品國際貿易為越來越大且有勢力的企業提供利益，卻沒將食物送到最需要的地方。近來有一波農業用地擴張，卻大部分用於為富人生產肉、油、糖、可可和咖啡。此外，我們浪費的食物占所生產食物的三分之一，但發展中與已開發國家最窮困的人，卻無法取得所需要的營養食品。如果我們想要永續的餵飽每一個人，就需要全面重新檢視全球的食物供給系統。

解決世界飢餓的關鍵，不大可能只從大規模商業農場的生產力獲得，即使商業農場已經生產大量過剩的食物。世界上百分之九十的農場小於兩公頃，因此支持小農變得更有生產力，這對全球糧食安全十分關鍵。單單專注在產出，可能會導致更多飆升的能源成本、溫室氣體排放增加、棲息地和生物多樣性喪失，以及水汙染的問題。生態學家主張，最好的方式不是透過強化農業與使用農藥，而是透過設計來維持土壤與水源品質的永續「農業生態」方法，並且協助授粉昆蟲。我們需要蜜蜂，遠比牠們需要我們。

基改是解決飢餓的方案之一。我們見過日常主食（例如黃金米），如何被轉化為提供維他命的食品，現在有了基改能使作物更有效產出營養、自然抗病與抗旱，也許很快就能培育抗流感雞與豬，這價值很誘人，能讓我們距離全球糧食安全更近一步，但這項科技仍然充滿爭議。

將一個生物的部分移植到另一個生物上，包括人類器官移植，一直都很驚世駭俗。過去，嫁接果樹時會遇到倫理問題，西元前三世紀的《塔木德經》（*Talmud*）列出的《聖經》律法，就特別禁止嫁接一種果樹到另一種果樹：「禁止嫁接蘋果到野生梨子、桃子到杏仁，或紅椰棗（red date）到錫德棗（sidr，另一種椰棗樹），儘管它們相近。」以兩種不同的動物育種也受到禁止。對於跨越物種的憂慮可以追溯到很久以前，甚至同一物種的嫁接都會受到譴責。十六世紀植物學家魯爾（Jean Ruel）認為嫁接是「植物通姦」，是「非法植入」。十九世紀初運輸一整艘獨木舟的蘋果籽到北美邊疆，設立蘋果苗圃的「蘋果佬約翰尼」查普曼（John 'Johnny Appleseed' Chapman）也抱怨這種做法，據說他曾表示：「他們可以那樣改善蘋果，但那只是人的手段，那樣砍樹很缺德。正確的方法是選擇好的種籽，在好的土地種下它們，只有上帝才能改善蘋果。」這與當代反對基因改造有所呼應，畢竟那是在分子層次上的嫁接。

要落入將物種視為一個不變整體的陷阱很容易，但我們不會在一生中見到一個物種變化成另外一個物種，這個事實鞏固了基因改造的想法。但物種不是不能改變，那正是演化教我們的一課，在化石、活著的生物構造，在牠們的DNA內都可見到。然而確實有範例讓我們在一生，甚至更快時間內見到這種改變。細菌繁殖演化極度快速，對抗生素產生抗藥性並在族群間散播，就代表一種快速、新近，而且極為麻煩的演化改變。但是也有可能看到動物「即時」的演化改變，特別是環境經過劇烈變化的地方，還有透過選擇性育種，像貝拉耶夫對銀狐的實驗，就顯示那些改變多快就會產生。達爾文在《物種起源》描述家養的變異和改變，正是因為他知道這代表大家都很熟悉的物種突變證據。一旦他介入那個領域，列出人擇效果的證據，他就能繼續描述那種能夠產生類似效果、未經思考的自然過程：天擇如何創造地球上的生命多樣性。

物種恆常在改變。就算沒有新的突變，特定型基因在一個族群中出現的頻率，也會隨著時間改變。這就是透過遺傳漂變和天擇，以及從其他物種引進的ＤＮＡ。物種成員與其環境互動，才會產生這樣的變化，而有些變異表現比其他好。發生突變時，會在混合中引入新的可能性，雖然這不是新穎的唯一來源。有性生殖，也就是受精卵中父母雙方染色體結合時，會產生的新對偶基因，從既有的遺傳物質中創造變異。變化的環境也會施予新的壓力，環境不僅是物理性也是生物性，包括與一個生物互動的所有物種。

幾世紀以來，我們透過改變馴化物種的生物和物理環境，而影響它們的發展。我們帶著它們在全球移動，管理它們育種的對象，保護它們免受掠食者捕食，確保它們糧食充足。我們深深影響它們的ＤＮＡ，但過去我們所做的每件事（除了輻射育種），都是關於「間接」改變基因組。基因編輯當然提供我們「直接」修改基因的潛力。

最近研究發現，許多物種（包括人類）與我們馴化的同盟，混種的本質很新奇，就連遺傳學家也很驚訝，「物種界線」原來如此容易滲透。這提供我們一個新的框架，思考將基因從一個物種移到另一個物種的倫理問題。

綠色革命確實出現轉變，不再全面反對基因改造。保育生物學家暨地球之友前主任朱奈普（Tony Juniper），已經公開認可基改的潛力。二〇一七年三月他在英國廣播公司第四頻道節目「今日談」（Today），以謹慎但肯定的語調談到基因編輯技術，具有「加速選擇育種過程」的潛力，將有用的對偶基因擴散到一個物種。此外，朱奈普也對有些轉基改變（transgenic-between-species-alterations），也就是在不同物種之間移動基因的可能性和潛力保持開放態度。他評論道：「你可以從馴化植物的野生親戚取出基因……更有效的應用到作物品種……協助解決各種問題，包括氣候變遷衝擊、土壤損害，與水資源缺乏。」有些人開始討論「基改有機」（GM organic），如果基改真的變成新綠色革命的一部分，會是很棒的轉變。

但基改的倫理疑慮遠大於潛在的生物問題：誰來執行這個任務並從中獲益的問題，對食物主權的關切，以及擔憂將新科技強加於不想要或不需要的人身上。但另一方面，抗病蟲害BT基改茄和富含維他命的黃金米，也許能提供選擇，支持貧窮小農。但如果尚未了解農民和他們的社群要什麼，就要他們接受基改，倒不如讓他們保持現狀，只讓北半球富有國家從新科技獲益。以不專斷的態度支持貧窮的農民，讓他們徹底清楚資訊後再做出選擇，這樣比較公平。

羅斯林研究所的遺傳學家只管研究雞隻的基因編輯，對說服人們接受這項科技不感興趣，不過他們樂意看到人們能獲得更完整的資訊，然後自己做決定。他們不認為基改一定是最好的，與私人企業相較，這正是在大學從事研發的科學家最重要的一點，他們比較少考慮商業利益。大學的科學家做他們該做的事，因為相信對人類有益。而且他們會自我批判，並抗拒誇張的宣傳，就算金主要他們這樣做也如此。

我遇到的遺傳學家，沒有一位將基改介紹為萬能藥，但他們認為其應用也許能有幫助，他們也偏好與發展中國家的農民合作，探索基改的有用之處。羅斯林研究所的麥克格魯，談到基因編輯在保育中的潛能時最為熱切，但由蓋茲基金會資助在非洲的計畫，著重於在極具挑戰的環境中改善雞群，他也同樣興奮。他很堅持必須能真正協助社群，才能從事這項科技。他談到他參與的另一項計畫，從另一個物種移動一個基因到乳牛身上，企圖讓非洲的乳牛抗寄生蟲病害「錐蟲病」。「必須事先告訴人們你計畫怎麼做，詢問他們是否可以接受……我們不應該將自己的價值觀強加在其他文化。」

也許這項新科技最大問題就是糧食的第一主權。農業不只是糧食生產，還有權力與利潤，都集中在富有的北半球國家。新的基改品種有其危險，不論多麼有效率、結實又抗疾病，那只會強化原本就存在於全球食物系統的不平等，讓貧窮小農再次受到剝削。第一代基改作物，例如抗嘉磷塞黃豆，就與貧窮國家幾乎無關，但第二代基改作物如果沒有管理好，最終可能會變成奪走全球貧窮農夫做決定的權力。

傳統上，或至少過去一百年左右的傳統，農民被當作知識終端的使用者，而非知識創造者。但這與新石器時代開始時大不相同。從龍勝的梯田到英格蘭的果園與牧場，農民一向很創新，也比任何人都了解他們的土地。所以，相關的研究計畫若一開始就納入農民意見，就會得到很好的結果，而且農民也比較願意採用他們幫忙研發的創新。農業發展專家提議，整個系統若需要翻轉，必須先由在地農民來發展創新，而非現行由上往下的政策、貿易協定和法規體系。

這是個糾結的問題，我們需要想出方法，在對的地方生產足夠的糧食，同時適應氣候變化和努力不要讓它惡化，還要保存生態系統，並且改善窮困農民的生活。無論解決方案為何，都必須達到連貫且有效。我們真正需要的是一個整體、全面的策略，但也必須有在地和全球的層級來衡量得失。如果我們要做出對人類、對我們馴化的動物，以及對野生物種合理的決定，就必須破除二分法和武斷的教條。這不會是單純工業化密集農業或友善野生動物小規模生產的問題，或使用農業化學藥品或有機農業的問題，而是著重既有品種或創造基改新世系的問題，因此我們的解決方案必須因地制宜。

所以全球糧食生產與安全的問題已清楚明白，太多人仍然在挨餓，我們需要盡快找到解決方案。如果這還不算夠大的挑戰，那麼地球上其他生命該如何呢？所有沒馴化的物種又如何在荒野生存呢？就地球而言，新石器時代真正的遺物不是人類存活是多麼成功繁榮，而是我們周遭尚未馴化的物種，如何受到這個革命性改變的影響。

野外

我還記得十多年前搭機飛越馬來西亞，看到大片森林被砍伐時，那股揪心的沮喪。山丘河谷都褪去古老雨林的天然植被，推土機、卡車在土地上畫出奇怪且僵硬的花紋，就像粉紅色的拇指印。有綠意的地方，全都是整齊排列的棕櫚樹苗。單一栽種的棕櫚農場覆蓋廣袤的區域，呈現規律排列的一片標準綠色。與我一起拍攝的馬來西亞男子與棕櫚油企業有關係，我溫和表達我的擔憂，他說：「你們早在幾千年前就砍光你們島上的樹，你不該對我們說教。」

為了人類生存，超過百分之四十的土地已經開墾，隨著人口與需求一再增長，還有多少土地要被開墾耕種或成為牧場？生產人類的食物，與保存荒野生物多樣性之間的挑戰，是否有可能取得平衡？

我們馴化的牲畜，尤其是大型哺乳類，例如牛、綿羊和水牛，代表對地球巨大的負擔。地球上有超過七十億人，約兩百億頭牛羊，我們將種植的三分之一用來餵養這些動物，有越來越多穀物被用來餵養牲畜，這是個顛倒的潮流，讓食物生產更加耗費能量。我們可以停止吃肉，或至少可以停止吃穀飼牛而選擇放養牛，或從牛肉換成比較不需要密集能量的家禽。藉由這樣的改變，我們可以讓現存的食物系統更加有效，而不需要強化密集農業，也不必投入更多能量與農業化學藥品。但也許我們需要考慮，現在是否還需要飼養家畜。正如聯合國環境計畫的報告，我們該不該考慮全球都改成素食？

公正的說，家畜是一連串生態問題的禍首，但牠們並非一向都對生態系統如此有害。有時候飼養動物可以是一種方法，讓農場不會開採難以取得的土地資源，因此牠們不會霸占作物可以生長的空間。另一方面，放牧也具有毀滅性。作家暨環境行動者蒙比奧（George Monbiot）曾頹喪的稱英國的放牧場是「被羊毀滅的土地」。但並非一直都是這種災難，例如細心管理的放牧，就能幫助草地的環境保持開放。在冰河時期尾聲，失去許多更新世巨型動物群物種，但我們的家養巨型動物群可以承擔起牠們的角色，藉由啃食和踩踏草地，協助開放環境的植物和動物群體。在混合農場的家畜，也能協助將養分回收到土壤，用牠們的糞便增加天然肥料。還有非常重要的，家畜可以提供蛋白質和其他養分，那些養分很難從植物取得，尤其是在發展中國家。皮革和羊毛這類副產品也很重要，而且在缺乏機械化農業的地方，動物仍被用來牽引和運輸。人類和家養動物之間，還有「古老契約」連繫：一種難以衡量的文化價值，呈現在我們的故事與神話裡，引發我們的認同。

我們需要更仔細檢視家養動物，要如何融入未來的農場。這對整體社會是一個關鍵問題，也需要仔細思考，我們必須提出許多不同的價值：例如限制二氧化碳排放、改善土壤品質，或保存開放的土地。工業化系統可以非常有效，但也為動物飼料累積大量的「食物里程」，並且引起動物福利的問題。加拿大土壤科學家暨生物學家揚贊（Henry Janzen）提出，我們需要看每個地方的地區性，衡量所有優缺點，並且詢問：「家畜怎樣最適合這裡？」有時候答案會是：牠們不適合。但有時候，在土地上飼養人類古老的盟友：綿羊、山羊或牛，卻非常適合，而且我們可以努力降底環境的壓力，同時讓偶蹄類持續提供人類好處。在家畜原本就賴以維生的土地上飼養，也許對牠們與生態系統都是最有益的。

但究竟可允許農場占用多少空間？這個問題在於我們是否選擇讓農業用地，盡可能人性化的生產，或是更友善野生動物。如果採用密集的「土地節約」（land-sparing）法，會增加農業生產力，也能保持更寬廣的土地給野生動物。表面上，這看起來很合理：以圍欄圍住農業用地，讓生產力最大化，並在其他地方留下足夠空間給野生動物。但生態學家辯稱，這個方法在現實世界不可行，因為孤立的棲息地無法支撐野生物種。不論是蜜蜂、鳥或熊等野生動物，在受保護的荒野以半自然棲息地與受管理的土地網絡中，牠們會活得更好。在英國，自然生態多樣性自一九六〇年代起就深受農業密集化衝擊。友善環境的農場，在作為庇護地和連接地都很重要，有傳統農地的灌木籬牆，對野生動物會形成關鍵的連接走廊。有機農業目前約占全球農業僅百分之一，不但能支撐野生生物的多樣性，而且生產力和傳統農業一樣，且利潤比較高。看起來這是永續發展最好的選項，但要達到糧食和生態系統都安全，會牽涉不同地方和不同層面。然而，「土地共享」與「土地節約」的爭辯依然持續。如果將選擇視為全球性二分法是沒有幫助的，因為生態系統複雜多了。這是需要關注的在地化議題，我們要更仔細檢視動植物群體，以及各種機會和壓力。

保護荒野與野生動物，經濟上也有重要的必要性，因為農業的未來就靠野外了。馴化的過程，每一次都牽涉到從馴化物種野外祖先的既有基因多樣性中採取樣本。我們馴化物種的

DNA，通常顯示出清楚的「瓶頸」跡象，有時候與最初的馴化有關，但也因為隨著過去幾世紀以來，選擇性育種聚焦越來越窄，產生出我們現在飼養的品種。綠色革命導致另一次多樣性的收縮，集中範圍更加狹窄，只在幾個比較有生產力的栽種品種。看起來像是很好的解決方案，其實對我們整個糧食生產系統呈現更大的威脅。任何生態系統、任何物種的「防範未來」，就取決於其中所含的多樣性和變異，我們從物種和地球生命的歷史中就能看出來。如果我們限制太多物種，就會嚴重限制牠們適應未來變化的潛力，這些變化包括不常見的病原體與物理環境，愛爾蘭馬鈴薯大飢荒就顯示毀滅性的後果有多大。家養物種的野生親戚，代表巨大的基因和表型變異貯藏庫，能夠用來理解馴化是如何發生，並追蹤馴化物種的野生親屬。這種知識對現代育種計畫、馴化動植物的未來都很重要，就算是為了自私的理由，我們需要能夠持續進入那個野生貯藏庫。對野生物種好的，對人類也會好。我們都在同樣的演化和生存競賽中，人類的命運與其他物種的命運交纏相連。

野生物種在基因層次上，受到我們馴化物種存在的威脅。馴化和野生物種的區別，人文地景與自然地景的區別，已經變得越來越模糊。來自馴化物種的基因已經（其實一直都有）逃出我們的花園，進入野外。我們不確定馴化物種的基因滲入，對野生物種而言代表什麼，天擇可能最終會剔除「家養」基因，那可能已經進行過了。我們也不確定那些基因可能會有優勢，因而保留下來。最近的研究已經揭示酸蘋果基因組中，存在許多來自馴化品種的DNA，那可能對野生蘋果未來的演化有巨大影響，也可能會減少它們未來對作物改進的有用程度。就算最嚴格的法規，也無法完全阻止DNA從基改生物身上，逃入野外物種中。

家養物種與它們野外親戚的基因相連，這提醒我們是處在一個複雜的關係網絡。就某方面而言，馴化的物種沒有離開自然，它們仍是自然的一部分，對我們而言也是如此。人類對地球上其他物種有極深遠的衝擊，但人類仍然是一種生物現象，是自然的一部分。因此，我們應該體認自己對其他物種的影響力與衝擊，我們永遠無法脫離其他生命而存在，但我們可以將那些互動推往更正面的方向，注意農業的未來不應該是我們保護野生動物的唯一理由。我們必須理解，人類身為一個物種卻對生物多樣性造成的威脅。道德上我們也有義務，必須努力平衡人類族群吃飽穿暖的基本需求，與支持我們的同胞物種——不只是馴化的，也包括野生的物種。

我們已經變成地球上一股強而有力的演化力量，塑造地貌、改變氣候，與其他物種形成共同演化的關係，還挑起那些我們偏好的動植物全球性大流散。透過這些運動，正如透過任何人類居中的天擇，那些馴化物種的基因組隨著與野生物種雜交而有了改變。蘋果仍然保留它們起源於天山側翼野生果園的記憶，但它們的基因組成更像是野生歐洲酸蘋果。家養豬也如此，牠們源自安那托利亞，但擴散到歐洲時與野豬繁殖，直到牠們的粒腺體DNA標記都被當地野豬取代。馬奔出大草原時，沿路與牠們的野生同類雜交。現今的商養雞隻腳是黃色，這是雞的古代祖先在南亞與灰原雞雜交時得到的特徵。這個擴散雜交的起源模式，在每個馴化物種身上交織出錯雜交纏的基因「掛毯」，很難理清這些線。基因從不同地方的野生親戚注入，導致馴化有多個地點的暗示。當遺傳學從觀察粒腺體DNA，進展到探索整個基因組，以及從考古殘骸中萃取古老DNA，真實的複雜圖像就開始浮現。瓦里沃夫和達爾文是對的。瓦里沃夫預測大部分馴化物種，確實顯示有單一分隔的地理起源中心。關於多重祖先的可能性，達爾文也說對了：不是透過多個分離的馴化中心，而是透過物種擴散時發生的雜交。就算是牛，號稱有第二個馴化中心而產生瘤牛，也有可能是在近東一個最初的單一起源中心。狗也如此，長久以來被認為源自歐亞大陸兩個分隔遙遠的馴化中心，但最新的分析指出，其實最有可能興起於單一起源。然而，豬可能是這個規則的例外，證據指向歐亞大陸東西兩個分別的馴化中心。

我們現在比十年前對馴化的理解更多，當時在已馴化和野生之間畫出的界線，都過於粗野僵硬。當我們層層揭開馴化的故事，同時也點亮人類物種的演化史。和馴化物種一樣，人類也是混種。人類在全世界移動，移民到新的土地與我們的「野生」親戚交配，就像馬、牛、雞、蘋果、小麥和稻米一樣。

現在世界上到處都是人，我們和馴化物種一起成了全球現象。馴化物種的成功，很大部分取決於「我們」，但其他未被我們種下、嫁接、飼養和約束的物種之成功，也取決於我們與馴化物種的存在所影響的生存能力。我們不只要照顧馴化的物種，也需要培育未馴化的荒野，尤其現在比過去更需要。我們不能隔離大自然而生存，而是要學習如何與大自然共處。本世紀的挑戰是學習如何接受那些錯雜的關係，與荒野一同繁榮興盛，而非與之對抗。

當這本書寫到尾聲，我的蘋果樹正在長葉子。今年我大肆修剪枝葉，企盼它們結更多果實，也讓造型更好看。我邊修剪邊退後看每一棵樹，正如我畫畫時會做的那樣，修掉一根樹枝前會先考量構圖的平衡。如果蘋果花謝了，就會長出又小又圓又硬的蘋果。接下來幾個月會不斷長大，直到成熟可食。在樹下，仔細割過的黃花九輪草仍然點著檸檬黃的頭，落單的蜜蜂嗡嗡飛行，一些黑色的小公牛在花園外遠處的草原上，低頭吃牆上的長春藤。一隻美妙的斑點啄木鳥飛到蘋果樹，檢查樹幹裡有沒有美味的昆蟲。這裡有著分隔，介於野生與家養，馴化與未馴化之間，但最終它們都是一體：纏雜成一團，美麗的交織在一起。

致謝

TAMED

我要感謝許多好心的同僚和朋友，免費分享他們的專業、閱讀本書草稿、提供見解，以及他們的建議與補充。感謝愛丁堡大學羅斯林研究所的巴利克、桑女士與麥克格魯（感謝他們在雞與遺傳學的協助）。卡米勒里（Ivana Camilleri，為我上短暫西班牙課，並闡明甜蜜「佐利塔」的意義）。澳洲國立大學榮譽教授葛洛弗斯（Colin Groves，他的演化生物學智慧），巴斯大學的赫斯特（Laurence Hurst，提供基因知識與仔細閱讀本書），尼克和克雷斯托夫尼可夫（Nick and Miranda Krestovnikoff，他們絕妙的祝酒派對），牛津大學的拉森（Greger Larson，馴化的導師），都柏林三一學院的麥克利薩特（Aoife McLysaght，觀察到突變），東安格利亞大學的帕倫（Mark Pallen）和瓦威克大學的亞勒比（Robin Allaby，提供沉積岩證據），瑞瑟福德（Adam Rutherford，解決麻煩、早期警告，當然還有偶爾的嘲弄），自然史博物館的斯金格（Chris Stringer）和巴恩斯（Ian Barnes，切爾滕納姆科學節大量腦力激盪），伯明罕大學的透納（Bryan Turner，對細節如此注重），還有沃克（Catherine Walker，墨跡未乾的參考文獻）。任何錯誤或疏忽當然是我一個人的錯。

也感謝哈欽森出版社最傑出的編輯瑞格比（Sarah Rigby），以及細心校對的佛爾德（Sarah-Jane Forder），還要感謝編輯波諾米（Luigi Bonomi）的支持和鼓勵，以及喬薩斯比經紀公司的出色團隊，他們協助我巡迴簽書會。

還要感謝戴夫（Dave）。我知道你認為這都是你的主意，但其實不是。好吧，也許有那麼一點。

狗

Arendt, M. *et al.* (2016), 'Diet adaptation in dog reflects spread of prehistoric agriculture', *Heredity*, 117: 301–6.

Botigue, L. R. *et al.* (2016), 'Ancient European dog genomes reveal continuity since the early Neolithic', *BioRxiv*, doi.org/10.1101/068189.

Drake, A. G. *et al.* (2015), '3D morphometric analysis of fossil canid skulls contradicts the suggested domestication of dogs during the late Paleolithic', *Scientific Reports*, 5: 8299.

Druzhkova, A. S. *et al.* (2013), 'Ancient DNA analysis affirms the canid from Altai as a primitive dog', *PLOS ONE*, 8: e57754.

Fan, Z. *et al.* (2016), 'Worldwide patterns of genomic variation and admixture in gray wolves', *Genome Research*, 26: 1–11.

Frantz, L. A. F. *et al.* (2016), 'Genomic and archaeological evidence suggests a dual origin of domestic dogs', *Science*, 352: 1228–31.

Freedman, A. H. *et al.* (2014), 'Genome sequencing highlights the dynamic early history of dogs', *PLOS Genetics*, 10: e1004016.

Freedman, A. H. *et al.* (2016), 'Demographically-based evaluation of genomic regions under selection in domestic dogs', *PLOS Genetics*, 12: e1005851.

Geist, V. (2008), 'When do wolves become dangerous to humans?' www.wisconsinwolffacts. com/forms/geist_2008.pdf

Germonpre, M. *et al.* (2009), 'Fossil dogs and wolves from Palaeolithic sites in Belgium, the Ukraine and Russia: osteometry, ancient DNA and stable isotopes', *Journal of Archaeological Science*, 36: 473–90.

Hindrikson, M. *et al.* (2012), 'Bucking the trend in wolf-dog hybridisation: first evidence from Europe of hybridisation between female dogs and male wolves', *PLOS ONE*, 7: e46465.

Janssens, L. *et al.* (2016), 'The morphology of the mandibular coronoid process does not indicate that Canis lupus chanco is the progenitor to dogs', *Zoomorphology*, 135: 269–77.

Lindblad-Toh, K. *et al.* (2005), 'Genome sequence, comparative analysis and haplotype structure of the domestic dog', *Nature*, 438: 803–19.

Miklosi, A. & Topal, J. (2013), 'What does it take to become "best friends"?

Evolutionary changes in canine social competence', *Trends in Cognitive Sciences*, 17: 287–94.

Morey, D. F. & Jeger, R. (2015), 'Palaeolithic dogs: why sustained domestication then?', *Journal of Archaeological Science*, 3: 420–8.

Ovodov, N. D. (2011), 'A 33,000-year-old incipient dog from the Altai Mountainsof Siberia: evidence of the earliest domestication disrupted by the last glacial maximum'. *PLOS ONE* 6(7): e22821.

Parker, H. G. *et al.* (2017), 'Genomic analyses reveal the influence of geographic origin, migration and hybridization on modern dog breed development', *Cell Reports*, 19: 697–708.

Reiter, T., Jagoda, E., & Capellini, T. D. (2016), 'Dietary variation and evolution of gene copy number among dog breeds', *PLOS ONE*, 11: e0148899.

Skoglund, P. *et al.* (2015), 'Ancient wolf genome reveals an early divergence of domestic dog ancestors and admixture into high-latitude breeds', *Current Biology*, 25: 1515–19.

Thalmann, O. *et al.* (2013), 'Complete mitochondrial genomes of ancient canids suggest a European origin of domestic dogs', *Science*, 342: 871–4.

Trut, L. *et al.* (2009), 'Animal evolution during domestication: the domesticated fox as a model', *Bioessays*, 31: 349–60.

小麥

Allaby, R. G. (2015), 'Barley domestication: the end of a central dogma?', *Genome Biology*, 16: 176.

Brown, T. A. *et al.* (2008), 'The complex origins of domesticated crops in the Fertile Crescent', *Trends in Ecol-*

ogy and Evolution, 24: 103–9.

Comai, L. (2005), 'The advantages and disadvantages of being polyploid', *Nature Reviews Genetics*, 6: 836–46.

Conneller, C. *et al.* (2013), 'Substantial settlement in the European early Mesolithic: new research at Star Carr', *Antiquity*, 86: 1004–20.

Cunniff, J., Charles, M., Jones, G., & Osborne, C. P. (2010), 'Was low atmospheric CO2 a limiting factor in the origin of agriculture?', *Environmental Archaeology*, 15: 113–23.

Dickson, J. H. *et al.* (2000), 'The omnivorous Tyrolean Iceman: colon contents (meat, cereals, pollen, moss and whipworm) and stable isotope analysis', *Phil. Trans. R. Soc. Lond. B*, 355: 1843–9.

Dietrich, O. *et al.* (2012), 'The role of cult and feasting in the emergence of Neolithic communities. New evidence from Gobekli Tepe, south-eastern Turkey', *Antiquity*, 86: 674–95.

Eitam, D. *et al.* (2015), 'Experimental barley flour production in 12,500-year-old rock-cut mortars in south-western Asia', *PLOS ONE*, 10: e0133306.

Fischer, A. (2003), 'Exchange: artefacts, people and ideas on the move in Mesolithic Europe', in *Mesolithic on the Move*, Larsson, L. *et al.* (eds) Oxbow Books, London.

Fuller, D. Q., Willcox, G., & Allaby, R. G. (2012), 'Early agricultural pathways: moving outside the "core area" hypothesis in south-west Asia', *Journal of Experimental Botany*, 63: 617–33.

Golan, G. *et al.* (2015), 'Genetic evidence for differential selection of grain and embryo weight during wheat evolution under domestication', *Journal of Experimental Botany*, 66: 5703–11.

Killian, B. *et al.* (2007), 'Molecular diversity at 18 loci in 321 wild and domesticate lines reveal no reduction of nucleotide diversity during Triticum monococcum (einkorn) domestication: implications for the origin of agriculture', *Molecular Biology and Evolution*, 24: 2657–68.

Maritime Archaeological Trust (Bouldnor Cliff): http://www.maritimearchaeologytrust.org/bouldnor

Momber, G. *et al.* (2011), 'The Big Dig/Cover Story: Bouldnor Cliff', *British Archaeology*, 121.

Pallen, M. (2015), 'The story behind the paper: sedimentary DNA from a submerged site reveals wheat in the British Isles' *The Microbial Underground*: https://blogs.warwick.ac.uk/microbialunderground/entry/the_story_behind/

Zvelebil, M. (2006), 'Mobility, contact and exchange in the Baltic Sea basin 6000–2000 BC', *Journal of Anthropological Archaeology*, 25: 178–92.

牛

Ajmone-Marsan, P. *et al.* (2010), 'On the origin of cattle: how aurochs became cattle and colonised the world', *Evolutionary Anthropology*, 19: 148–57.

Greenfield, H. J. & Arnold, E. R. (2015), '"Go(a)t milk?" New perspectives on the zooarchaeological evidence for the earliest intensification of dairying in south-eastern Europe', *World Archaeology*, 47: 792–818.

Manning, K. *et al.* (2015), 'Size reduction in early European domestic cattle relates to intensification of Neolithic herding strategies', *PLOS ONE*, 10: e0141873.

Meadows, W. C. (ed.), *Through Indian Sign Language: The Fort Sill Ledgers of Hugh Lenox Scott and Iseeo, 1889–1897*, University of Oklahoma Press, Oklahoma 2015.

Prummel,W. & Niekus, M. J. L.Th (2011), 'Late Mesolithic hunting of a small female aurochs in the valley of the River Tjonger (the Netherlands) in the light of Mesolithic aurochs hunting in NW Europe', *Journal of Archaeological Science*, 38: 1456–67.

Roberts, Gordon: http://formby-footprints.co.uk/index.html

Salque, M. *et al.* (2013), 'Earliest evidence for cheese-making in the sixth millennium BC in northern Europe', *Nature*, 493: 522–5.

Singer, M-HS & Gilbert, M. T. P. (2016), 'The draft genome of extinct European aurochs and its implications for de-extinction', *Open Quaternary*, 2: 1–9.

Taberlet, P. *et al.* (2011), 'Conservation genetics of cattle, sheep and goats', *Comptes Rendus Biologies*, 334: 247–54.

Upadhyay, M. R. *et al.* (2017), 'Genetic origin, admixture and populations history of aurochs (Bos primigenius) and primitive European cattle', *Heredity*, 118:169–76.

Warinner, C. *et al.* (2014), 'Direct evidence of milk consumption from ancient human dental calculus', *Scientific Reports*, 4: 7104.

玉米

Brandolini, A. & Brandolini, A. (2009), 'Maize introduction, evolution and diffusion in Italy', *Maydica*, 54: 233–42.

Desjardins, A. E. & McCarthy, S. A. (2004), 'Milho, makka and yu mai: early journeys of Zea mays to Asia': http://www.nal.usda.gov/research/maize/index.shtml

Doebley, J. (2004), 'The genetics of maize evolution', *Annual Reviews of Genetics*, 38: 37–59.

Gerard, J. & Johnson, T. (1633), *The Herball or Generall Historie of Plantes,* translated by Ollivander, H. & Thomas, H., Velluminous Press, London 2008.

Jones, E. (2006), 'The Matthew of Bristol and the financiers of John Cabot's 1497 voyage to North America', *English Historical Review*, 121: 778–95.

Jones, E. T. (2008), 'Alwyn Ruddock: "John Cabot and the Discovery of America"', *Historical Research*, 81: 224–54.

Matsuoka, Y. *et al.* (2002), 'A single domestication for maize shown by multilocus microsatellite genotyping', *PNAS*, 99: 6080–4.

Mir, C. *et al.* (2013), 'Out of America: tracing the genetic footprints of the global diffusion of maize', *Theoretical and Applied Genetics*, 126: 2671–82.

Piperno, D. R. *et al.* (2009), 'Starch grain and phytolith evidence for early ninth millennium BP maize from the Central Balsas River Valley, Mexico', *PNAS*, 106: 5019–24.

Piperno, D. R. (2015), 'Teosinte before domestication: experimental study of growth and phenotypic variability in late Pleistocene and early Holocene environments', *Quaternary International*, 363: 65–77.

Rebourg, C. *et al.* (2003), 'Maize introduction into Europe: the history reviewed in the light of molecular data', *Theoretical and Applied Genetics*, 106:895–903.

Tenaillon, M. I. & Charcosset, A. (2011), 'A European perspective on maize history', *Comptes Rendus Biologies*, 334: 221–8.

van Heerwarden, J. *et al.* (2011), 'Genetic signals of origin, spread and introgression in a large sample of maize landraces', *PNAS*, 108: 1088–92.

馬鈴薯

Ames, M. & Spooner, D. M. (2008), 'DNA from herbarium specimens settles a controversy about the origins of the European potato', *American Journal of Botany*, 95: 252–7.

De Jong, H. (2016), 'Impact of the potato on society', *American Journal of Potato Research*, 93: 415–29.

Dillehay, T. D. *et al.* (2008), 'Monte Verde: seaweed, food, medicine and the peopling of South America', *Science*, 320: 784–6.

Hardy *et al.* (2015), 'The importance of dietary carbohydrate in human evolution', *Quarterly Review of Biology*, 90: 251–68.

Marlowe, F. W. & Berbescue, J. C. (2009), 'Tubers as fallback foods and their impact on Hadza hunter-gatherers', *American Journal of Physical Anthropology*, 40: 751–8.

Sponheimer, M. *et al.* (2013), 'Isotopic evidence of early hominin diets', *PNAS*, 110: 10513–18.

Spooner, D. *et al.* (2012), 'The enigma of Solanum maglia in the origin of the Chilean cultivated potato, Solanum tuberosum Chilotanum group', *Economic Botany*, 66: 12–21.

Spooner, D. M. *et al.* (2014), 'Systematics, diversity, genetics and evolution of wild and cultivated potatoes', *Botanical Review*, 80: 283–383.

Ugent, D. *et al.* (1987), 'Potato remains from a late Pleistocene settlement in south-central Chile', *Economic Botany*, 41: 17–27.

van der Plank, J. E. (1946), 'Origin of the first European potatoes and their reaction to length of day', *Nature*, 3990: 157: 503–5.

Wann, L. S. *et al.* (2015), 'The Tres Ventanas mummies of Peru', *Anatomical Record*, 298: 1026–35.

雞

Basheer, A. *et al.* (2015), 'Genetic loci inherited from hens lacking maternal behaviour both inhibit and paradoxically promote this behaviour', *Genet Sel Evol*, 47: 100.

Best, J. & Mulville, J. (2014), 'A bird in the hand: data collation and novel analysis of avian remains from South Uist, Outer Hebrides', *International Journal of Osteoarchaeology*, 24: 384–96.

Bhuiyan, M. S. A. *et al.* (2013), 'Genetic diversity and maternal origin of Bangladeshi chicken', *Molecular*

Biology and Reproduction, 40: 4123–8.

Dana, N. *et al.* (2010), 'East Asian contributions to Dutch traditional and western commercial chickens inferred from mtDNA analysis', *Animal Genetics*, 42:125–33.

Dunn, I. *et al.* (2013), 'Decreased expression of the satiety signal receptor CCKAR is responsible for increased growth and body weight during the domestication of chickens', *Am J Physiol Endocrinol Metab*, 304: E909–E921.

Loog, L. *et al.* (2017), 'Inferring allele frequency trajectories from ancient DNA indicates that selection on a chicken gene coincided with changes in medieval husbandry practices', *Molecular Biology & Evolution*, msx142.

Maltby, M. (1997), 'Domestic fowl on Romano-British sites: inter-site comparisons of abundance', *International Journal of Osteoarchaeology*, 7: 402–14.

Peters, J. *et al.* (2015), 'Questioning new answers regarding Holocene chicken domestication in China', *PNAS*, 112: e2415.

Peters, J. *et al.* (2016), 'Holocene cultural history of red jungle fowl (Gallus gallus) and its domestic descendant in East Asia', *Quaternary Science Review*, 142:102–19.

Sykes, N. (2012), 'A social perspective on the introduction of exotic animals: the case of the chicken', *World Archaeology*, 44: 158–69.

Thomson, V. A. *et al.* (2014), 'Using ancient DNA to study the origins and dispersal of ancestral Polynesian chickens across the Pacific', *PNAS*, 111:4826–31

稻米

Bates, J. *et al.* (2016), 'Approaching rice domestication in South Asia: new evidence from Indus settlements in northern India', *Journal of Archaeological Science*, 78: 193–201.

Berleant, R. (2012), 'Beans, peas and rice in the Eastern Caribbean', in *Rice and Beans: A Unique Dish in a Hundred Places*, 81–100. Berg, Oxford.

Choi, J. Y. *et al.* (2017), 'The rice paradox: multiple origins but single domestication in Asian rice', *Molecular Biology & Evolution*, 34: 969–79.

Cohen, D. J. *et al.* (2016), 'The emergence of pottery in China: recent dating of two early pottery cave sites in South China', *Quaternary International*, 441:36–48.

Crowther, A. *et al.* (2016), 'Ancient crops provide first archaeological signature of the westward Austronesian expansion', *PNAS*, 113: 6635–40.

Dash, S. K. *et al.* (2016), 'High beta-carotene rice in Asia: techniques and implications', *Biofortification of Food Crops*, 26: 359–74.

Fuller, D. Q. *et al.* (2010), 'Consilience of genetics and archaeobotany in the entangled history of rice', *Archaeol Anthropol Sci*, 2: 115–31.

Glover, D. (2010), 'The corporate shaping of GM crops as a technology for the poor', *Journal of Peasant Stud-*

ies, 37: 67–90.

Gross, B. L. & Zhao, Z. (2014), 'Archaeological and genetic insights into the origins of domesticated rice', *PNAS*, 111: 6190–7.

Herring, R. & Paarlberg, R. (2016), 'The political economy of biotechnology', *Annu. Rev. Resour. Econ.*, 8: 397–416.

Londo, J. P. *et al.* (2006), 'Phylogeography of Asian wild rice, Oryza rufipogon, reveals multiple independent domestications of cultivated rice, Oryza sativa', *PNAS*, 103: 9578–83.

Mayer, J. E. (2005), 'The Golden Rice controversy: useless science or unfounded criticism?', *Bioscience*, 55: 726–7.

Stone, G. D. (2010), 'The anthropology of genetically modified crops', *Annual Reviews in Anthropology*, 39: 381–400.

Wang, M. *et al.* (2014), 'The genome sequence of African rice (Oryza glaberrima) and evidence for independent domestication', *Nature Genetics*, 9: 982–8.

WHO (2009), *Global prevalence of vitamin A deficiency in populations at risk 1995–2005*: Geneva, World Health Organization.

Wu, X. *et al.* (2012), 'Early pottery at 20,000 years ago in Xianrendong Cave, China', *Science*, 336: 1696–700.

Yang, X. *et al.* (2016), 'New radiocarbon evidence on early rice consumption and farming in south China', *The Holocene*, 1–7.

Zheng, Y. *et al.* (2016), 'Rice domestication revealed by reduced shattering of archaeological rice from the Lower Yangtze Valley', *Nature Scientific Reports*, 6: 28136.

馬

Bourgeon, L. *et al.* (2017), 'Earliest human presence in North America dated to the last glacial maximum: new radiocarbon dates from Bluefish Caves, Canada', *PLOS ONE*, 12: e0169486.

Cieslak, M. *et al.* (2010), 'Origin and history of mitochondrial DNA lineages in domestic horses', *PLOS ONE*, 5: e15311.

Jonsson, H. *et al.* (2014), 'Speciation with gene flow in equids despite extensive chromosomal plasticity', *PNAS*, 111: 18655–60.

Kooyman, B. *et al.* (2001), 'Identification of horse exploitation by Clovis hunters based on protein analysis', *American Antiquity*, 66: 686–91.

Librado, P. *et al.* (2015), 'Tracking the origins of Yakutian horses and the genetic basis for their fast adaptation to subarctic environments', *PNAS*, E6889–E6897.

Librado, P. *et al.* (2016), 'The evolutionary origin and genetic make-up of domestic horses', *Genetics*, 204: 423–34.

Librado, P. *et al.* (2017), 'Ancient genomic changes associated with domestication of the horse', *Science*, 356: 442–5.

Malavasi, R. & Huber, L. (2016), 'Evidence of heterospecific referential communication from domestic horses (Equus caballus) to humans', *Animal Cognition*, 19: 899–909.

McFadden, B. J. (2005), 'Fossil horses – evidence for evolution', *Science*, 307:1728–30.

Morey, D. F. & Jeger, R. (2016), 'From wolf to dog: late Pleistocene ecological dynamics, altered trophic strategies, and shifting human perceptions', *Historical Biology*, DOI: 10.1080/08912963.2016.1262854

Orlando, L. *et al.* (2008), 'Ancient DNA clarifies the evolutionary history of American late Pleistocene equids', *Journal of Molecular Evolution*, 66:533–8.

Orlando, L. *et al.* (2009), 'Revising the recent evolutionary history of equids using ancient DNA', *PNAS*, 106: 21754–9.

Orlando, L. (2015), 'Equids', *Current Biology*, 25: R965–R979.

Outram, A. K. *et al.* (2009), 'The earliest horse harnessing and milking', *Science*, 323: 1332–5.

Owen, R. (1840), 'Fossil Mammalia', in Darwin, D. R. (ed.), *Zoology of the voyage of H.M.S. Beagle, under the command of Captain Fitzroy, during the years 1832 to 1836*, 1(4): 81–111.

Pruvost, M. *et al.* (2011), 'Genotypes of predomestic horses match phenotypes painted in Palaeolithic works of cave art', *PNAS*, 108: 18626–30.

Smith, A. V. *et al.* (2016), 'Functionally relevant responses to human facial expressions of emotion in the domestic horse (Equus caballus)', *Biology Letters*, 12:20150907.

Sommer, R. S. *et al.* (2011), 'Holocene survival of the wild horse in Europe: a matter of open landscape?',

Journal of Quaternary Science, 26: 805–12.

Vila, C. *et al.* (2001), 'Widespread origins of domestic horse lineages', *Science*, 291: 474–7.

Vilstrup, J. T. *et al.* (2013), 'Mitochondrial phylogenomics of modern and ancient equids', *PLOS ONE*, 8: e55950.

Waters, M. R. *et al.* (2015), 'Late Pleistocene horse and camel hunting at the southern margin of the ice-free corridor: reassessing the age of Wally's Beach, Canada', *PNAS*, 112: 4263–7.

Wendle, J. (2016), 'Animals rule Chernobyl 30 years after nuclear disaster', *National Geographic*, 18 April 2016.

Xia, C. *et al.* (2014), 'Reintroduction of Przewalski's horse (Equus ferus przewalskii) in Xinjiang, China: the status and experience', *Biological Conservation*, 177: 142–7.

Yang, Y. *et al.* (2017), 'The origin of Chinese domestic horses revealed with novel mtDNA variants', *Animal Science Journal*, 88: 19–26.

蘋果

Adams, S. (1994), 'Roots: returning to the apple's birthplace', *Agricultural Research*, November 1994: 18–21.

Coart, E *et al.* (2006), 'Chloroplast diversity in the genus *Malus*: new insights into the relationship between the European wild apple (*Malus sylvestris* (L.) Mill.) and the domesticated apple (*Malus domestica* Borkh.), *Molecular Ecology*, 15: 2171–82.

Cornille, A. *et al.* (2012), 'New insight into the history of domesticated apple: secondary contribution of the European wild apple to the genome of cultivated varieties', *PLOS Genetics*, 8: e1002703.

Cornille, A. *et al.* (2014), 'The domestication and evolutionary ecology of apples', *Trends in Genetics*, 30: 57–65.

Harris, S. A., Robinson, J. P., & Juniper, B. E. (2002), 'Genetic clues to the origin of the apple', *Trends in Genetics*, 18: 426–30.

Homer, *The Odyssey*, translated by Robert Fagles, Penguin: London, 1996.

Juniper, B. E. & Mabberley, D. J., *The Story of the Apple*, Timber Press: Portland, Oregon, 2006.

Khan, M. A. *et al.* (2014), 'Fruit quality traits have played critical roles in domestication of the apple'. *The Plant Genome*, 7: 1–18.

Motuzaite Matuzeviciute, G. *et al.* (2017), 'Ecology and subsistence at the Mesolithic and Bronze Age site of Aigyrzhal-2, Naryn Valley, Kyrgyzstan', *Quaternary International*, 437: 35–49.

Mudge, K. *et al.* (2009), 'A history of grafting', *Horticultural Reviews*, 35:437–93.

Spengler, R. *et al.* (2014), 'Early agriculture and crop transmission among Bronze Age mobile pastoralists of central Asia', *Proc. R. Soc. B*, 281: 20133382.

Volk, G. M. *et al.* (2015), 'The vulnerability of US apple (Malus) genetic resources', *Genetic Resources in Crop Evolution*, 62: 765–94.

人

Abi-Rached, L. *et al.* (2011), 'The shaping of modern human immune systems by multiregional admixture with archaic humans', *Science*, 334: 89–94.

Benton, T. (2016), 'The many faces of food security', *International Affairs*, 6:1505–15.

Bogh, M. K. B. *et al.* (2010), 'Vitamin D production after UVB exposure depends on baseline vitamin D and total cholesterol but not on skin pigmentation', *Journal of Investigative Dermatology*, 130: 546–53.

Brune, M. (2007), 'On human self-domestication, psychiatry and eugenics', *Philosophy, Ethics and Humanities in Medicine*, 2: 21.

Cieri, R. L. *et al.* (2014), 'Craniofacial feminization, social tolerance and the origins of behavioural modernity', *Current Anthropology*, 55: 419–43.

Elias, P. M., Williams, M. L., & Bikle, D. D. (2016), 'The vitamin D hypothesis: dead or alive?', *American Journal of Physical Anthropology*, 161: 756–7.

Fan, S. *et al.* (2016), 'Going global by adapting local: a review of recent human adaptation', *Science*, 354: 54–8.

Gibbons, A. (2014), 'How we tamed ourselves – and became modern', *Science*, 346: 405–6.

Hare, B., Wobber, V., & Wrangham, R. (2012), 'The self-domestication hypothesis: evolution of bonobo psychology is due to selection against aggression', *Animal Behaviour*, 83: 573–85.

Hertwich, E. G. *et al.* (2010), *Assessing the environmental impacts of consumption and production*, UNEP International Panel for Sustainable Resource Management.

Hublin, J-J, *et al.* (2017) New fossils from Jebel Irhoud, Morocco and the pan-African origin of *Homo sapiens. Nature*, 546: 289–92.

Janzen, H. H. (2011), 'What place for livestock on a re-greening earth?', *Animal Feed Science and Technology*, 166–7; 783–96.

Jones, S., *Almost Like a Whale*, Black Swan: London, 2000.

Larsen, C. S. *et al.* (2015), 'Bioarchaeology of Neolithic Catalhoyuk: lives and lifestyles of an early farming society in transition', *Journal of World Prehistory*, 28: 27–68.

Larson, G. & Burger, J. (2013), 'A population genetics view of animal domestication', *Trends in Genetics*, 29: 197–205.

Larson, G. & Fuller, D. Q. (2014), 'The evolution of animal domestication', *Annu. Rev. Ecol. Evol. Syst.*, 45: 115–36.

Macmillan, T. & Benton, T. G. (2014), 'Engage farmers in research', *Nature*, 509:25–7.

Nair-Shalliker, V. *et al.* (2013), 'Personal sun exposure and serum 25-hydroxy vitamin D concentrations', *Photochemistry and Photobiology*, 89: 208–14.

Nielsen, R. *et al.* (2017), 'Tracing the peopling of the world through genomics', *Nature*, 541: 302–10.

Racimo, F. *et al.* (2015), 'Evidence for archaic adaptive introgression in humans', *Nature Reviews: Genetics*, 16: 359–71.

Reganold, J. P. & Wachter, J. M. (2016), 'Organic agriculture in the twenty-first century', *Nature Plants*, 2: 1–8.

Rowley-Conwy, P. (2011), 'Westward Ho! The spread of agriculture from central Europe to the Atlantic', *Current Anthropology*, 52: S431–S451.

Ruddiman, W. F. (2005), 'How did humans first alter global climate?', *Scientific American*, 292: 46–53.

Schlebusch, C. M., *et al.* (2017) Ancient genomes from southern Africa pushes modern human divergence beyond 260,000 years ago. *BioRxiv* DOI:10.1101/145409

Stringer, C. & Galway-Witham, J. (2017) On the origin of our species. *Nature*, 546: 212–14.

Tscharntke, T. *et al.* (2012), 'Global food security, biodiversity conservation and the future of agricultural intensification', *Biological Conservation*, 151:53–9.

Wallace, G. R., Roberts, A. M., Smith, R. L., & Moots, R. J. (2015), 'A Darwinian view of Behcet's disease', *Investigative Ophthalmology and Visual Science*, 56:1717.

Whitfield, S. *et al.* (2015), 'Sustainability spaces for complex agri-food systems', *Food Security*, 7: 1291–7.

知識叢書 1068

馴化：改變世界的10個物種

Tamed: Ten Species That Changed Our World

作者—羅伯茲（Alice Roberts）
譯者—余思瑩
編輯—張啟淵
封面設計—兒日
企劃—陳秋雯

編輯總監—蘇清霖
董事長—趙政岷
出版者—時報文化出版企業股份有限公司
108019台北市和平西路三段二四〇號四樓
發行專線—（〇二）二三〇六—六八四二
讀者服務專線—〇八〇〇—二三一—七〇五
（〇二）二三〇四—七一〇三
讀者服務傳真—（〇二）二三〇四—六八五八
郵撥—一九三四四七二四時報文化出版公司
信箱—10899臺北華江橋郵局第九九信箱

時報悅讀網—http://www.readingtimes.com.tw
法律顧問—理律法律事務所　陳長文律師、李念祖律師
印刷—綋億印刷有限公司
初版一刷—二〇一九年五月十七日
初版二刷—二〇二二年四月十八日
定價—新臺幣四五〇元
（缺頁或破損的書，請寄回更換）

時報文化出版公司成立於一九七五年，
並於一九九九年股票上櫃公開發行，於二〇〇八年脫離中時集團非屬旺中，
以「尊重智慧與創意的文化事業」為信念。

馴化：改變世界的10個物種 / 羅伯茲（Alice Roberts）著；余思瑩譯
. -- 初版. -- 臺北市：時報文化, 2019.05
面；　公分. --（知識叢書；1068）
譯自：Tamed : ten species that changed our world
ISBN 978-957-13-7747-6（平裝）

1.動物學 2.文明史

380　　　108003622

ISBN 978-957-13-7747-6
Printed in Taiwan